中国工程院重点咨询研究项目：2020-XZ-13
中国“站城融合发展”研究丛书

丛 书 主 编 | 程泰宁
丛书副主编 | 郑　健　李晓江
丛书执行主编 | 王　静

站城融合之综合规划

Station-city Integration: Comprehensive Planning

李晓江　蔡润林　尹维娜　葛春晖　等　著

中国建筑工业出版社

图书在版编目（CIP）数据

站城融合之综合规划 = Station-city Integration
: Comprehensive Planning / 李晓江等著. －北京：
中国建筑工业出版社，2022.6
（中国“站城融合发展”研究丛书 / 程泰宁主编）
ISBN 978-7-112-27284-6

Ⅰ. ①站… Ⅱ. ①李… Ⅲ. ①城市规划－研究－中国
Ⅳ. ①TU984.2

中国版本图书馆CIP数据核字（2022）第058254号

站城融合发展，需要建立顶层逻辑和重视规划引领。本书从铁路和城市的相互关系研究出发，重点分析了城市视角下铁路客站的演变和未来发展趋势；明确了站城融合发展的三大动力，即区域一体化、城际客群需求、城市结构优化及功能集聚，进一步从人的视角确立了站城融合发展的内涵，辨析了“逢站必城”的发展特征、站城融合与TOD发展的异同等；强化实证研究，论证了站城融合的影响因素和发展条件，指出了国内实践中面临的若干问题。

本书总结提炼了站城融合规划的总体发展理念和方法。在站城功能识别和布局规划方面，强化多元客群的差异化需求分析，聚焦紧密站城地区，提出不同开发类型的规划要点和建设机制协同；在站城交通一体化规划方面，充分保障面向区域和城市的双重可达性，确立绿色交通方式为主导，分圈层构建交通集散和组织体系；在站城建成环境层面，围绕人的多元需求和空间感受，强调营造和体现特色、友好、人文的站城风貌和空间场所。

附录为作者所在单位中国城市规划设计研究院承担完成的上海虹桥枢纽、深圳罗湖口岸规划案例，以及国际站城融合发展的优秀案例，以供借鉴。

策划编辑：沈元勤　高延伟
责任编辑：柏铭泽　陈　桦
书籍设计：锋尚设计
责任校对：赵　菲

中国“站城融合发展”研究丛书
丛书主编｜程泰宁
丛书副主编｜郑　健　李晓江
丛书执行主编｜王　静
站城融合之综合规划
Station-city Integration: Comprehensive Planning
李晓江　蔡润林　尹维娜　葛春晖　等　著
*
中国建筑工业出版社出版、发行（北京海淀三里河路9号）
各地新华书店、建筑书店经销
北京锋尚制版有限公司制版
北京雅昌艺术印刷有限公司印刷
*
开本：880毫米×1230毫米　1/16　印张：15¾　字数：405千字
2022年6月第一版　2022年6月第一次印刷
定价：**119.00**元
ISBN 978-7-112-27284-6
（39115）

丛书编委会

研究团队

研究负责人

李晓江　　　　中国城市规划设计研究院

研究核心团队

蔡润林　　　　中国城市规划设计研究院上海分院
尹维娜　　　　中国城市规划设计研究院上海分院
葛春晖　　　　中国城市规划设计研究院上海分院
何志工　　　　中铁第四勘察设计院集团有限公司
罗　瀛　　　　中国城市规划设计研究院上海分院
何兆阳　　　　中国城市规划设计研究院上海分院
尹泺枫　　　　中国城市规划设计研究院上海分院
庄　宇　　　　同济大学建筑与城市规划学院

本书由李晓江总体统筹撰写和文稿审阅，蔡润林负责统稿工作。

各章撰写人员

第 1 章　　　　何兆阳
第 2 章　　　　蔡润林　杨敏明
第 3 章　　　　葛春晖　尹泺枫　何兆阳
第 4 章　　　　罗　瀛　董韵笛
第 5 章　　　　蔡润林　尹维娜
第 6 章　　　　尹维娜　尹泺枫
第 7 章　　　　蔡润林　何兆阳　余　淼
第 8 章　　　　尹维娜　胡雪峰
附　录　　　　罗　瀛　董韵笛
文中部分图表制作由袁畅协助完成。

总序

在国土空间规划体系改革、铁路网络重构的背景下，我国城市建设和铁路网络建设迎来关键的转型发展期。为促进高铁建设与城市建设的融合发展，2014年国务院办公厅印发《关于支持铁路建设实施土地综合开发的意见》（国办发〔2014〕37号），2018年国家发展改革委、自然资源部、住房和城乡建设部、中国铁路总公司联合印发《关于推进高铁站周边区域合理开发建设的指导意见》（发改基础〔2018〕514号），明确了铁路车站周边地区采用综合开发的方式，希望形成城市发展与铁路建设相互促进的局面。 2019年国家发展改革委发布《关于培育发展现代化都市圈的指导意见》（发改规划〔2019〕328号），2020年国家发展改革委等部门联合发布《关于支持民营企业参与交通基础设施建设发展的实施意见》（发改基础〔2020〕1008号），进一步指出都市圈建设中基础设施与公共服务一体化的方向，并在政策层面对交通基础设施的综合开发、多种经营予以支持。在我国建设事业高质量转型发展的背景和政策引导下，“站城融合发展”已成为热点并引发广泛的关注。

站城融合发展的重要意义在于它对城市发展和高铁建设所产生的“1+1＞2”的相互促进作用。对于城市发展而言，高铁站点的准确定位与规划布局将有助于提升城市综合经济实力、节约土地资源、促进城市更新转型；对于铁路建设来讲，合理的选址与规划布局可以充分发挥铁路运力，促进高铁事业快速有效发展；从城市群发展的角度来看，高速铁路压缩了城市群内的时空距离，将极大地助力“区域经济一体化”的实现。因此，在国土空间规划体系转型重构和“区域一体化”迈向高质量发展的关键时期，“站城融合发展”的提出具有极为重要的意义。

在我国，近年来城市与铁路的规划建设中，已反映出对“站城融合发展”的诸多探索和思考。一些重要的大型枢纽车站的规划建设，已经考虑了与航空、城际交通、城市交通等多种交通网络的衔接，考虑了所在城市区域的经济发展和产业布局的需求；在一些高铁新站的建筑设计中，比较重视站城功能的复合、高铁与城市交通系统的有机衔接，以及站城空间特色的塑造等，出现了一些较好的设计方案。这些方案标志着我国的铁路客站设计跨入了一个新的阶段，为“站城融合”的进一步提升和发展打下了很好的基础。

然而，由于规划设计理念以及体制机制等诸多原因，“站城融合发展”在理论研究、工程实践和体制机制创新等方面，仍存在诸多问题值得我们重点关注：

1. “站城融合发展”是一种理念，而不是一种“模式”。由于外部条件的不同，“融合”方式会有很大差异。规划设计需要考虑所在城市的社会经济发展阶段，根据城市规模与能级、客流特点、车站区位等具体情况，因地制宜、因站而异地做好规划设计。“逢站必城”，有可能造成盲目开发，少数“高铁新城”的实际效果与愿景反差巨大，值得反思；至于受国外案例影响，拘泥于站房与综合开发建筑在形式上的“一体”，并由此归结为3.0、4.0版的模式，更容易形成误导，反而弱化了对城市具体问题的分析和应对。因地制宜、因站制宜永远是“站城融合发展”的最重要的原则。

2. 交通组织是站城融合发展的核心问题。高铁车站是城市内外交通转换的关键地区，做好高铁与城市交通网络的有效衔接是站城融合的关键。它是一个包含多重子系统的复杂系统，其中有诸多关键问题需要我们通过深入的分析，在规划设计中提出有针对性的解决方案，例如，对于大型站而言，如何处理好进出站交通与城市过境交通分离，就是当前很多大站设计需要解决的一个重要问题。当前，我国城际铁路、市郊铁路已开始进入快速发展的时期，铁路与城市交通之间的衔接将会更加密切而复杂，铁路与城市交通的一体化设计应引起我们更多的关注。

3. 对于国外经验要有分析地吸收。由于国情、路情不同，我国的“站城融合发展”会走一条不同的路。尤其是近期，相较于欧洲及日本等国家和地区的高频率、中短距的特点，我国铁路旅客发送量、出行频次、平均乘距特征等差异明显；我国客流在一定时期内仍将存在“旅客数量多，候车时间长，旅行经验少，客流波动大”的特点。这些，将在很长一段时期内继续成为我们规划设计中必须考虑的重要因素，因此，我们不能简单套用国际经验，必须结合自身情况，研究适合我国“站城融合发展”特征的规划设计理论，并在实践中不断探索创新。

4. 对于大型站，特别是特大站而言，“站城融合发展”带来比过去车站更为复杂的建筑布局，以及防火、安全等更多棘手的技术问题。在建筑设计中，需要针对具体条件和场地特征，在站型设计、功能配置、空间引导，以及流线细化等方面，突破经验思维的惯性，有针对性地开展精细化设计，探索富有前瞻性、创新性的设计方案。例如，重视建筑空间的导向性以及标识系统的设计，更细致地思考出入站旅客的心理需求和行为方式，就是目前大型铁路客站建筑设计中需要关注的一个问题。

5. 在国家“双碳”目标的重大战略指引下，铁路站房综合体建设的节能节地问题亟需引起关注。在规划设计和站型选择上，需要研究探索站房站场的三维立体、多业态复合等设计方法，以达到集约高效的目标；在节能技术方面，需结合站房建筑体量巨大等特点，有针对性地开发相应的技术和新能源材料，以满足不断更新的站房建筑的设计需求。

6.“站城融合发展”需要以科学、务实的上位规划为基础，开发强度应避免盲目求大；同时，规划要有时序性，注意“留白”，避免由于“政绩观”导致的“毕其功于一役”的思想和做法，致使大量土地和建筑闲置。规划设计需考虑近远期结合，以形成良性的可持续发展态势。

7. 高铁站房综合体不仅是城市重要的交通节点，也是城市人群活动聚集的场所，承担着文化表达、商务服务和城市形象等功能。因此，结合城市的特色与文脉，打造彰显地域文化的城市空间，是提升客站建筑品质的重要指标。铁路客站建筑设计已不是一个单体的立面造型问题，而是一个空间群组的建构。设计中要充分考虑城市整体空间形态、山水特征和文脉转译，通过建筑创作的整体思考，形成站域空间和文化特色的深度融合。

8.“站城融合发展”需要铁路与城市部门的密切合作和市场化机制的引入。目前，铁路枢纽规划由铁路部门主导，城市规划则由地方政府主管，由于两者目标的差异性和建设周期的不匹配，以及相关法律和技术准则等协调机制的缺乏，两项规划有时会出现脱节。由此所引发的诸如车站选址、轨顶标高确定等一系列问题，为后期实施中的合理解决增加了难度。由于部门界限，车站建设和周边开发往往强调边界切割；市场化运营机制不够完善，也不利于形成有效的多元投融资和利益分配机制，使得我国更好实现“站城融合发展”步履维艰。因此，通过体制机制创新和市场化机制的探索，使有关各方的利益得到平衡，形成多部门协作的规划建设运营模式是站城融合能否得到良性健康发展的关键。

“站城融合发展”是一个复杂的巨系统，整体性思维极其重要。在规划、建设、运营的各环节中，都需要从“站城融合发展”的理念出发，进行综合整体的思考。应该说，“站城融合发展”是一个既复杂、同时也有着巨大探索空间的命题；特别是这一命题所具有的动态发展的态势，需要我们在理论研究和工程实践中不断地进行思考、探索和创新。

针对“站城融合发展”相关问题，中国工程院于2020年立项开展了重点咨询研究项目《中国“站城融合发展”战略研究》（2020-XZ-13）。研究队伍由中国工程院土木、水利与建筑工程学部（项目联系学部）和工程管理学部的8名院士领衔，吸收了来自地方和铁路方的建筑、规划、土木、交通、工程管理等学科和领域的众多专家，以及中青年优秀学者参加。研究成果编纂成丛书，分别从综合规划、交通衔接设计、城市设计和建筑设计等不同角度阐述中国的站城融合发展战略。希望本丛书的出版，能为我国新时期城市与铁路建设的融合发展提供思考与借鉴。

程泰宁

2021年4月

前言

在区域迈向更高质量一体化发展、国土空间规划体系构建、多层次铁路网络融合发展的背景下，我国主要城市群及都市圈空间结构正在形成和完善，铁路站城关系也面临转型重塑。从“轨道上的京津冀”的提出，到以轨道实现城市间的“互联互通”，再到以轨道实现城市核心功能区及战略节点地区的“直联直通”，区域一体化和多层次轨道交通的合力推进，使得“站城融合”发展成为我国城镇密集地区的关注热点。

回归初心，涵盖国家高速铁路干线、都市圈城际铁路、市域（郊）铁路、城市轨道的多层次轨道交通，本质上是为了在区域更大范围内实现人的更高质量的移动，使得城际交往联系更加紧密和便捷，从而提升区域一体化发展的程度。同时，也能够以绿色高效的公共交通方式，替代高碳低效的私人机动化交通方式，从而实现区域交通结构优化，在当下“双碳”发展背景下具有重要意义。而站城融合发展（一方面推动客运铁路直接进入城市核心地区，另一方面围绕铁路客站周边营造成为城市重要功能地区），则能够将区域、城市中心与铁路结合起来，进一步带动城市集约发展和提升城际出行效率。

然而从我国铁路发展历程来看，站城融合的实践存在一系列疑问：站城融合的初心是否实现？高等级与高客流的铁路车站是否一定带来站城融合？政府有主观意愿、积极推进规划建设是否一定能形成站城融合？同时高强度综合开发是否是站城融合的唯一空间形态？这些困惑成为国内站城融合发展亟待解决的核心问题。

本书紧扣区域一体化发展主线，聚焦铁路与城市的关系，创新性地以人为本内涵审视站城融合发展，关注站城融合核心人群的需求，提出站城融合发展的新理念、新方法和规划设计策略。谋篇布局上，分为站城融合的发展逻辑分析和实证研究（第1—4章）、规划设计策略和方法（第5—8章及附录案例）两大部分。

第一部分，站城融合的发展逻辑分析和实证研究。

当下，区域一体化进程中，特别是在经济发达的城市群地区，出现了大量依赖区域化合作的企业和机构，由此催生了大量的城际出行客群，其对安全、快速、可靠、舒适、便利和旅行体验的需求越来越多样化。城际交通出行受到时间和费用成本的双重约束，多样化的城际出行客群对时间和费用成本的敏感性、承受力差异很大。例如，商务人群对费用成本不敏感，对时间成本最敏感；高收入人群对舒适、便利要求高，对时间比较敏感；一般旅游、探亲、消费人群对时间不敏感；通勤人群受到时间和费用成本的双重刚性约束，即使时间成本很低也不可能选择高铁城际实现日通勤，因此多为周（或半周）通勤的双城居住。

站城融合的基本逻辑在于：在需求端，由于区域化经济活动和区域性企业、机构的大量出现，城市间旅行需求快速增长，高铁、城际铁路旅客规模越来越大。一些城市以其强大的区域吸引力和辐射力成为区域经济活动中心，并由此产生较大规模的“中短距、高频次、高时间价值”城际出行客群。这类客群以及依赖于这类城际出行条件的机构构成站城地区发展的内在需求，是站城融合的动力源。在供给端，面向城市，高等级交通集散接驳系统不断完善，车站地区成为城市交通高可达地区；面向区域腹地，通过区域性功能培育与竞争，有较好发展基础、用地条件和较高声誉的车站地区有可能实现成功的站城融合发展。进一步，旅客服务功能和区域性功能的集聚、城市交通可达性提高，会吸引衍生性的经济活动，以及相关功能、人群的聚集，使得站城地区成长为城市综合性功能地区。

需要指出的是，站城融合与基于城市轨道的 TOD（Transit Oriented Development）发展模式是有所区别的。在对象上，TOD 关注的是城市通勤客流及其带来的生活性服务业在车站地区的聚集；站城融合关注的是城市间商务差旅、消费、休闲客群及其带来的经济活动和服务功能的聚集。在目标上，TOD 关注的是通勤交通优势地区的城市集约高效的开发模式，鼓励出行者使用大运量公共交通服务；站城融合关注的是利用车站地区开发改变城市与区域的关系，按照区域发展战略配置站城地区的空间资源，服务区域性活动需求。

第二部分，站城融合的规划设计策略和方法。

我们认为，站城融合规划设计的总体理念为：突出“人本需求”导向、保障“门户功能”优先、贯彻“生态双碳”理念。规划设计总体上应遵从“圈层—类型”的分析方法，其一车站对周边地区的影响存在明显的圈层特征（本书界定为紧密站城地区、功能拓展地区和辐射影响地区），其二站城地区的类型差异明显（反映在铁路线路、所在区位、车站形式、客群构成等），有利于为特定的站城地区定制更加适宜的发展路径。

站城功能识别与布局规划方面，聚焦紧密站城地区，着重辨析站城地区不同客群的行为特征和活动规律，探究不同站城地区的功能类型和布局特征，从而确定不同开发类型的规划要点和运营机制。站城交通一体化规划方面，未来应倡导从“小汽车优先模式”到“绿色交通优先主导模式”的转变，关注站城地区多元客群的差异化交通需求，从单一的枢纽集散需求转为兼顾枢纽和站城地区的交通组织，在紧密站城地区、功能拓展地区、辐射影响地区三个圈层交通系统构建各有侧重，强调交通服务质量和体验的提升。站城建成环境要素设计方面，着重体现未来城市高效、绿色、人文的时代精神，围绕人的多元需求和空间感受，营造特色鲜明可识别的站城地区风貌、步行友好可交往的站城空间、驻足停留可呼吸的街区空间、文脉彰显可阅读的场所精神。

本书由李晓江总体统筹撰写和文稿审阅，蔡润林负责统稿工作。参与各章撰写的人员还包括：尹维娜、葛春晖、罗瀛、何兆阳、尹泺枫、余淼、杨敏明、胡雪峰、董韵笛、袁畅等。撰写过程中，中铁第四勘察设计院集团有限公司何志工，中国城市规划设计研究院孙娟、赵一新、方煜等专家给予了指导和帮助，在此表示感谢。

本书可供从事城市规划设计、交通运输规划、铁路系统规划设计、枢纽规划及站房建筑设计等领域的规划、建设、管理、运营的从业者阅读、参考。

限于时间和认识水平，书中错误难免，敬请读者批评、指正。

李晓江

2022年3月

目录 Contents

1

第1章

铁路与城市的关系

从城市的视角审视铁路发展，进而剖析铁路与城市的关系更有助于理解站城融合。伴随城镇化阶段的不断推进，我国的铁路发展经历了普速铁路时代、高速铁路时代，正步入多网融合发展时代。铁路网络不断扩大，功能层次不断丰富，铁路客站的形式也在不断创新，更重要的是铁路出行体验也在持续优化。同时铁路与城市的关系，无论从空间关系上还是发展机制上都在不断演变，均表现出向更加紧密状态变化的动态过程。

此外还必须认识到，由于不同国情下的铁路发展历程、铁路网络与车站布局结构、运行服务模式、客流整体特征的差异，国内外在铁路旅客乘候车模式和站城地区开发建设形式等方面形成了巨大差异。未来随着铁路发展主导任务向可达性主导的转变、多网融合铁路系统的形成、多元化铁路发展机制的建立，以及“碳达峰、碳中和”发展理念的深入人心，铁路与车站关系也必将变得更加紧密。

1.1 城市视角下的铁路发展历程和特征

1.1.1 铁路发展的总体阶段

改革开放至今，我国自主建设的铁路系统发展大致经历了普速铁路时代、高速铁路时代、多网融合时代三个大的阶段（图1-1）。中国第一条营运铁路淞沪铁路开通于19世纪70年代，截至中华人民共和国成立前，仅建设2.2万km铁路。改革开放之后，我国城镇化进程逐步加快，自主铁路建设进入进发期，普速铁路快速发展。在此期间，我国于1997—2007年进行了六次铁路大提速，同时形成了具有自主知识产权的中国高铁技术体系，[①]截至2000年末我国铁路营业历程达到6.9万km。

进入21世纪后，我国的城镇化进入高速发展阶段，同时高速铁路从无到有，也进入高速铁路大发展时代。2003年中国第一条设计时速250km/h的高铁线路示范性实验线秦沈客专通车。2004年，国务院通过了《中长期铁路网规划》，掀起了我国高铁建设的高潮。2008年第一条设计速度350km/h的高速铁路京津城际通车。2009年，京广高速铁路武广段开通运营，标志着我国全面掌握高速铁路技术、正式进入高铁新时代。2011年京沪高铁铁路全线通车，设计最高速度为380km/h。2016年国家修编并再次通过了《中长期铁路网规划》。至2018年底我国铁路营业里程达到约14万km，铁路客运量约33.7亿次，其中高速铁路3.5万km、占铁路营业历程的22.7%，高铁车站约1228座，[②]客运规模达到20.5亿，占铁路客运总量的60.9%，周转量占总量的48.6%。当前随着我国城镇密集地区迈向更高质量一体化发展阶段，城市群、都市圈内部联系不断加强，服务城市群局部高客流区间的城际铁路、市域（郊）铁路兴起，我国城镇密集地区正率先进入“干线铁路、城际铁路、市域（郊）铁路、城市轨道”多层次轨道网络融合发展阶段。

① 刘文学，蒲爱洁．铁路简史 [M]．北京：中国经济出版社，2020.
② 郑健，贾坚，魏崴．高铁车站 [M]．上海：上海科学技术文献出版社，2019.

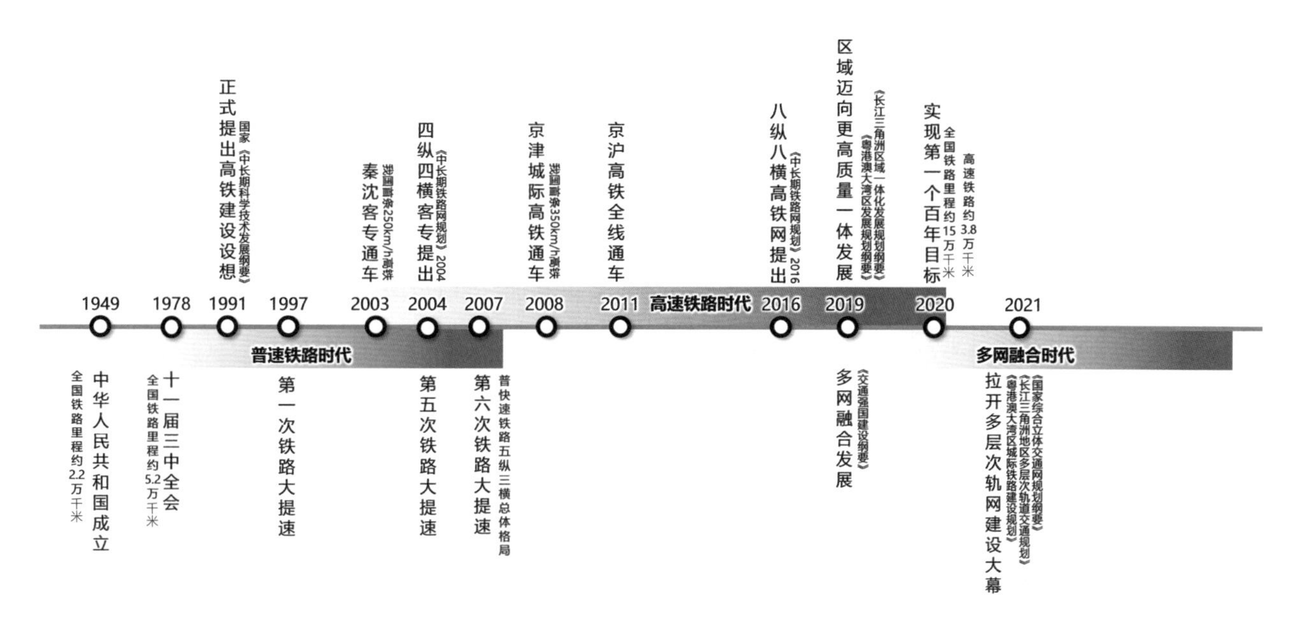

图1-1　我国自主建设的铁路系统发展的三大阶段

1.1.2　铁路网络特征的变化

1. 不断扩大提速的铁路网络

从中华人民共和国成立到20世纪80年代初期，中国通过5个五年计划，以平均每年修建约800km铁路的速度，逐渐形成了全国的铁路总体框架。①截至1978年，铁路运营里程由中华人民共和国成立时的2.2万km增长到约5.2万km。随着20世纪70年代末期国家领导人邓小平的国际考察以及党的十一届全会召开，国家开始把铁路放在战略高度上进行大力发展。当时的铁道部一方面着手既有线路的电气化改造、一方面开始新建客运专线、高速铁路的技术攻关。铁道部分别于1997年4月、1998年10月、2000年10月、2001年10月、2004年4月、2007年4月启动了六次铁路大提速（图1-2）。

1997年、1998年的第一、第二次大提速重点集中在京广、京沪、京哈三大干线。2000年的第三次大提速重点在陇海、兰新、京九、浙赣线。2001年的第四次大提速，里程达到1.3万km，提速网络基本覆盖全国。2004年的第五次大提速，提速网络总里程达到1.65万km，多条干线的部分地段线路速度达到200km/h，这也是既有线路提速能达到的最高速度。2007年的第六次大提速，时速200km/h的线路延展里程达到6000km，京哈京沪等既有干线部分有条件区段列车运行速度可达250km/h。

(Km/h)	1993	1997	1998	2000	2001	2004	2007	2013
平均旅行时速 *Ave.*	48.1 →	54.9 →	55.2 →	60.3 →	61.4 →	65.7 →	70.2 →	72.6
最高运行时速 *Max.*		140	160			200	250	350

图1-2　1997—2007年我国铁路六次提速历程

① 刘文学，蒲爱洁．铁路简史[M]．北京：中国经济出版社，2020.

伴随着中华人民共和国成立后的铁路建设及六次大提速，我国的干线铁路网总体上形成了五纵三横的总体格局（图1-3）。五纵主要包括“京哈线—京广线，京九线，京沪线，北同蒲—太焦—焦柳线，宝成—成昆线”；三横主要包括“京秦—京包—包兰线，陇海—兰新线，沪杭—浙赣—湘黔—贵昆线”。普速铁路时代，我国铁路网络整体呈现客货混跑模式。截至2004年，全中国仅有一条秦沈客运专线。客货混跑使得主要铁路干线能力十分紧张，春运一票难求、彻夜排队购票、倒票的黄牛票贩子、行李架座位下满是乘客，成了几代中国人的共同乘车回忆。2004年第五次大提速期间，《中长期铁路网规划》提出的“四纵四横”客运专线网络拉开了中国高铁建设的大幕。

高速铁路时代，我国高速铁路网发展伴随着快速城镇化，铁路营业里程迅速发展、高速铁路成为铁路网的主体形态。从形态上看，高速铁路网从“四纵四横”逐步向“八纵八横”发展。2004年国家审议通过的《中长期铁路网规划》，基于当时全国铁路客货混跑、干线能力紧张的突出问题，提出实施客货分线、建设设计时速200km/h及以上的“四纵四横”客运专线网。四纵为“北京—上海客运专线、北京—武汉—广州—深圳客运专线、北京—武汉—广州—深圳客运专线、北京—沈阳—哈尔滨（大连）客运专线”，四横为“徐州—郑州—兰州客运专线、杭州—南昌—长沙客运专线、青岛—石家庄—太原客运专线、南京—武汉—重庆—成都客运专线”。

2016年国家修编并再次通过的《中长期铁路网规划》，针对部分跨城市群通道能力依然紧张、城际客运系统发展缓慢等问题，提出在“四纵四横”基础上建设“八纵八横”，形成以“八纵八横”主通道为骨架、区域连接线衔接、城际铁路补充的高速铁路网。实现省会城市高铁通道、区际之间便捷相连。八纵为“沿海通道、京沪通道、京哈—京港澳通道、京港（台）通道、呼南通道、京昆通道、

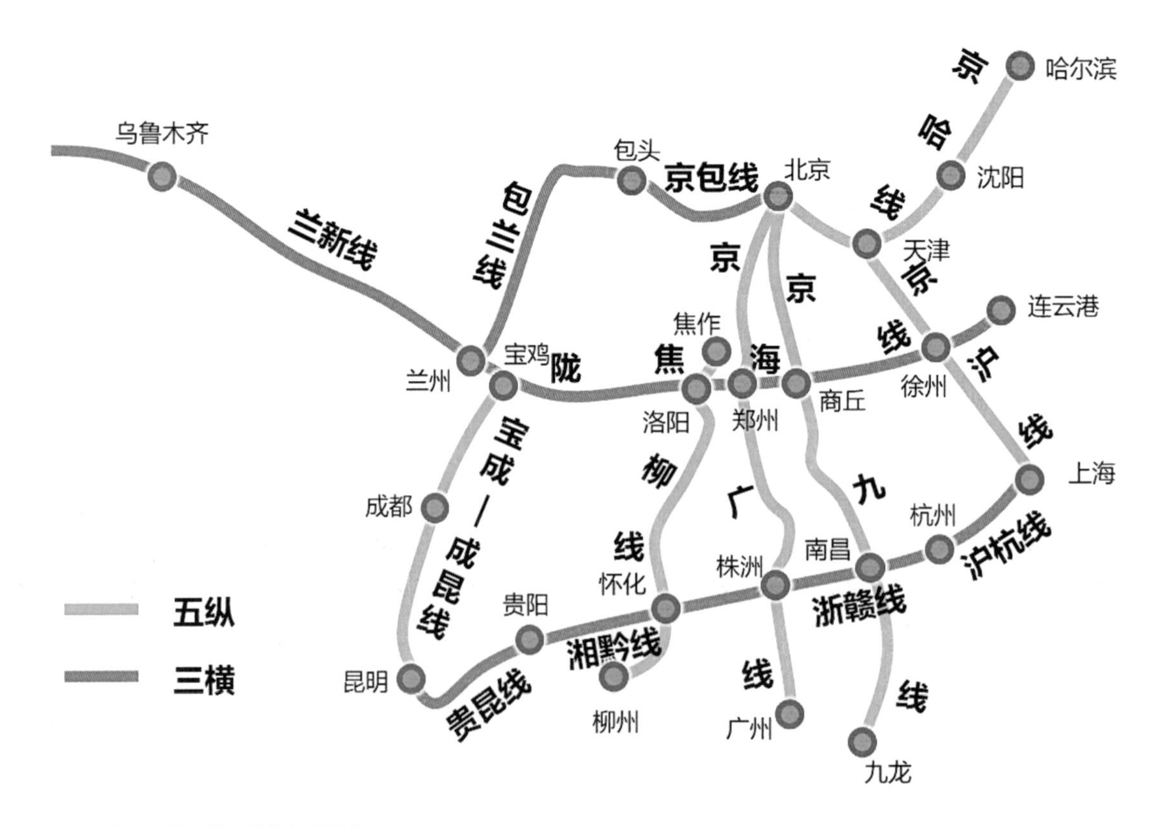

图 1-3 普速铁路网“五纵三横”的总体格局

包（银）海通道、兰（西）广通道”，八横为“陆桥通道、沪昆通道、青银通道、沿江通道、京兰通道、绥满通道、厦渝通道、广昆通道”。

“八纵八横”高铁主通道网络在“五纵三横”干线铁路网络、“四纵四横”客运专线网络基础上不断完善网络覆盖、扩大服务范围（表1-1），代表着我国客运铁路网络的不断提速与成熟。截至2019年底，我国铁路铁路营业里程、高速铁路里程、复线率、电气化率全部提前达到了2004年《中长期铁路网规划》提出的2010年、2020年的阶段性目标，基本达到了2016年《中长期铁路网规划》提出的2020年的阶段性目标（表1-2）。

“五纵三横”“四纵四横”“八纵八横”通道的对应衔接关系 表1-1

	“五纵三横”干线铁路	“四纵四横”客运专线	“八纵八横”高铁主通道
纵线	京沪线	北京—上海客运专线	京沪通道
	京哈线—京广线	北京—武汉—广州—深圳客运专线	京哈—京港澳通道
	—	北京—沈阳—哈尔滨（大连）客运专线	京哈—京港澳通道
	—	杭州—宁波—福州—深圳客运专线	沿海通道
	京九线	—	京港（台）通道
	北同蒲—太焦—焦柳线	—	呼南通道
	宝成—成昆线	—	京昆通道
	—	—	包（银）海通道
	—	—	兰（西）广通道
横线	陇海—兰新线	徐州—郑州—兰州客运专线	陆桥通道
	沪杭—浙赣—湘黔—贵昆线	杭州—南昌—长沙客运专线	沪昆通道
	—	青岛—石家庄—太原客运专线	青银通道
	—	南京—武汉—重庆—成都客运专线	沿江通道
	京秦—京包—包兰线	—	京兰通道
	—	—	绥满通道
	—	—	厦渝通道
	—	—	广昆通道

中国铁路发展的目标值与实际值比较 表1-2

指标	出处	铁路营业里程	复线率	电气化率	客运专线里程	高速铁路里程
2010年目标值	2004《中长期铁路网规划》	8.5万km	41%	41%	0.5万km	—
2020年目标值	2004《中长期铁路网规划》	10万km	50%	50%	1.2万km	—
2020年目标值	2016《中长期铁路网规划》	15万km	—	—	—	3万km
2025年目标值	2016《中长期铁路网规划》	17.5万km	—	—	—	3.8万km
2030年目标值	2016《中长期铁路网规划》	20万km	—	—	—	4.5万km

续表

指标	出处	铁路营业里程	复线率	电气化率	客运专线里程	高速铁路里程
2010年实际值	2020年《中国统计年鉴》	9.1万km	45%	49%	—	0.5万km
2019年实际值	2020年《中国统计年鉴》	14万km	59%	72%	—	3.5万km

注：2010年的复线率、电气化率为国家铁路数据，非全国铁路数据。

2. 不断丰富的铁路功能层次

从普速铁路时代到高铁时代，我国铁路网络的空间功能层次在不断丰富。当前我国的铁路网络，从设计速度上看主要由200km/h以下的普速铁路、200km/h的快速铁路、250km/h及以上的高速铁路共同组成。从对外服务范围和距离上看，铁路网络主要包括区际干线铁路、城市群城际铁路及少量的都市圈城际铁路、市域铁路。

高速铁路一般包括服务跨城市群联系的区际高速铁路，以及服务城市群内部城市之间联系的城市群城际高速铁路。区际高速铁路基本全部属于“八纵八横”主通道，如构成京沪通道的京沪高速铁路、构成京哈—京港澳通道的京广高速铁路、构成京港（台）通道的合福高速铁路等。城市群城际高速铁路，部分属于“八纵八横”主通道，如构成京哈—京港澳通道的广深港高速铁路、构成沿海通道的杭甬高速铁路、构成沿江通道的沪宁城际高速铁路；部分属于区域联络线、城际铁路级别，更侧重服务城市群城际出行、部分兼顾区际出行，如规划中的通苏嘉甬城际高速铁路、盐泰锡宜城际高速铁路等。或者仅作为服务城市群城际出行，如京津城际高速铁路。都市圈城际铁路、市域铁路由于服务的地域范围相对较小，线路里程较短，设计时速一般采用200km/h以下的设计时速。如珠三角地区的穗莞深城际快速铁路、广珠城际快速铁路，长三角地区的苏锡常城际快速铁路、金山铁路、温州S1线。

1.1.3 铁路客运站特征的变化

1. 客内货外的总体格局逐步形成

普速铁路时代线路普遍为客货混行，大城市普速铁路网上的车站在中华人民共和国成立之后开始逐渐实行客货运分离，如北京站、上海站的货运功能分别在20世纪50、60年代迁出。随着客货分离的推进，普速铁路网的客运功能逐步向各地市中心的重点车站集中，如沪宁铁路上共37个车站，目前客运功能主要集中在上海站、苏州站、无锡站、镇江站、南京站等少数几个车站。

同时，为了使货运系统能更好地适应产业布局、融入城市的物流体系，并且使客运系统能更好地接近客源、方便旅客出行，大城市逐渐演变形成了客内货外的铁路总体分工格局（图1-4～图1-6）。这一分工格局，是在铁路系统和城市系统共同作用下形成的。一方面，随着铁路客运需求的增加，城市中心区铁路通道运力日益紧张，同时铁路客运专线的建设带来了更多的铁路客运站场。另一方面，城市内部交通压力的不断增大，给铁路货运从城市内部集散带来了更大的负面影响，同时城市产业布局调整带动了铁路货源地外迁，因而逐渐形成了铁路客货分工的格局。

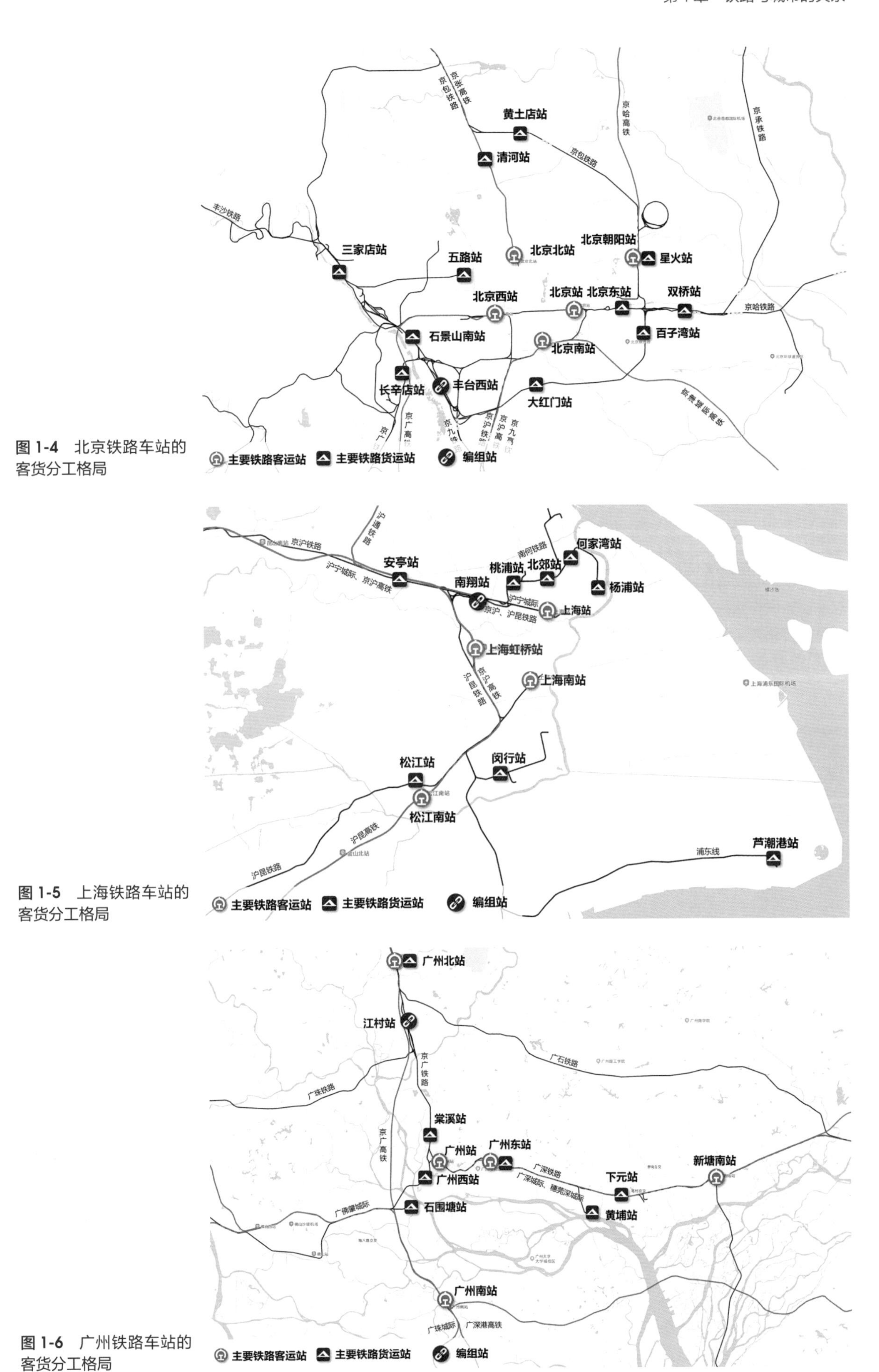

图 1-4　北京铁路车站的客货分工格局

图 1-5　上海铁路车站的客货分工格局

图 1-6　广州铁路车站的客货分工格局

2. 快速增长的铁路客运站

高速铁路时代是铁路客运站快速发展的时代。根据查询网（IP138.com）的站点数据（表1-3），截至2021年我国内地客运站点总数约3000个，其中高铁车站达到40%以上。大陆地区平均车站拥有率约每百万人2.2个车站、平均车站密度约为每万平方千米3.1个、站均年客运量约为每个车站120万/年。同时，从各地区比较来看，东北三省与内蒙古地区的车站数量、车站拥有率水平相对更高。而京津冀、长三角三省一市、广东省的平均车站密度、站均年客运量水平相对更高。

从高速铁路与普速铁路网的关系上看，我国高速铁路客运站包括两种类型。一种是兼具普铁和高铁的高铁车站，即在既有普速铁路网上的城市中心车站中引入高铁线路，如沪宁廊道上的上海站、苏州站、无锡站、南京站等，但并非所有普速车站都具备引入新线的条件，如昆山站等。另一种是完全新建的高铁车站，即在当时的中心区边缘新建高速铁路车站，多数新建高速铁路车站希望成为城市新中心车站。如北京南站、上海虹桥站、广州南站、南京南站、苏州北站、无锡东站等。

2021年中国内地省市、自治区火车站分布基本情况　　表1-3

内地省市、自治区	火车站数量（个）	车站拥有率（个/百万人）	车站密度（个/万km^2）	站均年客运量（万人/个）
北京	38	1.8	22.6	390
天津	22	1.4	19.5	242
河北	173	2.3	9.2	75
山西	138	3.7	8.8	59
内蒙古	281	11.1	2.4	20
辽宁	198	4.5	13.6	76
吉林	153	5.7	8.2	56
黑龙江	302	8.1	6.6	37
上海	9	0.4	14.3	1426
江苏	69	0.9	6.7	344
浙江	62	1.1	6.1	392
安徽	79	1.2	5.7	170
福建	59	1.5	4.9	216
江西	75	1.6	4.5	159
山东	121	1.2	7.9	143
河南	106	1.1	6.3	167
湖北	94	1.6	5.1	183
湖南	85	1.2	4.0	184
广东	133	1.2	7.4	291
广西	63	1.3	2.7	187
海南	26	2.8	7.6	119
重庆	77	2.5	9.4	109
四川	147	1.8	3.1	118
贵州	127	3.5	7.2	57

续表

内地省市、自治区	火车站数量（个）	车站拥有率（个/百万人）	车站密度（个/万km^2）	站均年客运量（万人/个）
云南	96	2.0	2.5	68
西藏	8	2.3	0.1	43
陕西	91	2.3	4.4	126
甘肃	116	4.4	2.6	51
青海	23	3.8	0.3	50
宁夏	46	6.6	6.9	14
新疆	56	2.2	0.3	81
总计	3073	2.2	3.1	119
区域统计	火车站数量（个）	车站拥有率（个/百万人）	车站密度（个/万km^2）	站均年客运量（万人/个）
长三角三省一市	219	1.0	6.2	339
京津冀	233	2.1	10.8	142

3. 不断创新的铁路客运站

铁路客站，从诞生开始就常常作为城市门户，具有较高的纪念性，同时彰显特定时期的城市形象。车站一般包括具有标志性形象的站房以及站前集散广场。在改革开放以后，站房建筑中逐步扩大了候车室，并增设了服务候车旅客的餐饮、零售店铺和邮政等服务设施，站前广场主要为旅客提供休息、换乘的场所。该时期的代表客运车站有北京站、上海新客站、上海南站、南京站、广州站、深圳站等。同时在20世纪90年代以后，部分车站开始改变单纯的线侧式车站、地面换乘组织，尝试新的站房形式与集散形式，这为今后的高铁站打下了良好的基础。如20世纪80年代末期，上海新客站的改造，采用了高架候车、南北进站的方式，开启了中国车站线上候车的新形式；[①]1999年末，重建开通的杭州站在站房之上建设了综合大楼，开启了中国车站站房形式的新探索；2002年，南京站的改造中采用中铁第四勘察设计院提出的高架道路直联车站入口的交通组织模式，开启了中国车站立体化车行组织的新模式；2004年，由法国AREP和华东建筑设计研究院共同设计的上海南站，虽无高铁列车，但运用钢结构、新材料，大空间、立体化等设计理念，开启了中国新型铁路车站的新方向。[②]

高速铁路时代的客运站，在站房造型设计上，注重对地域文化的演绎与表达，如抽象天坛重檐的北京南站、利用几何穿插体现国际现代风格的上海虹桥站、表现南国特色蕉叶的广州南站等。在功能上，车站的商业服务更加丰富，更加注重在车站候车空间、出站后连接换乘设施的空间中引入多元餐饮、零售等功能，如上海虹桥站、苏州站出站换乘通道中布置的各类连锁商业店铺。在布局上，突破平面化，开始向站台下方以及上空发展。线上大空间候车室、地下出站通道与轨道站厅、直达候车层的小汽车专用匝道得到广泛应用。绝大多数新建高铁车站依然保留了站前较大面积的集散广场。在交通集散上，城市传统中心高铁站（如上海站、苏州站等）、规模较小的新建高铁站（如现状的苏州北站、无锡惠山站等）较多采用在平行于铁路线的车站端部组织各类方式进出站，部分新增的大型高铁

① 金经元．怀念我的大哥金经昌 [J]．城市规划，2000（4）：12-14.
② 郑健，贾坚，魏崴．高铁车站 [M]．上海：上海科学技术文献出版社，2019.

站由于站台线宽度大，开始尝试垂直于站台线方向的腰部组织车行进出站，而端部更多留给步行、公交进出（如上海虹桥站、北京南站等）。从周边地区发展来看，新建高铁车站注重车站周边地区功能的规划与协同，在铁路客站周边集聚形成多元化功能复合的城市功能地区。此外高铁时代也出现了少数舍弃大面积平面广场、实现换乘设施立体化、将站房和城市开发一体的新探索，如无锡站北广场改造、重庆沙坪坝站的改造，为未来车站发展提供了方向。

1.1.4 铁路客运服务方式的变化

我国列车车次类型也在不断丰富增加，极大地丰富了旅客的出行选择。根据中国政府网新闻报道，1997年第一次大提速，首次开行了快速列车和夕发朝至列车；1998年第二次大提速，首开了行包专列和旅游热线直达列车；2000年第三次大提速，将传统列车的七个列车等级调整为特快旅客列车、快速旅客列车、普通旅客列车三个等级；2001年第四次大提速进一步增加了特快列车；2007年第六次大提速后，伴随着我国高速铁路的发展，形成了当前更为丰富的列车车次类型，包括高速动车（G字头）、动车（D字头）、城际列车（C字头）、市郊列车（S字头）、直达特快（Z字头）、特快列车（T字头）、快速列车（K字头）、临时旅客列车（L字头）、普通旅客列车（四位数字编号）等。

除了铁路网络的发展，让旅客感触最深的还有铁路购票方式的变迁。在改革开放初期，乘车票据还需要手写，车站售票的数量也是上级定额分配，旅客常看着空车而不能购票。1996年，铁路部将建设全路客票发售和预订系统列为“九五”科技攻关计划的重点项目，并于2001年第四次铁路大提速时期形成了覆盖全路的联网售票系统。逐步实现了售票窗口可以出售相互间的车票、乘客可以异地购票、提前购票与退还票。2007年，随着联网售票系统发展，实现了“席位复用”，旅客下车后的空余座位可以再次出售给后续站点的乘客。①2010年，中国铁路12306系统开通，我国铁路出行进入实名制互联网购票时代。

通过近10年的迭代发展，铁路乘客很难再有在拥挤的售票厅通宵排队等候买票的痛苦经历了，通过移动端就可以实现完全足不出户在线购票、退改签、候补车票、订餐等功能。2019年，全国各地车站开始陆续取消纸质票、推行电子客票，实现刷身份证即可进站乘车。2021年，12306在京津冀的京津城际高速铁路、长三角的沪苏通铁路、珠三角的广深、广珠及珠机城际等铁路线上相继推出定期月票和计次月票，以方便商务差旅和通勤旅客。以往火车站外、互联网上随处可见的黄牛票贩子，也随着铁路供给端的不断扩容、12306系统购票规则的不断升级，逐渐淡出了人们的视野。车次类型和购票方式变迁也反映着人们铁路出行需求的不断扩大，以及对便捷性和舒适性的需求在不断提升。

---

① 刘爱平．从手工售票到联网售票旅客购票的变迁 [EB/OL]．人民铁道报，（2008-12-09）https://view.news.qq.com/a/20110109/00037.htm.

1.2
铁路与城市的关系演变

铁路与城市是互动发展的，城市的发展催生铁路，铁路进一步推动现代城市发展，现代城市发展又重塑车站和站城地区。铁路与城市关系是多元的，除了多数研究中普遍关注的经济关系外，还包含空间关系、规划关系等诸多方面。同时铁路与城市的关系也是发展的，诸多方面的关系在铁路和城市的发展中是不断演变的。

1.2.1　铁路与城市的空间关系演变

铁路与城市的空间关系并非仅体现在单一空间尺度，而是体现在多个空间尺度。它既可以从区域、市域、市区等宏观尺度理解，也可以从车站与周边地区的微观尺度去理解。

1. 铁路与区域发展主走廊的关系更紧密，逐步扩展至次级走廊

从铁路线路与城市群发展走廊的关系看，我国铁路线路及车站较为侧重服务城市群发展主走廊，对次级发展走廊的支撑整体相对滞后。例如在长三角地区，铁路系统一直侧重优先在东西走廊上沿沪宁、沪杭、宁杭等主轴发展，并率先实现高速铁路服务。而南北向走廊一直缺乏高等级客运铁路支撑，直到2021年连淮扬镇走廊上才实现高速铁路服务，而通苏嘉甬、盐泰锡宜走廊上的高铁正在规划建设当中。

2. 铁路与市级中心的关系更为紧密，与县（区）级中心的关系发展起步

从铁路线路与市域的关系看，我国铁路线路及车站与地级市中心的关系更为紧密，与各县（区）的关系相对松散。国家干线高铁网上的车站，绝大多数地级市仅设置1个站点，只有少量地级市设置2个以上的车站。如京沪干线高铁共21站，经过17个市级以上行政单元，每个行政单元约1.2个车站；京广干线高铁共37站，经过25个市级以上行政单元，每个行政单元约1.5个车站。城市群城际高速铁路的车站间距相对较小，一般会在地级市主城区，县级城区设置多个站点。如沪宁城际高速铁路共21站，经过6个市级以上行政单元，每个行政单元约3.5个车站。

在长三角，沪宁铁路主走廊长久以来一直侧重服务各地级市中心，只有地处走廊上的区县并且在站距合理的情况下才有条件设站，如京沪高铁上的苏州昆山市的昆山南站、沪宁城际高铁上的无锡市惠山区的惠山新区站、苏州市工业园区的园区站等。而偏离铁路走廊走向的区县一直缺乏铁路车站的直接服务，如位列全国百强县前列的无锡江阴市、苏州常熟市、张家港市的高速铁路尚处于规划建设当中。此外，从目前列车班次和客流量分布来看，当前列车车次和客流普遍集中于位于地级市中心的车站，已开通的区县车站的车次与客流与之差别较大（表1-4）。

典型车站车次与客运量对比 表1-4

站名	类型	发送旅客量（万人/年）	日均发车班次（班/日）
上海虹桥站	市域主站	6985（2019年）	634
上海站	市域主站	3136（2018年）	275
上海松江南站	区县主站	135（2017年）	45
苏州站	市域主站	2708（2018年）	326
苏州北站	市域主站	622（2018年）	152
苏州园区站	区县主站	140（2018年）	28
无锡站	市域主站	1730（2019年）	293
无锡东站	市域主站	499（2019年）	114
无锡惠山新区站	区县主站	45（2019年）	17

3. 从“城市中心区边缘车站”向“城市中心区车站”的车站区位变化趋势

从车站与城市的关系发展历程来看，铁路在修建时期多位于城市中心区的边缘，随着城市化快速推进，既有车站区位逐步演化成为中心城区内部，如上海站、宁波站等均经历了该过程。从今天来看，由于早期城市中心区不大，在经历城市扩张之后，普速铁路时代形成的车站距离传统中心的距离仍然较近。在高速铁路发展时代，部分既有普速铁路的城市中心车站中引入高铁线路，形成了城市传统中心高铁车站。总体上，这一类高铁车站在区位上，与城市传统中心保持了较近的距离，周边往往不缺乏人气。结合这类车站进行的车站周边地区更新，一般都能具备良好的人气基础，植入的城市功能可以很快吸引较多人群。位于重庆市中心的沙坪坝站，更新后其周边商业商务楼宇的高人气就很好地说明了这一点。

高速铁路时代，还存在较多的完全新建的客运站，选址时一般位于当时的城市中心区边缘甚至外围地区。如上海虹桥站选址在上海市外环之外、距离上海站约12km。广州南站选址在环城高速以外，距离广州站约18km。结合城市发展拉大空间框架的意图，部分重点车站周边布局较大规模的城市新城，并希望成为城市的新中心。比如京沪高铁沿线的上海虹桥站、苏州北站、济南西站周边均规划了面积约30km^{2}的高铁新城。从这些中国的第一批高铁新城的发展来看，多数车站周边布局的城市功能仍在培育当中。仅有上海虹桥枢纽，在全球城市能级、国家政策倾斜、地区客流规模共同加持下，才初步形成了约2km^{2}的活力商务地区。总体上，这类新建高铁车站与城市功能中心的距离较远，站城关系还需要经历较长的培育期。未来在城市空间拓展和城市功能发展动力比较充分的地区，这些车站将能够真正成为城市的新中心车站；而城市发展动力不足的地区，位于边缘外围的车站将很难改变其在城市当中的区位。

1.2.2 铁路与城市的规划关系演变

1. 铁路系统涉及多方关系，需要各方提升预见性、前瞻性以及换位思考

铁路网络与车站的形成、站城地区的发展涉及多方主体关系。从行政层次上看，铁路系统的发展涉及国家、省、市、县不同行政层级；从部门职能上看，它的发展涉及发展改革、交通运输、资源规划等多个部门；从技术力量上看，它的发展涉及铁路规划、国土空间规划、交通体系规划、建筑设计等多类技术单位。我国铁路系统一直以来以国家主导为主，因而国家铁路系统主管部门与地方城市发展主管部门之间的关系成为推动和协调铁路系统发展当中最重要的关系。

对于铁路的发展，国家铁路部门更多是出于国家整体干线网络构建的全局考虑，而地方城市发展主管部门更多是将城市自身发展作为出发点。在此背景下，为形成更为合理、共赢的铁路系统，一方面需要双方提升预见性和前瞻性，铁路部门要充分前瞻未来国家、区域、城市铁路发展的需求，并将诉求传达给地方以预留空间；城市部门要充分预见对未来城市发展，并能够主动表达城市发展的合理诉求。另一方面需要双方克服各自的本位倾向，主动换位思考。城市部门在构想城市铁路系统发展时，应首先考虑铁路的系统性，以及铁路自身的技术要求。如线位规划时，要考虑全局走向、不同设计速度的转弯半径基本要求、设站间距的基本要求，以及进出站疏解线和各种联络线的基本要求。车站规划时，要考虑铁路枢纽内是否有增加铁路车站的条件、客运量整体情况、既有车站条件等基本要求。铁路部门在优化铁路枢纽时，在方便铁路运输的同时要尽可能兼顾城市发展。如线位选择时，考虑城市空间结构、城市用地条件等；车站规划时，重点考虑城市对外联系的方向、城市空间拓展方向、城市人口与岗位的空间分布、城市交通系统特征等。

不管是国家铁路系统主管部门，还是地方城市发展主管部门，经过长期发展都形成了各自的规划体系。规划体系是双方表达意图和诉求的最重要工具，也是铁路部门与城市部门相互协调的最重要途径，规划体系有助于双方在互动中找到对话的时机，最终达成共识。

2. 铁路专项规划是涉及多类型、多空间层次、多部门系统的专业性规划

铁路专项规划是涉及多规划类型、多空间层次、多部门系统的专业性工作，自身已经形成了较为成熟的规划设计体系。

从规划编制体系来看，网络层面的铁路专项规划一般包括铁路发展规划与铁路建设规划两种类型，发展规划又包括铁路中长期规划、铁路五年发展规划、铁路枢纽总图规划三个子类，涉及全国层面、跨省级层面、省级层面、地级市层面等多个空间层次。铁路枢纽总图规划多在地级市层面编制，也可以根据铁路枢纽功能要求跨地级市共同编制，区域城际铁路建设规划一般在跨省级及以下层次编制（表1-5）。纳入网络层面专项规划的铁路可以继续进入建设项目相关程序。根据《铁路建设管理办法》，每条铁路线路的建设项目程序一般包括立项决策、勘察设计、工程实施和竣工验收四个阶段。其中规划设计勘察相关工作主要对应立项决策、勘察设计两个阶段，一般包括预可行性研究、初测+可行性研究、定测+初步设计、补充定测+施工图设计四个步骤（表1-6）。其中铁路客站设计，一般会在可行性研究与初步设计之间增加方案设计环节，通过委托、方案征集或竞赛等形式寻找最佳方案，并完善形成实施方案。

不同类型及空间层次的铁路专项规划基本情况　表1-5

规划类型	空间层次	规划名称	组织编制单位	审批单位
发展规划	国家级	《中长期铁路网规划》（2016）	国家发展改革委、交通运输部、中国铁路总公司	国务院
发展规划	国家级	《铁路“十三五”发展规划》（2017）	国家发展改革委、交通运输部、国家铁路局、中国铁路总公司	国务院
发展规划	跨省级	《长江三角洲地区多层次轨道交通规划》（2021）	上海市、江苏省、浙江省、安徽省发展改革委	推动长三角一体化发展领导小组、国家发展改革委
发展规划	跨省级	《京津冀城际铁路网规划修编方案（2015—2030年）》	中国铁路总公司，北京市、天津市、河北省发展改革委	京津冀协同发展领导小组办公室、国家发展改革委
发展规划	省级	《浙江省铁路网规划（2011—2030年）》	浙江省发展改革委、浙江省住房和城乡建设厅	浙江省人民政府
发展规划	省级	《江苏省“十四五”铁路发展暨中长期路网布局规划》（2021）	江苏省发展改革委、江苏省铁路办	江苏省人民政府
发展规划	跨省级	《京津冀核心区铁路枢纽总图规（2016—2030）》	—	—
发展规划	地市级	《南京铁路枢纽总图规划（2016—2030）》	中国铁路上海局集团公司、江苏省铁路办、南京市人民政府	中国铁路总公司、江苏省人民政府
发展规划	地市级	《杭州铁路枢纽规划（2016—2030年）》	中国铁路上海局集团公司、浙江省发展改革委、杭州市人民政府	中国铁路总公司、浙江省人民政府
发展规划	地市级	《深圳铁路枢纽总图规划（2016—2030年）》	—	中国铁路总公司、广东省人民政府
建设规划	跨省级	《成渝地区城际铁路建设规划（2015—2020年）》	四川省、重庆市发展改革委	国家发展改革委
建设规划	省级	《粤港澳大湾区城际铁路建设规划》（2019）	广东省发展改革委	国家发展改革委
建设规划	省级	《江苏省沿江城市群城际轨道交通建设规划（2018—2025年）》	江苏省发展改革委	国家发展改革委

铁路建设项目中主要规划设计工作的基本情况　表1-6

阶段	步骤	主要作用	相应的勘察阶段	主要内容	附图比例尺
立项决策	预可行性研究	项目立项提供依据	—	对项目功能定位、客货运量、建设标准、线路走向和设站、引入枢纽方案、投资估算等进行初步研究	线路方案平面图（1：50 000）~（1：10 000），推荐方案和主要比较方案平面图1：10 000，以及车站平面示意图
立项决策	可行性研究	项目实施决策的依据	初测	基本确定线路的宏观走向和车站设置方案，包含可研鉴修	线路方案平面图1：10 000，推荐方案和主要比较方案平面图1：2000或1：5000，主要车站、动车段（所）总平面图1：1000或1：2000
勘察设计	初步设计	项目建设的主要依据	定测	基本确定线路详细走向和设站方案、车站规模等	线路平面图1：2000或1：5000，枢纽（地区）总布置图（1：100 000）~（1：10 000），主要车站、动车段（所）总平面图1：1000或1：2000
勘察设计	施工图设计	项目施工的主要依据	补定测	确定精确的线站位、桥隧等结构等，满足施工要求	线路平面图1：2000或1：5000，主要车站、动车段（所）总平面图1：1000或1：2000

从政府机构职能划分看，铁路专项规划组织编制工作重点由发展改革委、交通运输、国铁集团（原中国铁路总公司）等部门系统承担，具体牵头单位与分工在中央以及各地方层面存在一定的差异。为支撑保障铁路规划建设，省市级层面一般会成立铁路建设领导小组、铁路建设办公室。此外，铁路项目建设、铁路运行与管理等工作一般由交通运输相关部门承担，铁路项目的审核与审批工作主要由发改系统承担。

从规划审批看，铁路规划采用分级审批制度。国家级铁路发展规划由国务院审批，跨省级的铁路发展规划一般由国家发展改革委审批。省级铁路发展规划一般由本省级人民政府审批。地市级铁路枢纽总图规划一般由国铁集团（原中国铁路总公司）、本省级人民政府共同审批。区域城际铁路建设规划由国家发展改革委审批。对于铁路建设项目立项决策、勘察设计不同阶段的成果的审批，一般按投资情况而定，国家投资项目由国务院或国家发展改革委审批，有部分国家出资的省内项目由国铁集团（原中国铁路总公司）、省级人民政府审批，省内自主投资项目则由省人民政府审批。

3. 良好的铁路系统是铁路专项规划与发展规划、空间规划等共同推进的结果

当前我国建立起了“多规合一”的五级三类国土空间规划体系，五级对应国家、省、市、县、乡镇五个行政管理层级，三类包括总体规划、相关专项规划和详细规划，具体工作由自然资源主管部门牵头组织编制。铁路规划作为技术性极强的专业规划，是国土空间规划体系中相关专项规划的重要组成部分，需要与相应行政层级、内容深度的发展规划、空间规划、其他相关专项规划统筹衔接（表1-7）。铁路专项规划应依据相应的发展规划需要制定，其他相关专项规划中有关铁路系统的内容也需要铁路专项规划认可。最终在城市规划区范围内，形成一致意见的铁路线路、车站、枢纽以及其他有关设施的规划，都应当纳入所在城市的空间规划。

铁路专项规划与空间规划、其他专项规划的对应衔接关系　　表1-7

铁路专项规划	国土空间规划	其他相关专项规划	空间规划的比例尺
国家级中长期铁路网规划、铁路五年发展规划	国家级国土空间总体规划	国家级综合交通运输规划	1：400万
省级中长期铁路网规划、铁路五年发展规划、城际铁路专项规划、市域（郊）铁路专项规划及相应规划	省级国土空间总体规划	省级综合交通运输规划	（1：50万）~（1：20万）
市级铁路枢纽总图规划、都市圈城际铁路和市域（郊）铁路专项规划及相应的建设规划，线路的预可研	市县级国土空间总体规划	城市综合交通规划、城市轨道线网规划、站城地区发展战略等	市（县）域：（1：20万）~（1：5万）；城区（县城）：（1：5万）~（1：1万）；镇（乡）域：（1：2.5万）~（1：1万）
线路可行性研究、初步设计、车站方案设计与初步设计	市县级国土空间详细规划	站城地区城市设计等	详细规划：（1：2000）~（1：500）；镇区、村庄规划：（1：2000）~（1：500）

铁路系统是不断演进发展的，铁路专项规划与空间规划、其他专项规划也处于动态调整当中。合理的枢纽布局是需要把握铁路专项规划、空间规划、其他专项规划的调整优化契机，通过良好规划衔接、共同推进才能实现的结果。

以杭州铁路枢纽为例，其总图规划经历了1984年版、2005年版、2016年版三次大型规划编制过程（表1-8）。在2013年左右，杭州市政府曾设想在杭州大城西增设一个铁路客运站，以服务大

城西科创产业地区日益增加的铁路出行需求，但由于当时铁路枢纽总图中在大城西地区仅有一条货运铁路，并未有新增客运线路，不具备铁路条件而搁置。但随着杭州铁路网络发展，杭武高铁、杭温高铁的引入，给大城西地区增设铁路客运站带来了机遇。杭州市政府充分利用《杭州铁路枢纽规划（2016—2030年）》（图1-7）以及《杭州市城市总体规划（2001—2020年）》（2016年修订）的编制契机，实现了在杭州大城西科创产业聚集区新建杭州西站、在大江东产业聚集区规划新建江东站（萧山机场站），最终实现了铁路枢纽布局与城市发展格局、产业格局高度融合。

杭州铁路枢纽总图的不断演进　　表1-8

	调整背景与契机	铁路枢纽总图布局特点
1984年版	解决铁路一线穿城串联客站与编组站，并仅有杭州客站一座客运站的问题	①两桥（钱塘江大桥、钱塘江二桥）、两条并联径路（经钱江桥既有径路、新建经钱江二桥的浙赣绕行线）； ②两客站（杭州站、杭州东）、两编组站（乔司站、艮山门站）
2005年版	把握国家高速铁路网建设契机，“四纵四横”高速铁路中有两纵一横经过杭州，两纵：京沪高铁南延宁杭高铁和东南沿海高铁的杭甬高铁段，一横：沪昆高铁	①两桥一隧八线越江（钱江二桥2线、钱江铁路新桥4线、越江隧道2线）； ②三客站（杭州站、杭州东站和杭州南站）、一编组（乔司编组站）
2016年版	①长三角地区铁路客运的发展，杭州枢纽内沪昆高铁暨枢纽内杭州东—钱江铁路新桥—杭州南客运主轴能力逐渐紧张； ②高铁迈向八纵八横时代，新线不断接入	①9向14线放射加双环、一主两翼过江通道； ②四主一辅客站（主：杭州站、杭州东、杭州西、杭州南，辅：萧山机场站）

图 1-7　2016 年版杭州铁路枢纽总图规划

1.3
城市视角下铁路发展的国际比较

随着人民生活水平的提高，越来越多的人在世界各地旅行生活，会体验到不同国家铁路乘候车习惯间的差异、看到车站以及周边地区不一样的建设形式。这背后蕴含着不同国情下铁路系统发展时序、铁路网络和功能、铁路车站服务模式、铁路建设运营模式、铁路旅客客流特征、铁路旅客乘候车习惯的巨大差异。本节选择国际上铁路系统相对发达、城市发展相对集约的国家和地区作为重点比较对象，主要包括德国、法国、西班牙、意大利、瑞士、英国、荷兰以及日本。希望通过国际比较，梳理出这些表象以及背后深层次的差异，以帮助我们更好理解和选择与自身发展相适应的国际经验与借鉴，便于更好地预见我国未来铁路系统以及站城关系的发展趋势。

1.3.1　铁路发展与现代城市发展及机动化时序的比较

从铁路发展与现代城市发展、机动化的时序来看，欧洲与日本铁路干线网络均先于第二次世界大战后的现代城市及机动化发展。欧洲与日本的国家铁路主干线分别在19世纪80年代、20世纪10年代以前（明治末期）大体上都已经完全建成，[①②]欧洲国家以及日本的汽车工业则是从第一次世界大战开始（20世纪10年代）加速发展、并在第二次世界大战后（20世纪40年代以后）开始快速机动化。而我国铁路发展起步晚，自主建设的铁路系统的快速发展则是伴随着现代城市发展，以及快速机动化发展同时进行的，并在发展速度上略有滞后（图1-8）。

这进而在一定程度造成了区域交通设施构成的不同特征（表1-9）。欧洲七国与日本的铁路网密度普遍高于高速公路密度，而我国绝大多数地区，包括三大城镇密集地区，高速公路密度普遍高于铁路

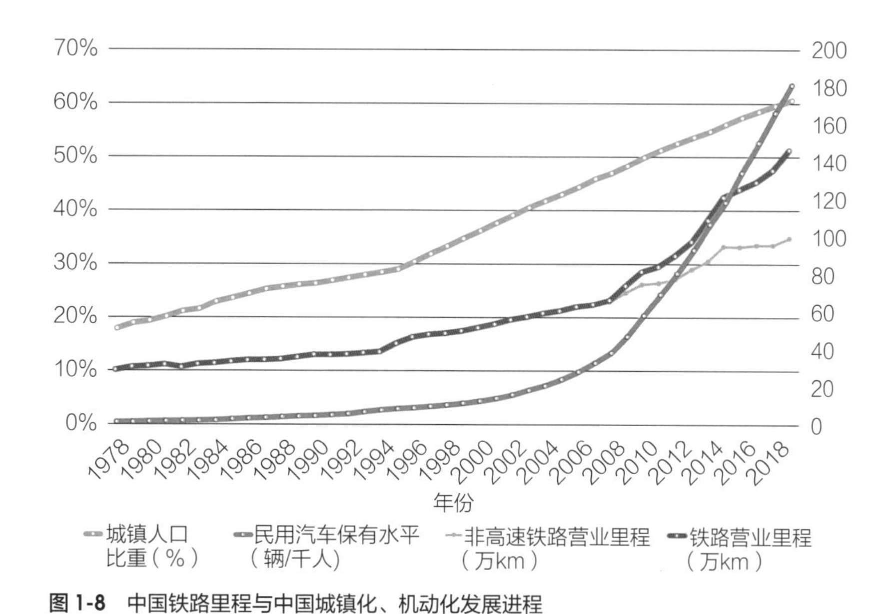

图 1-8　中国铁路里程与中国城镇化、机动化发展进程

① （英）克里斯蒂安·沃尔玛．铁路改变世界 [M]．刘嫦，译．上海：上海人民出版社，2014.

② 国土交通省．日本铁道史 [EB/OL]．https://www.mlit.go.jp/common/000218983.pdf.

网密度。从我国铁路和高速公路发展来看（图1-9），2013年以前全国铁路里程大于高速公路里程，但高速公路里程增速大于铁路，2013年后全国高速公路开始超过铁路里程，2018年高速公路达到14.3万km、铁路里程达到13.2万km。

图 1-9 2000 年至 2018 年中国铁路里程与高速公路里程对比

2019年铁路网与高速公路网密度的国际对比 表1-9

中国地区	铁路密度（km/千 km^2）	高速公路密度（km/千 km^2）
全国	15	16
长三角	34	44
京津冀	47	45
广东	26	53
其他国家	**铁路密度（km/千 km^2）**	**高速公路密度（km/千 km^2）**
英国	67	16
法国	43	18
德国	110	37
西班牙	31	31
意大利	56	23
瑞士	98	35
荷兰	82	75
日本	53	24

注：日本铁路指JR国铁、不含私铁。

1.3.2 铁路网络结构和功能的比较

我国普速铁路网发展相对较晚，但高速铁路发展实现了弯道超车、世界领先。从国际铁路网密度对比可以看出（表1-10），当前我国三大城镇密集地区的铁路网络中高速铁路网密度已无明显短板，但整体铁路网整体密度的存在较为明显的短板，也反映出我国普速铁路仍有很大的发展空间。

2019年铁路网与高速铁路网密度的国际比较　　表1-10

国家	高铁网密度（km/千 km^2）	铁路网密度（km/千 km^2）	国家	高铁网密度（km/千 km^2）	铁路网密度（km/千 km^2）
英国	0.5	57	日本	7.9	53
法国	4.3	43	中国地区		
西班牙	6.5	31	全国	4.0	15
瑞士	—	98	长三角	17.3	34
德国	4.4	110	京津冀	10.7	47
荷兰	2.4	82	广东	12.0	26

注：我国分地区高铁数据为2020年数据，来源于公众号铁路规划建设。瑞士高铁无数据，其他数据均为2019年数据。其中铁路网密度数据包含高速铁路数据，各国高速铁路的统计中均包含了部分200km/h的线路。日本铁路指JR铁路、不包含私铁、地下铁。

不同层次铁路网络密度的不同，也就意味着各层次铁路网的形态和承担功能也存在明显不同。在形态上，欧洲国家以及日本的铁路网络中普速铁路里程高、密度高，则呈现网络化形态；而高速铁路里程少、密度低，尚不能形成网络，有限的里程只能设置在重点走廊（如日本）或局部区间（如德国）。在服务上，高密度网络化的普速铁路更多服务中短距出行，其上运营的线路主要在各地区公司（如日本）或都市圈范围（如德国）内。以局部区间或走廊形式设置的高速铁路更多服务长距离出行，其上运营的线路可跨地区公司或跨都市圈。居民中短距离出行频率高、客流量大，长距离出行频率低、客流量低，因而欧洲和日本高铁网客流远低于普速铁路网客流。如日本东京站，作为东京第一大客流量的高铁车站，2019年高铁场日均客流约7.5万/人次，远低于普速铁路场客流46.3万/人次。

而我国高速铁路密度高，形态上网络化特征更加明显，在三大城镇密集地区均已基本成网。同时，高速铁路表现出更加明显，服务多空间尺度出行的综合联系功能特征，服务尺度涉及区际、城际、市域多种出行。例如，长三角的高速铁路网络上同时运行着连接长三角以外地区、专门服务长三角以内，以及专门服务都市圈尺度的三类列车。而我国普速铁路网同时服务客货，客运方面更倾向于服务高速铁路尚不能通达的地区，并服务长距离出行，普速铁路网络上运行的列车平均线路长度也明显高于高速铁路网络上的列车。在客流量上，全国高速铁路客流量占总量的60%以上，高于普速铁路网。城镇密集地区，高速铁路客流量占比会更高。以苏州为例，2018年所有车站高速铁路年发送旅客量约3600万（其中沪宁城际高铁约2700万、京沪高铁约900万）、普速铁路网共发送1050万人/年，高速铁路客运量（占比77%）明显高于普速铁路（占比23%）。

1.3.3　铁路车站布局模式的比较

1. 车站数量、服务与集散模式的比较

不同层次铁路网络的设站间距不同，铁路网络构成和密度的差异带来铁路车站数量的明显不同，而车站布局与服务模式又跟车站数量直接相关。从铁路客站总数来看，我国城镇密集地区的铁路客站

数量明显小于空间尺度相似的欧洲国家与日本。2017年，德国DB铁路客运站约5400个，日本JR车站约有4400个，长三角地区约200个。与德国和长三角地区城镇体系参照，德国铁路服务可以直接延伸至千人级别的小城镇，而长三角地区铁路服务尚不能直接服务所有县级区划。同时，城市尺度的铁路客站数量差异也十分明显。长三角地区地级市的市域范围往往数千平方千米，也普遍只有几个铁路车站。而在东京都二十三区，约630km^{2}内，除地铁站外，有70多个国铁车站（6个主要枢纽）、超过270个私铁车站。在柏林，约890km^{2}内，有超过130个火车站（含S-bahn），其中4个一等站、6个二等站、9个三等站。

车站的数量直接影响单个车站的对内服务范围和对外可达范围，并进一步影响了铁路车站客流的集散方式。欧洲国家与日本，车站数量多呈现明显的“就近乘车，对外高可达”特征，绝大多数乘客来自车站周边，因此更容易实现依靠公共交通、步行和非机动交通进行集散。而国内车站服务呈现较为明显的“对内广覆盖、对外低可达”的特征，绝大多数乘客来源地和目的地并非位于车站周边，甚至位于几百公里以外各个区县。这就难以依靠步行和非机动交通进行集散，在公共交通不发达的地区，私人机动交通就成为集散方式的绝对主力。

2. 车站与城市中心耦合关系的比较

同时铁路车站与城市中心的结构耦合关系也呈现明显不同的特征。由于欧洲与日本铁路主干网络的形成更早，重要的铁路线路和车站，在20世纪后现代城市不同发展阶段进行城市新中心选址之前，就已经进入了城市中心城区或位于中心城区的边缘。城市新中心选址时也会充分考虑有一定基础并更具潜力的铁路站城地区，将站城地区作为城市功能中心。例如欧洲自1950年开始的巴黎拉德芳斯商务中心、自1990年左右开始的荷兰阿姆斯特丹南站及商务区、1988—2010年多阶段推进的欧洲里尔（Lille Europe）项目、1995—2006年重建的柏林中央车站，日本新宿、涩谷、池袋在1958年时选址在环状山手线和私铁的交汇点上进行的副中心建设，①以及在2000年以后围绕东京站、大阪站推进了“Tokyo Station City”“Osaka Station City”项目，均反映出该特征。

而我国的铁路快速发展伴随着现代城市的发展，不同时期的铁路与城市中心的距离相差较大。早期的普铁车站，尤其是1949年前或者改革开放以前就形成的车站，一般位于大城市当时的中心城区边缘、距离市中心2～3km，或者位于小城市当时的市区边缘。②那个时期多数城市的中心区规模不大，总体上车站与城市中心的距离比较接近。高铁时代，伴随着我国高速城镇化，城市空间扩张意愿强烈且增长迅速。在高速铁路自身线型顺直要求、地方拉大城市空间框架诉求强烈、传统中心高建成度线路拆迁成本大的多重推拉力作用下，高铁车站更多结合规划的新城新区设置，逐步远离传统城市中心。以京沪高铁为例，新建车站普遍远离既有城市中心，与既有城市中心的平均距离约达9.4km。

1.3.4 铁路建设运营模式的比较

国际铁路的建设运营模式，从主体来看，分为私有主导和国有主导，各国的建设运营模式也明显

① 矢岛隆，家田仁．轨道创造的世界都市——东京 [M]．陆化普，译．北京：中国建筑工业出版社，2016.
② 徐循初，黄建中．城市道路与交通规划（下册）[M]．北京：中国建筑工业出版社，2007.

不同。从世界范围看，英国、美国的铁路系统是长期私有企业主导的；欧洲大陆其他国家与英美不同，如法国、德国、意大利，普遍经历了从私有化到国有化的转变。亚洲地区，日本铁路系统（除新干线外）经历了从私有到国有化再到私有化的发展过程，而我国的铁路系统一直是国有主导的。

英国铁路系统从诞生开始，除第二次世界大战后经历过一段时间的国有化，其建设营运长期都是私营企业主导的，议会通过私营企业的提案，很少涉及政府干预，这一方式后来也被美国采纳。欧洲其他国家铁路的发展与英国和美国有很大差别，国有和私有企业均参与铁路事业，但国家政府均强力介入了铁路的建设运营，铁路逐步从私有化转变为国有化。法国从19世纪中叶铁路发展之初，政府就担当起了主体责任，并在第二次世界大战前夕组成了法国国营铁路公司。意大利的地形增大了铁路修建难度，很难吸引私人企业投资，从19世纪中叶开始国家为刺激铁路发展，给予私人铁路公司补贴资助、引导公司合并，并在1905年全部国有化。德国在1870年普法战争后更多出于军事考虑，推动铁路公司国有化。①日本铁路系统经历如前文所述，而铁路技术于1872年传入，明治时期的铁路系统以私有为主，随着1906年《铁路国有法》出台推动了铁路的国有化，而1987年再次推行了铁路系统民营化改革。②但根据1970年制定的《新干线整备法》，日本新干线建设依然是国家主导，设施由国家（日本铁道建设公团）所有，JR各公司租赁运营。③我国铁路系统长期以来一直都是由国家统一规划并建设运营的，仅在近年来解决局部出行的城际铁路系统中我国逐渐开始探索民营资本进入铁路市场。

从整体发展情况来看，国营主导和私营主导是并存的、动态发展的两种形式，各有适用范围。历史实践证明，首先铁路作为重要的公共服务设施，有极强的公益属性以及国防属性，不论是否盈利都应该持续运营下去。同时，铁路是资本密集型产业，有庞大的固定资产，在经济繁荣时期由于大量使用能够带来利润，但经济萧条时期又会造成巨额的亏损、很难长期盈利。因此，铁路系统很难仅依靠私有企业的力量形成良好的长期发展，即使不国有化，政府的强力介入也是必然的趋势。④尤其是数十万至数百万平方千米国土尺度的国家干线铁路，如高速铁路系统，若缺乏国家力量的支撑，往往其发展会遭受阻碍。英美在高速铁路时代没有再次领先世界，很大程度上也是缺少强有力的国家力量支撑。而我国铁路系统一直由国家主导，这与地域广阔的内陆国家、铁路兼具客货运、国防和民生功能、旅客长距离出行需求高等基本国情是十分匹配的。这一导向，使得我国铁路网络更为完整、规模效益更加明显、铁路票价远低于欧洲国家与日本，更是促进了高速铁路发展世界领先并成为最惠及普通大众的出行方式。

此外，私营企业本质上是为股东服务的而不是公民，更加追求利润而不是公众利益，因而更青睐工程相对更简单、客流更集中的线路。长期私营主导的铁路网络往往是以多条独立的线路存在的，更像是城市轨道网，线路间主要通过换乘组织，而跨线运行较少，如伦敦、日本北海道的铁路网。私营程度过高还会造成线路的重复建设、调度运营主体杂乱，网络规模效益低，如伦敦国王十字车站和紧邻的圣潘可拉斯站就是不同的铁路公司均希望深入城市中心产生的结果。然而民间和私营铁路，在协调良好的情况下，对于解决局部地区的铁路出行上会产生一定优势。相比国家干线，他们对局部地区出现的客流需求更加了解、应对更加及时。如日本三大都市圈形成的较大规模的私营铁路系统，很好地解决了郊区至城市中心的通勤问题，这也是当前我国在城际铁路建设当中探索民营资本参与的原因。

---

①④　（英）克里斯蒂安·沃尔玛．铁路改变世界 [M]．刘媺，译．上海：上海人民出版社，2014.

②　国土交通省．日本铁道史 [EB/OL]．https://www.mlit.go.jp/common/000218983.pdf.

③　杨斌．日本铁路改革及启示 [J]．铁道经济研究，2000（2）：43-45.

1.3.5 铁路旅客客流特征的比较

不同国情下铁路发展时序、网络和车站结构呈现出的不同特征，最终带来了铁路旅客发送量、铁路出行频次、铁路平均乘距等诸多出行特征的明显不同。从相关数据中看出，欧洲国家以及日本地区的铁路出行更多呈现出“高频次、中短距、高客流能级”的特征，而我国包括三大城市群的绝大多数地区的铁路出行呈现出“低频次、长距离、低客流能级”的特征（表1-11）。从平均运距看，欧洲国家铁路平均运距基本约34～76km，而拥有更高人均乘次水平的日本，其JR国铁的平均运距仅约为29km，反映出铁路出行更贴近日常生活，日本的铁路网络实际上已经成为郊区与市中心之间重要的通勤工具之一。

而我国铁路出行的平均运距明显较长，长三角铁路平均运距是欧洲国家的5～10倍，日本的约12倍。从人均乘次看，日本铁路人均乘次达到了约75.3次/人/年，德国达到35.4次/人/年，而我国三大城镇密集地区的铁路人均乘次仅约3次。低水平的人均乘次意味着未来国内铁路车站新增客流中不乏很多常年不坐铁路的旅客。乘次的差异也带来了铁路客运量的能级差异，长三角地区人口总量和密度约是日本、德国的2～3倍，但客运总量远低于日德两国。这也意味着未来我国铁路客运量还有很大的上升空间。

中外铁路发展情况对比（2017年）　表1-11

中国地区	铁路年客运量（百万）	平均运距（km）	人均乘次（次/人/年）
长三角	743	343	3.3
京津冀	332	439	2.9
广东	387	264	3.4
全国	3660	402	2.6
其他国家	铁路年客运量（百万）	平均运距（km）	人均乘次（次/人/年）
英国	1837	39	27.5
法国	1265	76	18.8
西班牙	635	45	13.5
意大利	899	63	15.0
瑞士	636	34	74.1
德国	2938	34	35.4
荷兰	389	50	22.4
日本	9503	29	75.3

注：人均乘次=铁路年客运量/常住人口数量，平均运距=铁路年周转量/铁路年客运量。表中计算结果因对原始数据的四舍五入会出现一定的不对应。日本铁路客运量为JR铁路公司客运量，不含私铁和地下铁。

1.3.6 铁路旅客乘候车习惯的差异

此外，国内外在铁路乘车、候车习惯等方面存在差异。总体来看，欧洲国家以及日本乘坐铁路无需提前较长时间到达车站并长时间在站台候车，而国内乘客需要提前较长时间到达车站并需要在车站站厅和站台两次候车且时间较长。造成这一差异的原因是多方面的。

第一，是与上述的铁路网络和车站特征密切相关的。欧洲国家以及日本铁路系统车站数量多，更接近“出门即可乘车、到站即到目的地”，乘客普遍来自于车站周边，公共交通与铁路客站衔接关系较好，铁路出行两端的城市交通时长更短且可控性高，旅客不需要刻意太早出门。而我国铁路车站数量少，多数重点车站距离客流中心较远，多数乘客并不来自于车站周边，因此铁路出行两端的城市交通时长更长且不可控，旅客必须提早出门。第二，与安检和验票模式有关，欧洲国家与日本铁路普遍没有集中安检，也多采用随机抽检票制和高额逃票罚款制度，节约了不少乘车前的准备时间。我国铁路则实行严格进站安检以及进站与乘车前两次的集中验票、开车前三分钟停止验票等制度，乘客须在乘车前预留好这部分时间。第三，与发车频率相关，欧洲国家以及日本铁路系统中短途列车多，发车频率更短，乘车不完全对应固定班次与座位，乘客仅需要像乘坐地铁一样，发车前上车即可，错过列车也无需惊慌乘坐下一班即可。而国内高速铁路中长途多，发车频率长，固定班次座位，错过列车乘坐下一班往往间隔很长。并且退票和购买新票在开车前后有一定的时间限制，因此为保险起见，旅客一般都习惯提前到达站厅候车。可以看出，旅客乘车、候车习惯是与铁路系统的诸多特征直接关联的，是与各国的国情相匹配的。这也预示着随着我国铁路网络与车站特征、铁路服务模式等因素变化，居民的乘车与候车模式也将发生根本性变化。

1.3.7　站城关系的差异

最后，这些差异也反映在了站城关系上，形成了铁路车站总体规模的差异以及车站和周边地区空间关系的差异。

铁路车站总体规模的差异主要体现在站台线规模、站前广场规模、小汽车集散设施规模、候车厅规模等几个方面。第一，站台线规模，我国铁路车站虽然客运量远不如欧洲国家与日本车站，但站台线规模远高于后者。我国高速列车及长线车次多、列车运行速度高，需要较大的发车间隔从而使单条站台接发能力受限，无形中增加了站台线数。如上海虹桥站16台30线、苏州站7台16线，2018年日均旅客发送量分别为约17.9万人、7.4万人，日本东京站14台28线、新宿站8台16线，2018年日均发送量分别为约54.6万人、79万人。第二，广场规模，国内车站为应对季节性节假日客流高峰等特殊情况，依然保留有较大规模独立的站前集散广场，多数车站站前集散广场规模在5～10hm^2；欧洲国家与日本车站鲜有大面积功能单一的站前集散广场，多数车站站前广场在3hm^{2}以内，且往往与周边开发共享。第三，小汽车集散设施规模，国内车站集散更多依赖小汽车系统，需要配置大量占地面积巨大的小汽车专用匝道、接送区域、停车场；欧洲国家与日本车站公交、步行与自行车比例高，服务小汽车集散设施的面积大幅度减少。第四，候车厅规模，由于国内旅客长时间的候车需要，车站内最高集聚人数较高而高峰小时发送量低，需要大面积的候车厅；欧洲国家与日本车站旅客在站台短时候车，车站内最高集聚人数较低而高峰小时发送量高，鲜有大面积候车厅。可以预见，随着铁路网络和车站特征、铁路旅客出行特征的变化，这些设施规模也将发生很大的变化。

同时在微观尺度上，车站与周边地区的空间关系也呈现出不同特征。从国际比较来看，进入城市存量更新阶段的欧洲与日本城市，十分关注车站周边地区的跨站跨线融合发展。而我国城市总体上仍处于增量扩张阶段，普速铁路时代的车站多为线侧式站房，站城地区面向城市的一侧发展相对较好，而背向城市的一侧受铁路阻隔往往较为没落，这一存量问题普遍未能得到足够重视和改善。并且新建

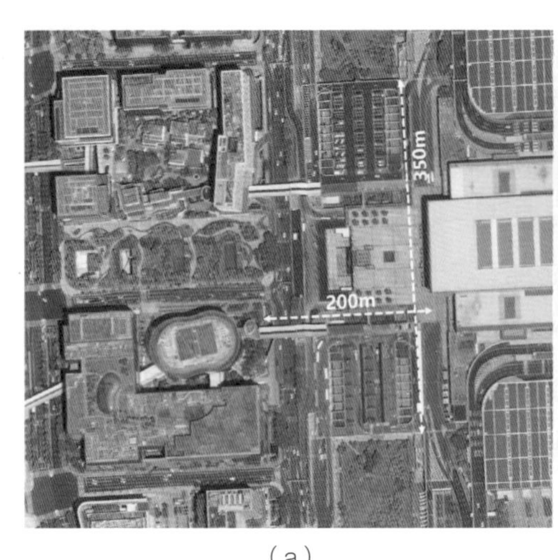

（a） （b）

图 1-10 站前开发距离车站的距离
（a）上海虹桥站；（b）日本京都站

的高速铁路车站，车站周边地区多数是在通车以后才真正迎来发展，十多年时间对于功能和人气培育还十分短暂，加上站台线规模较大而增大了跨站联系的难度，多数车站还未能实现单侧活力集聚，更谈不上实现跨站发展。进一步观察车站与站前开发的关系，快速城市化、机动化带来了较大规模的站前广场、小汽车集散设施布局、较多的高等级道路。因而造成了当前我国站前开发距离车站依然较远，多数站前开发除距离车站两三百米之外不便于步行。而欧洲国家与日本顶级站城的站前开发紧邻车站，车站与周边开发之间的距离鲜有超过150m（图1-10）。

1.4 未来铁路与城市关系的发展趋势

1.4.1 铁路发展目标转向“可达性”主导

从两百多年铁路发展史来看，对速度的追求是铁路发展的主旋律。从畜力时代、蒸汽机车时代、内燃机车时代到电力机车与高速动车组时代，世界铁路进化史是一部速度史。[1]我国铁路发展史亦是一部速度史，从普速铁路时代，到1997至2007年10年间的六次铁路大提速，再到高铁时代，我国铁路的平均旅行时速和最高运行时速不断提升。下一阶段城镇密集地区铁路发展主要目标从“速度主导”率先转向“可达性主导”。一方面，这是为了解决当前城镇密集地区铁路出行的两大痛点：局部区间特定时段一票难求、铁路两端城市出行时耗远大于铁路出行时耗，难以满足城镇密集地区日益增强的中短距城际出行需求。另一方面也是未来轨道上城市群、铁路枢纽做大做强的必备条件，从国际发达地区比较来看，我国城镇密集地区短板在于铁路网整体密度、车站数量，未来发展重点在于实现“网络高密度、站点高覆盖”。

从“速度主导”转向“可达性主导”，并非放弃速度，而是对速度“从点到面、从时间到空间、从单一层次到多层次”的进阶认识。这会引导铁路规划思路、设施供给、网络和车站结构等诸多方面发生方向性转变。在规划思路上能减少重复建设，不会再过于希望将新增铁路通道用于缩短既有站点之间铁路乘车时耗，而是通过新增铁路通道让更多人在家门口乘坐铁路，节约整体出行时耗。在设施供给上避免片面追求高时速，重高速、轻普速，不仅关注更高时速的超级高铁、高速铁路，并且给予城际铁路、市域（郊）铁路同等的关注。在网络和车站结构，不会再仅追求少数站台体量更大的车站，而是更关注车站的布局与结构。同时，可达性主导地位也将进一步使铁路规划与空间规划的统筹衔接更加紧密，从而根本性促进铁路与城市、车站与周边地区的关系更加融合。

1.4.2 多网融合的铁路系统更加融入城市

1. 层次不断丰富的铁路网络更加融入区域出行

多网融合铁路时代的铁路网络发展，一方面是普速、高速铁路干线网络的进一步发展；另一方面随着是城市群、都市圈内部联系不断加强，服务局部高客流区间的城际铁路、市域铁路的需求更加突出。随着轨道上的城市群及都市圈建设、新基建的推进，三大城市群正在加快城际铁路、市域郊铁路建设。根据国家批复的最新相关规划，未来京津冀、长三角、粤港澳大湾区铁路网整体密度将实现大幅提升（表1-12），形成“干线铁路、城际铁路、市域（郊）铁路、城市轨道”多层次网络融合、直联直通的铁路网络。

2021年国家批复的最新铁路相关规划　　表1-12

批复时间	规划名称	目标
2021年2月	《国家综合立体交通网规划纲要》	至2035年铁路里程达到20万km，其中国家高速铁路约5.6万km、国家普速铁路约7.1万km
2021年3月	《中华人民共和国国民经济和社会发展第十四个五年规划和2035年远景目标纲要》	建成京津冀、长三角、粤港澳大湾区轨道交通网，新增城际铁路和市域（郊）铁路运营里程3000km
2021年6月	《长江三角洲地区多层次轨道交通规划》	2025年干线铁路营业里程达到约1.7万km（高铁0.8万km）、城际铁路营业里程约1500km，市域（郊）铁路营业里程约1000km，城市轨道约3000km
2021年7月	《粤港澳大湾区城际铁路建设规划》	到2025年铁路运营及在建总历程达到4700km，包括新建13个约775km的城际铁路项目，远期到2035年，大湾区铁路运营及在建里程达到5700km，覆盖100%县级以上城市

“干线铁路、城际铁路、市域（郊）铁路、城市轨道”的客运铁路网络，体现不仅是铁路密度的提升，更是服务不同空间圈层的铁路层次，满足的是居民快速增长的不同空间层次的出行需求（表1-13）。从干线铁路、城际铁路、市域（郊）铁路到城市轨道，线路对外服务的空间距离逐渐减小。干线铁路能够服务跨城市群的区际出行，城际铁路能够服务跨市域的出行，市域（郊）铁路侧重服务市域内部市区和区县间的出行，城市轨道侧重服务市区内部出行。同时，上一层次铁路能够兼顾一定程度下一层次的出行联系需求，干线铁路服务不同空间层次的综合联系属性最为明显，下一层次逐渐减弱，表现出更多的局部联系属性，最终四个层次间形成分工和衔接关系。从互通关系上，从

当前实践来看，干线铁路网络一般会与城市群城际铁路实现局部互通互跑；都市圈城际倾向于自成体系，一般独立于干线铁路及城市群城际铁路；市域铁路整体上亦自成体系，在局部地区个别线路会融入都市圈城际铁路网，但在四个层次的轨道均会在重点站点实现彼此之间良好的换乘衔接。与设计速度的匹配关系上，干线铁路、城市铁路的设计速度选择范围相对灵活。干线铁路较多采用250km/h及以上的高速制式、200km/h的快速制式，部分段会采用200km/h以下的普速制式。城市群城际铁路较多采用高速制式，而都市圈城际铁路、市域（郊）铁路一般采用快速或普速铁路制式。

多层次铁路网络的功能　　表1-13

	功能	主要网络与线路
干线铁路	服务全国服务跨区域的区际联系，并兼顾城市群内的城际联系	在全国范围内跨城市群、多路径、便捷化大能力的干线铁路网
城际铁路	城市群城际：重点服务城市群范围的联系，在我国不同类型的城镇密集地区的联系强度形成相应规模的城际网络。 都市圈城际：重点服务都市圈尺度的城际联系，在都市圈尺度内能形成相应规模的网络	城市群城际系统包括几种地域形式：城际铁路网、城际铁路骨架网、城际铁路骨干通道；多采用设计速度250km/h及以上高速制式，部分采用200km/h快速铁路制式； 都市圈城际：如上海大都市圈的苏锡常城际、示范区城际等，在形式上未来较多会采用设计速度160km/h、200km/h的快速铁路，部分线路会采用高速铁路形式
市域（郊）铁路	重点服务都市圈、市域范围	市域快线、市域铁路等，在形式上未来较多会采用100~160km/h的设计速度
城市轨道	服务于城市内部	城市轨道网

2. 覆盖不断加密的铁路车站更加融入城市空间

多网融合时代，城镇密集地区的干线铁路进一步完善，城际铁路、市郊（域）铁路加快发展，车站数量整体大幅增加、站点不断加密，在宏观尺度上更有利于实现更紧密的铁路与车站的关系。一方面是需求端的拉力，日益旺盛的中短距离的出行需求、城市区县及重点板块直联区域的诉求迫切需要增加车站。另一方面是供给端的助推，多层次铁路网络设站的灵活度变化明显，高速铁路设站间距建议为30～60km、城际铁路站距为5～20km、市域（郊）铁路要求不小于3km。城际及市域（郊）铁路车站更易于进入城市，与城市的多中心结构的结合会更加密切。

同时车站的类型更加丰富。未来铁路客运车站的联系类型与接入的铁路线路类型直接相关，从直联的空间层次看，未来将形成综合联系型、都市圈联系型、市域联系型、城市联系型车站多类车站。从铁路线路的衔接关系看，国家干线铁路与城市群城际整体上更倾向于形成直通运行的网络，当前多数高速铁路车站属于国家干线铁路与城市群城际铁路上的车站。而都市圈城际更倾向于自身形成直通网络，并接入部分国家干线铁路与城市群城际铁路车站。因此从未来铁路客站的整体功能上看，一方面国家干线铁路和长三角城际铁路中高铁枢纽更加侧重于形成能够服务多空间尺度联系的综合联系站场，另一方面都市圈城际与市域（郊）铁路网上独立的车站，将形成侧重服务局部联系的都市圈联系型、市域联系型站场。

车站数量和类型的增加，也将使铁路车站的服务模式从当前“单站辐射”转向“多站协作”。第一个协作的层次是同一类枢纽间的协作，如成为综合联系型枢纽的高铁枢纽之间的协作，包括上海“四主多辅”、北京“10+X”、广州“五主四辅”、苏州“两主四辅结构”（表1-14）。另一协作层次是不同类枢纽间的协作。以苏州市为例，除高速铁路体系中的铁路车站，未来苏州将新增近40个都市圈城际车站。这些服务都市圈及市域联系的车站也将与城市轨道一起，承担部分高铁客流的集散。同时，枢纽服务也将从“对内广覆盖、对外低可达”转向“就近乘车，对外高可达”。未来城市群城际间、都市圈城际间大多数铁路出行，将更有条件在县市、县区范围内直接乘车，市域内的铁路出行，将尽可能在各板块直接乘车。

北上广深等一线城市的铁路枢纽总体布局　　表1-14

	面积km^2	常住人口（万人）	总体布局	主	辅
北京	16 410	2154	10+X	北京站、北京西站、北京南站、北京北站、丰台站、清河站、朝阳站、北京城市副中心站	北京东站、清华园站、亦庄、大兴站、房山站、顺义站、昌平站、怀柔站等
上海	6341	2428	四主多辅	虹桥站、上海站、上海南站、上海东站（新增）	安亭北站、松江南站，杨行站（新增）、奉贤站、南汇站
广州	7434	1531	五主四辅	广州站、广州东站、广州南站、佛山西站、广州白云（棠溪）站	广州北站、南沙站、新塘站、黄埔站
深圳	928	1344	三主四辅	深圳北站、西丽站、深圳站	深圳东站、福田站、深圳机场站、深圳坪山站
苏州	8657	1075	两主多辅	苏州站、苏州北站	苏州南站、昆山南站、张家港站、常熟站、太仓站

3. 铁路车站与周边地区关系更加紧密

随着铁路网络和车站的不断加密，铁路出行特征向“高能级客流、就近乘车、出站即到目的地”的变化，车站与周边地区的关系将朝着当前欧洲国家与日本的站城地区关系的方向发展。从车站建筑来看，更高品质商业、零售、文化、商务设施会在车站建筑中出现，车站功能的复合程度会进一步增加。车站集散模式将从“小汽车可达最优”到“绿色交通体系可达最优”，减少交通设施对站前步行联系的分割。站前大尺度的广场也将逐步变为人本尺度的交往空间，从而拉近站城之间的最后“一百米”。随着对于站城地区的认识的变化，未来站城地区的开发意图将逐步从“期待以铁路枢纽拉大城市框架”转向“关注步行尺度紧密站城的高品质开发”、发展意象将从“展示宏大的空间形象”转向“展示活力的城市生活”。随着站城地区培育时间的推移，站城空间发展方向也将从“单侧发展”转向“跨站融合发展”。

1.4.3　绿色低碳的铁路系统支撑践行双碳

当前世界主要发达经济体均已实现碳达峰，英、法、德以及欧盟早在20世纪70年代即实现碳达峰，美、日分别于2007年、2013年实现碳达峰，且都是随着发展阶段演进和高碳产业转移实现“自然达峰”。[①]我国作为最大发展中国家，工业化、城镇化还在深入发展，发展经济和改善民生的任务还

① 新华社. 2030 年前碳达峰的总体部署——就《2030 年前碳达峰行动方案》专访国家发展改革委负责人[EB/OL]. 中国政府网，（2021-10-26），[2021-10-27]. http://www.gov.cn/zhengce/2021-10/27/content_5645109.htm.

很重，能源消费仍将保持刚性增长。国家把碳达峰、碳中和纳入经济社会发展全局，提出在2030年前实现碳达峰、2060年前实现碳中和，需要各地区、各领域、各行业推动资源高效利用和绿色发展。

在交通运输领域，大力发展铁路是实现碳排放达峰的最重要交通方式之一，铁路具有突出节能减碳效益。首先，铁路系统能耗低，发展铁路系统能明显降低煤炭消耗。根据统计，我国交通运输业能耗从2014年的3.5亿t标准煤发展到2019年的4.5亿t标准煤，年复合增长率达5.2%，占全国能耗总量的10%。而我国铁路电气化率约75%，铁路燃油年消耗量已从最高峰1985年时的583万t下降到231万t，降幅达60%，相当于每年减少二氧化碳排放1256万t。其次，铁路系统碳排量小，发展铁路系统能明显减少温室气体排放。交通运输领域（包含营运性运输、私人乘用车、摩托车、农用运输车等非营运性运输）碳排放占全国终端碳排放15%左右（不包含国际航空和远洋船舶在公共区域的排放）。从我国交通运输领域目前碳排放结构来看，公路是主体，占85%以上，铁路占0.68%，海运和航空大约为6%。[①]随着电力机车、高速动车组的广泛运用，铁路系统的实际碳排放量还在逐年下降。根据相关研究，对于单位运输服务量，高铁交通的碳排放分别是航空、汽油车、柴油车、电动汽车、公交的10%、24%、26%、32%、38%。[②]

从轨道上的京津冀的正式提出，[③]到轨道上的都市圈、轨道上的城市等概念形成普遍共识，并成为诸多地区和城市的发展目标，铁路系统越发受到地方发展的关注。在双碳目标的背景下，铁路系统有着高效率、可靠性、绿色低碳等方面的巨大优势，将会成为中央和地方发展最受欢迎、也是最值得推广发展的交通方式。

1.4.4 多元化的铁路发展机制促进多方参与

可达性主导的铁路发展目标、多网融合的铁路系统都更加依赖国家铁路部门和地方城市政府的紧密配合，因此铁路发展机制必须更加支持提升多方参与铁路事务主动性与积极性。

1. 铁路建管运从“国家主导”转向“国家与地方共担事权”

在普速铁路与高速铁路时代，我国的铁路网建设基本以国家主导，由国家铁路主管部门统一规划建设。当前随着国家铁路网络的完善，跨城市群的区际铁路出行日益便捷，当前铁路发展解决的主要矛盾转变为解决局部地区，尤其是城市群及都市圈内的城际出行。国家主导的模式很难高效地解决局部问题，因此铁路建设问题将逐步转向地方层面主导。

一方面，国家政策正在积极引导这种转变。2019年7月国务院办公厅印发《交通运输领域中央与地方财政事权和支出责任划分改革方案》国办发〔2019〕33号，划分公路、水路、铁路、民航、邮政、综合交通六个方面的中央与地方财政事权和支出责任。其中在地方财政事权管辖范围内，提到城际铁路、市域（郊）铁路、支线铁路、铁路专用线，其建设、养护、管理、运营等具体执行事项由地方实施或由地方委托中央企业实施，并对由地方决策的铁路公益性运输，地方承担相应的管理职责。

① 周伟．“双碳”目标下　交通运输转型发展挑战与机遇 [EB/OL]．中国交通报，（2021-09-24）．http://www.qov.cn/zhengce/2021-10/27/content_5645109.htm.

② Yan ZheWang，Sheng Zhou，XunMinOu.Development and Application of a Life Cycle Energy Consumption and CO_2 Emissions Analysis Model for High-speed Railway Transport in China[J]. Advances in Climate Change Research.2021(12): 270-280.

③ 国家发展改革委关于当前更好发挥交通运输支撑引领经济社会发展作用的意见（发改基础〔2015〕969号）[EB/OL]．中华人民共和国国家发展和改革委员会，（2015-05-07）．https://www.ndrc.gov.cn/xxgk/zcfb/tz/201505/t20150527_963843.html.

该方案自2020年1月1日开始实施，明确了城际铁路、市域铁路将纳入地方财政事权。2021年3月，国务院办公厅转发国家发展改革委等单位《关于进一步做好铁路规划建设工作意见的通知》国办函〔2021〕27号进一步提出分类建设运营，明确建设运营主体责任。干线铁路由中央与地方共同出资，中国国家铁路集团有限公司发挥主体作用，负责项目建设运营，效益预期较好的项目要积极吸引社会资本参与。城际铁路、市域（郊）铁路、支线铁路及铁路专用线以有关地方和企业出资为主，项目业主可自主选择建设运营方式。

另一方面，地方层面积极从"参与规划建设"转向"自主运营管理"。在地方层面，多省市已逐步强化地方在城际和市域铁路网中的作用，逐步从"参与规划建设"积极转向"自主运营管理"。2014年湖北省铁路投资公司通过签订股权置换协议，中国铁路总公司逐步从地方铁路投资中退出，湖北省逐步自主管理城际铁路的运营。2018年江苏省政府印发了《关于组建江苏省铁路集团有限公司的通知》（苏政发〔2018〕60号），将现江苏铁路投资发展有限公司通过增资方式改建为江苏省铁路集团有限公司，探索高铁自主规划建设运营模式。省铁路集团接受省交通运输厅行业管理，以及铁路建设发展业务管理，作为以省为主投资铁路项目的投融资、建设、运营管理、沿线综合开发主体和国家干线铁路项目的省方出资主体。

2. 从"国家投资主导"转向"多元铁路投融资模式"

铁路建设费用高昂、投资规模巨大，需要多元化铁路投融资模式。在干线铁路为主的时期，铁路建设多是国家投资主导。而在多层次铁路融合发展的时期，一方面随着城镇密集地区，干线铁路、城际铁路、市域（郊）铁路、城市轨道的共同发展，铁路建设中地方事权比例加重；另一方面，随着中央差异化投融资政策，提升中央资金对中西部铁路建设投入比重，三大城市群等经济发达地区更具备自主建设铁路的经济实力。未来三大城镇密集地区的铁路投资模式将按照中央和地方事权的划分，朝着国家投资、地方筹资、社会融资相结合的多渠道、多层次、多元化铁路投融资模式。

国内已经开始不断尝试多元化铁路投融资模式（表1-15）。2015年12月国家发展改革委印发了《关于做好社会资本投资铁路项目示范工作的通知》（发改基础〔2015〕3123号），希望发挥社会资本投资铁路示范项目带动作用，探索并形成可复制推广的成功经验，拓宽铁路投融资渠道，促进铁路事业加快发展，并公布了包含高速铁路、城际铁路、地方铁路3类共8个社会资本投资铁路示范项目。目前汉十高铁、济青高铁已经通车，开创了国内地方为主投资建设高铁、民营控股建设高铁的先例。2016年《中长期铁路网规划》中明确提出创新市场化融资方式，放宽市场准入，培育多元投资主体，鼓励支持地方政府和广泛吸引包括民间、外资在内的社会资本参与投资铁路建设，支持地方设立铁路发展基金，继续发行政府支持的铁路建设债券。未来多元化铁路投融资模式也必将出现更多的新形式。

2015年国家发展改革委公布的8个社会资本投资铁路示范项目基本情况　表1-15

类型	项目名称	地区	投资模式	线路情况	进度
高速铁路	济南至青岛高速铁路	山东	山东省、国铁集团分别出资80%和20%	约308km，11站，设计速度250~350km/h	2018年12月通车，国内首条由地方为主投资建设的高铁
	武汉至十堰铁路	湖北	湖北省、国铁集团分别承担80%和20%	约460km，20站，设计速度250~350km/h	2019年11月通车

续表

类型	项目名称	地区	投资模式	线路情况	进度
高速铁路	杭州至温州铁路	浙江	民营联合体占股51%	约319km，11站，设计速度350km/h	在建，国内首条由民营控股的高铁
城际铁路	廊涿城际铁路	河北	—	约102km，5站，设计速度200km/h	待建
	重庆主城至合川铁路	重庆	重庆市自主投资（铁路开发投资公司61.54%、铁路（集团）有限公司，38.46%）	约53km，5站，设计速度160km/h	在建
	合肥至新桥机场至六安铁路	安徽	—	约90km，9站，设计速度200~350km	待建
	杭绍台城际铁路	浙江	民营联合体占股51%	约267km，8站，设计速度350km/h	在建
地方铁路	三门峡至禹州铁路	河南	—	约264km，21站，设计时速120km/h，客货共用	待建

1.4.5 区域、城市和旅客对未来铁路系统的期待

可达性主导、多网融合下的铁路系统，将从实现城市的“互连互通”向实现城市核心功能区以及战略节点地区的“直连直通”发展，[①]这也更加符合区域、城市和旅客对未来铁路系统的新期待。

从区域和城市发展的角度看，区域和城市对铁路发展也充满了期待。一方面区域间联系不断加强这种更紧密、更高水平的区域关联网络结构需要更高效便捷的铁路网络支撑。另一方面，城市也希望更好地融入区域发展，不仅是地级市、更多县（市、区）级行政单元也希望能够拥有铁路客站，通过铁路直连区域。同时城市的内部结构也在不断完善，市域、县域、市区、城区的多中心结构，以及各级中心间的联系也在不断强化，这就需要通过铁路等轨道交通枢纽车站的合理布局支撑多中心结构的形成和直连。

从出行者的角度看，虽然铁路出行较过去已有了翻天覆地的变化，但生活工作新方式正在形成，新的需求正在出现，人们对未来铁路出行依然充满新的诉求。从时间价值上看，关注时间价值的出行者比例在不断增加。从便捷性看，出行者希望能够随时买到车票、乘坐铁路到达更多想去的地方，同时希望车站周边能够有更丰富多元的功能满足多种需求。从时效性上看，出行者的时间价值提升，希望能够“出门即可进站、到站即到目的地”，减少铁路出行两端的换乘时间、快捷进出车站、节约时间成本。从舒适性上看，出行者希望能够有更好的车站内外环境以及乘车体验，车站外有更人性化、体现地方特色的周边地区。

未来，铁路系统的发展为铁路车站与城市关系的改变提供了供给侧的推力，区域、城市、出行者需求的变化为铁路车站与城市关系的改变提供了需求侧的拉力，在供给侧和需求侧的推拉作用力下，铁路车站与城市关系也必将向更加紧密融合的方向发展。

① 李晓江．京津冀协同视角下雄安新区发展的认识 [R/OL]．中国城市规划学会，（2018-01-08）．https://mp.wexin.qq.com/s/WJMX5cDa21MkV2CS7nAlqg.

第2章

站城融合的需求和内在逻辑

站与城的关系始终是客观存在的，正如第1章所讨论的，在不同国家、不同地区、不同阶段，站与城所呈现的关系有着显著差异。

真正实现站城融合发展的基础动力来自于区域一体化发展，由此带来依赖于区域交通高可达性的社会经济组织形式，而当铁路客运方式成为具有更高竞争力的选择时，更多的区域性功能将优先附着于铁路车站周边；进一步，区域一体化推动下，城际人群呈现规模增长，更加重要的是城际人群的结构性变化带来不同于以往的新需求，跨城商务人群、通勤人群等对时间敏感度更高，对站城地区的诉求更加多元化，对站城地区功能不满足于单一的枢纽功能，推动和强化了站城地区的转型发展；同时，城市进入高质量发展阶段，铁路车站地区成为资源配置和基础设施投资的重点，特别是以城市轨道为代表的交通基础设施建设，与城市空间结构优化相互呼应，有条件实现高效率、高品质的发展。

新时期赋予站城融合新的发展内涵，一体化、可达性、人的活动构成站城融合发展的发展逻辑。以此为标尺，站城融合发展应识别其核心人群和动力，避免逢站必城的误区，强化站城融合发展的适宜性和差异性。

2.1 区域一体化进程促进站城功能集聚

2.1.1 城镇密集地区经济社会一体化进程

1. 稳步发展的城市群格局

我国城市群是近30年来伴随国家新型工业化和新型城镇化发展到较高阶段的必然产物，成为国家参与全球竞争与国际分工的全新地域单元。早在2006年，“十一五”规划提出“把城市群作为推进城镇化的主体形态”，要求将大都市和小城镇统筹起来；“十三五”规划对中国城市群格局明确定调，重点发展包括京津冀、长三角、珠三角、成渝在内的19个城市群。当前，我国正以城市群为核心，以促进区域协作的主要城镇联系通道为骨架，以重要的中心城市为节点，形成“多元、多级、网络化”的城镇空间格局。城市群是我国国家新型城镇化的空间主体形态，是支撑全国经济增长、促进区域协调发展、是国家参与全球分工与竞争的重要地域单元。作为区域一体化的重要抓手，城市群也是新型城镇化过程中实现创新、协调、绿色、开放、共享五位一体发展理念的重要途径。

我国的城镇化水平从2000年的36.1%增长到了2020年的63.9%，经历了20年的高速增长。其中，以京津冀、长江三角洲、珠江三角洲为代表的三大重点城市群成为我国经济最具活力、开放程度最高、创新能力最强、吸纳外来人口最多的地区。2015年6月，中共中央 国务院印发《京津冀协同发展规划纲要》。[①]2019年2月及同年12月，《粤港澳大湾区发展规划纲要》《长江三角洲区域一体化发

① 中共中央政治局2015年4月30日召开会议，审议通过《京津冀协同发展规划纲要》。同年6月9日，中共中央 国务院印发。引自：发展改革委网站. 十八大以来推动京津冀协同发展不断取得重大进展 [EB/OL]. 中国政府网，(2017-08-21). http://www.gov.cn/xinwen/2017-08/21/ content_5219279.htm.

展规划纲要》相继印发，由此标志着京津冀协同发展、长三角更高质量一体化发展、粤港澳大湾区发展全部上升为重大国家战略。

我国三大城市群发展各具特色。长三角城市群最鲜明的两个特征是“一体化”和“高质量”。长三角一体化的探索早在1982年就已启动，是年国务院决定建立上海经济区。2016年，《长江三角洲城市群发展规划》正式印发；2019年，《长江三角洲区域一体化发展规划纲要》以沪苏浙皖三省一市全域范围作为长三角一体化规划范围。长三角城市群经济总量约占全国1/4，常住人口城镇化率超过60%，大中小城市协同发展，各具特色的小城镇星罗棋布，城镇之间经济社会联系密切，科技创新、开放合作、重大基础设施、生态环境、公共服务等位居全国领先位置。让要素在更大范围畅通流动，发挥各地区比较优势，实现更合理分工，凝聚更强大的合力，是长三角高质量发展的前进方向。

相比长三角城市群，京津冀城市群更加关注“协同发展”。《京津冀协同发展规划纲要》明确了京津冀“功能互补、区域联动、轴向集聚、节点支撑”的布局思路。一方面，形成以首都北京为核心的世界级城市群，缓解北京“大城市病”；另一方面，围绕产业联动发展，三地充分发挥北京科技创新优势，带动津冀传统行业改造升级。

与长三角、京津冀城市群不同，珠三角城市群最显著的特征在于“开放”。2020年，珠三角城市群人均GDP达13.48万元、城镇化率达85.3%，居三大城市群首位。综合对比来看，珠三角城市群区位优势明显、交通条件便利、经济实力雄厚、创新要素集聚、国际化水平领先、合作基础良好，在全国加快构建开放型经济新体制中具有重要地位和作用。受益于开放政策，珠三角城市群产业发展经历了接受港澳和国际转移、本地化产业成长、自主创新进取等阶段，制造业等产业发展水平处于全国领先地位，外向型经济特征明显，外贸出口总额占全国的10%以上。未来，珠三角城市群将更加注重同港澳一体，全力构建科技、产业创新中心和先进制造业、现代服务业基地，打造具有全球影响力的世界级城市群。

2. 不断深化的都市圈发展

随着我国经济转向高质量发展阶段，催生了层次更丰富、关系更紧密的城市群内部结构体系，在城市群内部形成了以超大、特大城市或辐射带动功能强的大城市为中心、以1小时交通圈为基本范围的都市圈空间形态。城市群正在形成多中心、网络化体系格局，通过打破行政壁垒和消除政策差异，区域核心城市与其他中心城市在区际协作、生产、商贸和交通等领域开展全方位合作，力求实现基础设施、市场体系、政策措施等互联互通与开放共享。

当前，以长三角城市群为例，上海、南京、杭州、合肥等中心城市均形成了以自身为核心的都市圈，其中上海大都市圈范围最大，包括了上海、苏州、无锡、常州、南通、嘉兴、宁波、舟山、湖州（即“1+8”）。长三角范围内的都市圈在对外贸易、高端产业、吸引人才等方面构成互补与竞争，提高了地区整体经济效率，缩小了城市间的发展差距。在珠三角地区，形成了广佛肇都市圈、深莞惠都市圈、珠中江都市圈，进而构成了粤港澳大湾区。需要指出的是，粤港澳大湾区是尺度更大的都市圈，是在一个国家、两种制度、三个法域和关税区、三种流通货币的条件下，实现跨境协同创新、打造开放新高地的国际探索先例。而在西南地区，成都和重庆两大城市形成了成渝地区双城经济圈，呈现出双核相向发展、联动引领区域高质量发展的良好态势，已经成为西部地区经济社会发展、生态文明建设、改革创新和对外开放的重要引擎。

2018年，我国30个都市圈的城镇人口净增量占全国净增量的73%，而其中又有70%人口增量集中在都市圈的外圈层，预计该比例还将继续增长，都市圈已然成为当前我国新型城镇化的主体地域空间。2019年2月，国家发展改革委发布《关于培育发展现代化都市圈的指导意见》（发改规划〔2019〕328号），强调“建设现代化都市圈是推进新型城镇化的重要手段”，这也意味着未来一段时间我国将以都市圈为抓手，循序渐进推动主要城市群发展。在此背景下，城市间的产业分工协同将会更加明确，逐步形成中心城市引领、周边城市协同发展的联动格局；综合立体的交通设施网络建设将会日趋完善，成为拉动产业要素加速流动与优化分配的强大动能；城市功能一体化建设将会更加成熟，共同推动城市间资源共享和优势互补。2021年，南京、福州、成都三大都市圈发展规划率先获得国家发展改革委批复，标志着“十四五”阶段都市圈将作为政策发力和发展破题的关键点，打开国家发展战略纵深推进的新战略、新开局。

3. 区域一体化下的经济社会联系变化

在区域一体化背景下，城市间的关系更加紧密。一方面，超特大城市、中心城市不断强化对周边地区的辐射带动，资本、人才、技术等优质生产要素在一定区域内更加自由地流动，更多现代化、新兴产业将形成集群效应，成为激发区域经济发展的引擎。另一方面，核心城市为避免交通拥堵、生态恶化、公共服务供给不足等“大城市病”，更大程度发挥自身的集聚效应，依托发达的区域交通网络，开始向周边地区疏解非主体功能，从而进一步助力一体化发展，进而迈入都市圈更高质量发展的新阶段。

以长三角一体化发展为例，自2018年起，长三角枢纽型、功能性、网络化的基础设施体系不断完善，地区经济总量占全国比重由2018年的24.1%上升到2021年上半年的24.5%，对全国经济贡献度进一步提高。沪苏浙皖三省一市共同组建了长三角国家技术创新中心，实施22项关键核心技术攻关项目和9项重大科技成果转化项目；同时，三省一市成立长三角自贸试验区联盟，共同推进虹桥国际开放枢纽建设。社会民生方面，长三角异地门诊医疗费用直接结算互联互通，三省一市联合发布上百条长三角“高铁+”旅游产品线路，发展异地异店无理由退货承诺企业数百家。一体化发展正助力长三角地区经济社会发展迈向快车道。

在珠三角，深莞惠经济圈依托人口结构、产业创新实力的优势，采用“飞地经济”创新合作机制，将深圳的部分产业基地布局在东莞、惠州，有效解决了深圳土地不足、土地成本高昂的问题，形成了功能协调、产业互补、成果共享的区域协同发展格局。类似地，近年来广州向周边紧邻的佛山、清远、肇庆转移疏解一些产业，有效缓解人员过度聚集、土地供应紧张的问题，强化了广州综合承载能力和辐射带动作用，促进了都市圈内中心城市与周边城乡协调发展。

随着城市群内产业体系发展，集聚和培育了更多面向区域服务的机构和企业。从长三角地区区域总部—分支联系来看，2005年至今长三角城市间的企业联系总体联系强度在不断加强。尤其是长三角一体化发展战略实施后，不少企业加快区域一体化布局，如总部位于上海的中芯、华虹、格科微等龙头企业在南京、无锡、绍兴、宁波、嘉兴等地实现跨域布局。与此同时，长三角企业家联盟推动组建了9个产业链联盟，联合开展长三角重点产业链协同研究，积极推进跨区域产业链供需对接、标准统一和政策协同，更加促进了各类生产要素在区域间的流动（图2-1）。

不仅是城市层面，跨城市功能片区之间的联动也在加强。比较典型的是上海虹桥商务区与昆山花桥工业区、苏州工业园区、苏州北站高铁新城地区等重要功能板块的联系。2017—2021年间，虹桥商务区的跨城通勤就业规模增长了75.8%，是上海中心城区内跨城通勤规模增长最快的地区之一。作为承接上海资源外溢的重要节点，虹桥商务区与昆山、苏州城市重要功能地区日均有十多万跨城通勤、商务群体，各个片区间的交流需求十分强烈。另一个典型案例是深圳与邻近的东莞松山湖地区。2019年，松山湖地区常住人口20万，而就业人口多达49万，每天数十万人口往返于深莞之间。

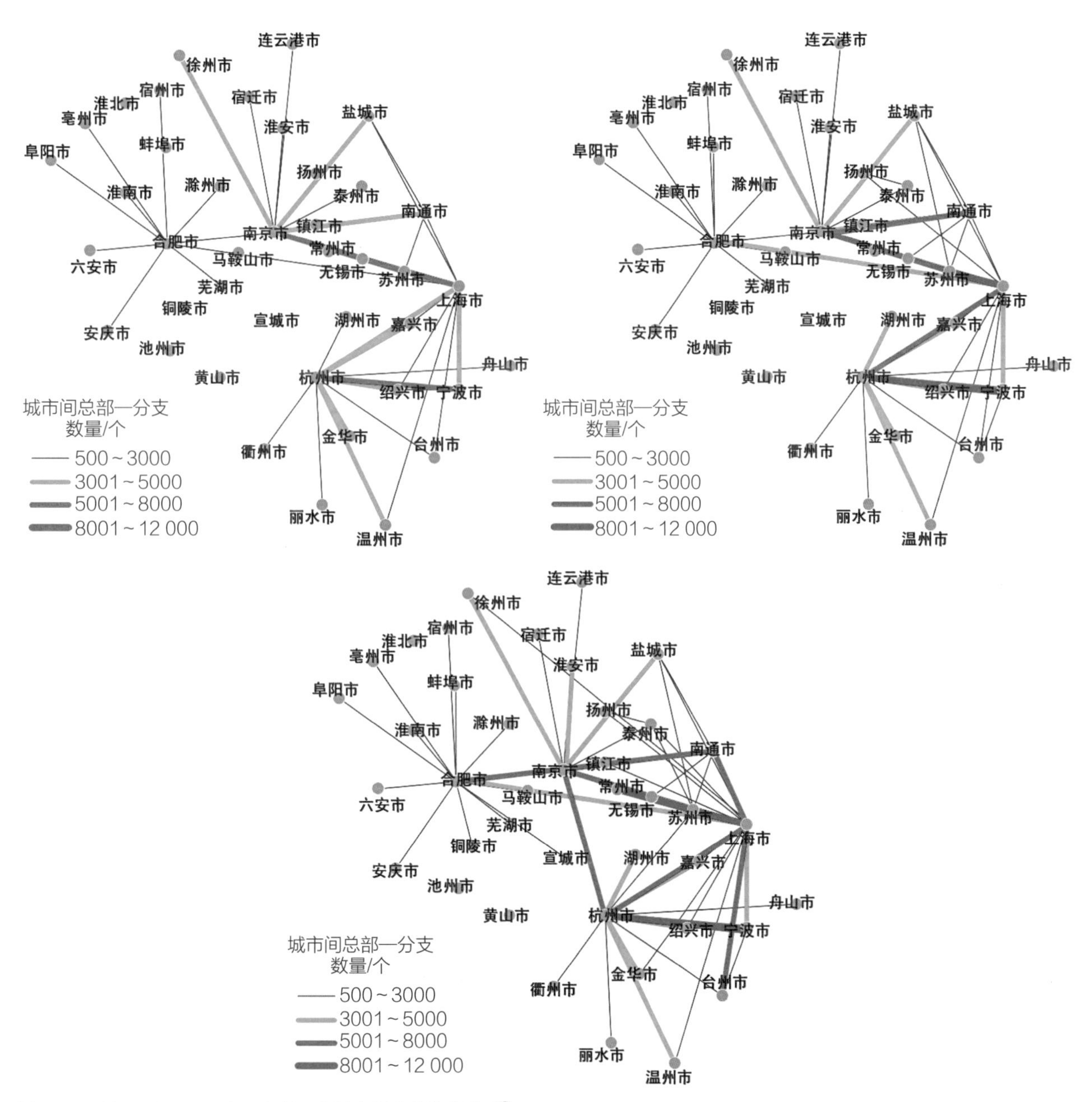

图 2-1　2005、2010、2015 年长三角城市间企业总分联系[①]

① 蔡润林. 基于服务导向的长三角城际交通发展模式 [J]. 城市交通，2019，17（1）：19-28.

以华为为代表的众多高科技企业员工，已成为深莞“双城记”的主角。而随着莞深联手共建的综合性国家科学中心先行启动区——松山湖科学城的创建，未来深莞两地交往将更加紧密。目前，连接松山湖科学城至深圳光明科学城的莞深科学城快速通道已开工，12km的快速通道将直接支撑两地高频人员联系。

未来，随着区域一体化更加深入，城市群、都市圈的紧密联动将带来基础设施、医疗卫生、科技教育、生态文娱等多个领域的广泛需求，人流、物流、资金流和信息流等生产要素在同一区域市场内实现自由流动与配置，持续推动产业、人口居住和城镇空间的结构性调整，由此给区域社会经济发展带来前所未有的更大动能。

2.1.2　城际交通需求与轨道多网融合发展

1. 城市群、都市圈中出行需求愈加旺盛

随着城市群、都市圈不断发育，城镇密集地区交通需求日益旺盛，跨行政区的需求增长强烈。根据中国城市规划设计研究院LBS（Location Based Services）数据显示，2018年10月长三角城市群内识别出用户2.2亿人，其中跨市通勤人群达到346.8万人；工作日日均跨市商务联系人次达到362.7万人次/日，十一长假日均跨市休闲人次达到553万人次/日，城际出行人群规模增长十分显著。在珠三角，类似的跨城、跨市出行特征每天都在发生。根据广州市交通发展年报发布，珠三角城市群内的交互热度在全国城市群中位列前茅。近5年，广州对外出行量增长近50%，与粤港澳大湾区城市的交通联系越来越紧密，达到294万人次/日，其中与佛山、东莞分别占60%、16%。2019年广州—佛山之间日均联系客流176万人次，比2005年增长了2.8倍，两地联系在湾区占比最大。

在都市圈层面，存在大规模的人口和产业联系。以上海大都市圈为例，形成若干个范围为30～50km的通勤圈，包括上海通勤圈、南通通勤圈、苏锡通勤圈、锡常通勤圈、嘉兴通勤圈，以及宁波舟山通勤圈等，各个圈内人口往来频繁，资本、技术、信息往来十分密切。在都市圈邻界地区，跨市出行需求更加明显。根据《2020长三角城市跨城通勤年度报告》，上海市域与周边的南通、苏州、嘉兴、无锡等地级市日均跨城通勤者14 401人，折算实际人数达7.2万人以上；测算上海中心城区日均跨城通勤者4256人，折算实际人数达2.1万人以上。苏州市、嘉兴市与上海的跨城通勤联系最紧密，流入上海市域通勤规模分别占总量的93.17%和6.05%（图2-2）。随着一体化进程的不断深入，城市间的距离概念越来越模糊，各地之间的交通需求仍将保持高速增长。

2. 铁路在城镇密集地区交通出行的作用愈加重要

根据统计年鉴数据，过去10年中，三大城市群地区铁路交通客运量不断增长。从2010—2019年，京津冀、长三角（上海、江苏、浙江、安徽）及珠三角所在的广东省铁路客运量分别增长73.9%、152.3%、231.2%，其中长三角三省一市、珠三角所在的广东省铁路客运量占全国的比重分别由2010年的17.5%和7.0%提升至2019年20.3%和10.6%，铁路在城镇密集地区交通联系中发挥的作用愈加突出。

同时，铁路旅客出行的起讫范围也更加集中在城市群和都市圈内部。以长三角地区铁路发送旅

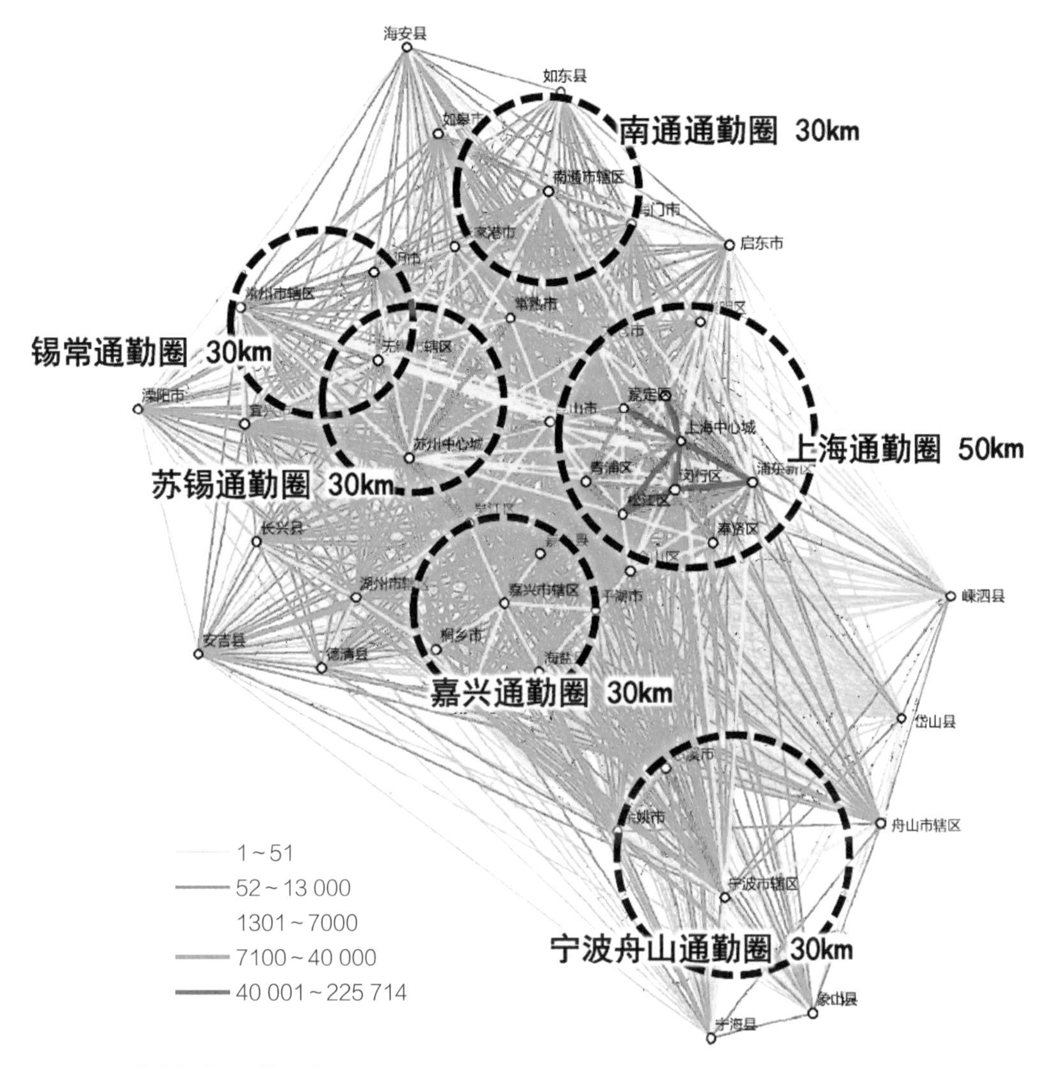

图 2-2　2018 年上海大都市圈通勤圈联系图

客为例，上海、苏州、无锡三市出行目的地在长三角以外地区的不足30%，超过70%~80%的旅客出行目的地在长三角以内，约40%~50%的旅客出行集中在上海大都市圈范围（表2-1）。同时，三大城市群地区线路上客流也在不断增长。自2008年京津城际铁路开通以来，城际客流量稳步提升，至2019年已达到日均8万~9万人次；沪宁城际铁路自开通初期的日均16.8万人次，增长至近年的日均40万~50万人次，城际铁路运能运力得到充分发挥；广佛地铁自2010年开通以来已运送旅客达7.6亿人次，目前日均客流为52.8万人次。

上海、苏州、无锡三市铁路发送旅客的目的地分布　　表2-1

年旅客发送量（万人次）	大都市圈内（占比）	长三角内上海大都市圈外（占比）	长三角外（占比）	总量
上海	4817（38%）	4568（36%）	3450（27%）	12 834
苏州	2642（54%）	1414（29%）	828（17%）	4884
无锡	1272（49%）	851（33%）	458（18%）	2582

3. 城镇密集地区城际铁路和轨道交通设施日益增加

随着城镇密集地区交通需求日益旺盛，跨行政区的需求增长强烈，随之出现了越来越多服务城际联系的轨道交通设施，进一步促进了区域一体化发展：2007年12月开通的京津城际使两个千万人口级的特大城市间实现了“半小时”联系；2010年7月开通的沪宁城际铁路实现沪宁1小时联系，成为沪宁走廊上客流量最大的铁路；2010年11月，珠三角开通了中国国内首条跨越地级行政区的地铁线路广佛线；2012年12月广珠城际高铁全线贯通，实现广珠两地1小时联系，珠三角地区正在逐步形成以广州为中心的1小时生活圈。

目前，城镇密集地区城际铁路、都市圈轨道设施以更快的速度投入建设和运营。京津冀地区已建成的城际有京雄城际，在建项目有京滨城际、津兴铁路等。长三角已建成的城际有杭海城际等，在建项目有宁淮城际、杭绍台城际、苏南沿江城际、苏锡常城际等。珠三角已建成的城际项目有穗莞深城际、广清城际、广佛西环等，在建项目有佛莞城际、广佛南环、广佛东环、新白广城际等。并且高速铁路网上逐渐出现了专门服务200km以内的短距离出行线路，如上海站设置专门联系无锡、苏州、杭州方向的列车，占总班次的16%，上海虹桥站每日专门往返于沪杭之间的列车占总班次的5%，苏州站每日接近50%的车次服务300km以内的范围（相当于上海至南京的距离），进一步强化城镇密集地区局部区间的铁路运力。

未来城镇密集地区城际轨道设施将一步扩大（表2-2）。根据2016年批复的《京津冀城际铁路网规划修编方案（2015—2030年）》，京津冀地区将实现京津市中心城区与周边城镇0.5至1小时通勤圈，除上述提到的京唐城际、京滨城际之外，京津冀地区还将实施北京至霸州、崇礼铁路、廊坊至涿州、首都机场至北京新机场城际联络线、环北京城际廊坊至平谷段、固安至保定城、北京至石家庄等多个城际轨道项目，总里程约1100km。2021年批复的《长江三角洲地区多层次轨道交通规划》，规划建设上海经苏州无锡至常州、上海至杭州、苏州经淀山湖至上海，如东经南通苏州至湖州、常州至泰州、衢州至丽水（衢州至松阳）、水乡旅游线、合肥至池州、合肥经新桥机场至六安等城际铁路项目，总里程约1280km，未来将实现相邻大城市间及上海、南京、杭州、合肥、宁波与周边城市形成1～1.5小时城际交通圈。2020年批复的《粤港澳大湾区（城际）铁路建设规划》计划2022年前启动深圳机场至大亚湾城际深圳机场至坪山段、广清城际北延线等6个城际铁路，建设里程337km；待相关建设条件落实后，有序推进塘厦至龙岗、常平至龙华等7个城际铁路项目，规划建设里程438km。基于日益密集的城际铁路网，粤港澳大湾区将实现主要城市间1小时通达、主要城市至广东省内地级城市2小时通达、主要城市至相邻省会城市3小时通达的交通圈目标。

城镇密集地区主要已建和在建城际轨道设施基本情况　　表2-2

地区	线路名称	设计速度	长度	站点数	进度
京津冀	京津城际铁路	350km/h	200km	7	2008年8月通车
京津冀	京雄城际铁路	250~350km/h	91km	6	2020年12月通车
京津冀	京唐城际铁路	350km/h	149km	8	在建，2022年通车
京津冀	京滨城际铁路	350km/h	172km	9	在建，2022年通车
京津冀	津兴（城际）铁路	250km/h	47km	4	在建，2022年通车

续表

地区	线路名称	设计速度	长度	站点数	进度
长三角	沪宁城际铁路	350km/h	301km	21	2010年7月通车
长三角	杭甬高速铁路（客专）	350km/h	150km	7	2013年7月通车
长三角	宁安铁路（客专）	250km/h	257km	10	2015年12月通车
长三角	金丽温铁路	200km/h	188km	9	2015年12月通车
长三角	衢九铁路	200km/h	334km	16	2017年12月通车
长三角	杭黄铁路（客专）	250km/h	287km	10	2018年12月通车
长三角	连淮扬镇铁路	250km/h	304km	10	2019年12月通车
长三角	徐宿淮盐铁路	250km/h	313km	9	2019年12月通车
长三角	杭绍台城际铁路	350km/h	267km	10	2021年12月通车
长三角	江苏南沿江城际铁路	350km/h	279km	8	在建，2022年通车
长三角	宁淮城际铁路	350km/h	212km	7	在建，2023年通车
长三角	通苏嘉甬铁路	350km/h	322km	10	在建，2025年通车
长三角	苏锡常城际铁路	200km/h	242km	38	在建，2025年通车
珠三角	广深城际铁路	200km/h	147km	7	2007年4月通车
珠三角	广珠城际铁路	250km/h	142km	22	2012年12月通车
珠三角	广佛肇城际铁路	200km/h	111km	12	2016年3月通车
珠三角	江湛铁路	200km/h	355km	14	2018年7月通车
珠三角	广佛地铁	80km/h	38km	25	2018年12月通车
珠三角	穗莞深城际铁路	140km/h	76km	15	2019年12月通车
珠三角	广惠城际铁路	200km/h	147km	25	在建，2024年通车
珠三角	广佛环线	200km/h	193km	37	在建，2024年通车

4. 区域一体化发展促进轨道交通“多网融合”

区域一体化发展促进了基础设施网络的互联互通，使得交通运输成为区域一体化发展的先行领域、关键支撑和重要载体。在城市群、都市圈之间快速联系方面，以干线铁路和城际铁路为代表的轨道交通发挥了中心城市直连直通的作用；在高度连绵发展地带和市域城镇间，以城际铁路和市域（郊）铁路为代表的轨道交通强化了中心城市放射走廊及沿线城镇走廊的高频次联系。为了实现人在区域中的更加便捷的流动，特别是为城际出行者全过程提供高度便利性，需要实现高速铁路、城际铁路、市域（郊）铁路、城市轨道“四网融合”，为各类客群提供高效便捷可靠的多层次、一体化轨道服务，同时充分满足多元客群的复合化、差异化诉求，支撑城市群、都市圈高质量发展。反过来而言，“多网融合”的过程又能够进一步促进城际人员往来，提升空间资源和功能的一体化配置效率。

然而，从实际发展情况来看，目前服务于快速增长的城际出行需求的交通供给侧短板也比较明显。过去多年我国铁路建设侧重于高速铁路建设，服务于国家干线廊道的贯通取得了巨大的进步。而对满足跨行政区、公交化运行的城际轨道网络建设、枢纽与城市空间融合，以及枢纽协同分工等考虑不足。一方面是城际铁路网络规模小、覆盖率低。以上海大都市圈为例，现状服务跨区城际出行的轨道线网总里程为2070km，相比东京首都圈4260km的规模差距仍然较大；大多数普速铁路虽然线位优势明显，主要站点与城区结合紧密，但却并未开行城际班列，铁路运输优势未得到充分利用。以沪宁城际、宁启城际、甬台温铁路、上海金山铁路等为代表的都市圈轨道，其站点与城市中心的耦合度较好，成为最适合服务都市圈内高频次、规律性城际出行的轨道交通方式，但上海大都市圈内这一层级的轨道线网总里程仅520km，大量走廊未被覆盖，且不同线路间设计标准不一，结构性短板十分明显。另一方面是枢纽远离中心，难以直连直通重要节点地区。在上海大都市圈内，许多重要节点地区尚缺乏轨道枢纽，现状重点功能板块的轨道枢纽接入比例仅为1/3左右。其中，既有高铁站点又有城际铁路站点覆盖的重要节点地区比例不足1/10，仅有高铁站或城际铁路站覆盖的重要节点地区比例约1/4。与此同时，许多新建铁路枢纽远离城市中心，造成轨道出行的直达性不高，如嘉兴、湖州等城市中心距离区域轨道枢纽的距离在7～10km。①

在区域一体化背景下，城市群、都市圈的空间发展格局和旺盛客流需求成为推动多层次轨道融合发展的强大动能。一方面，既有城市轨道交通线路无法满足市域和毗邻地区快速化、时效性的出行需求，客群出行吸引力十分有限，难以发挥支撑性服务作用。另一方面，城市群、都市圈人口和产业不断聚集，既包括多样化、高频次、强时效的跨城经济社会往来，也包括因同城化发展带来的跨城通勤等高强度、规律性出行需求，发展多层次轨道交通并适配不同的服务圈层，是破解城市群和都市圈出行难题，强化区域经济社会联系，满足多样性出行选择的有效途径。因此，现阶段，建设“轨道上的都市圈”和“多网融合”已经成为推动城市群，以及都市圈迈向更高质量一体化发展的共识。

以苏州为例，未来苏州将打造“四网融合、一票通城”的轨道交通体系（图2-3），其核心理念在于实现都市圈城际铁路和市域（郊）铁路“两网合一、共成体系”，共同促进都市圈融合协同、支撑

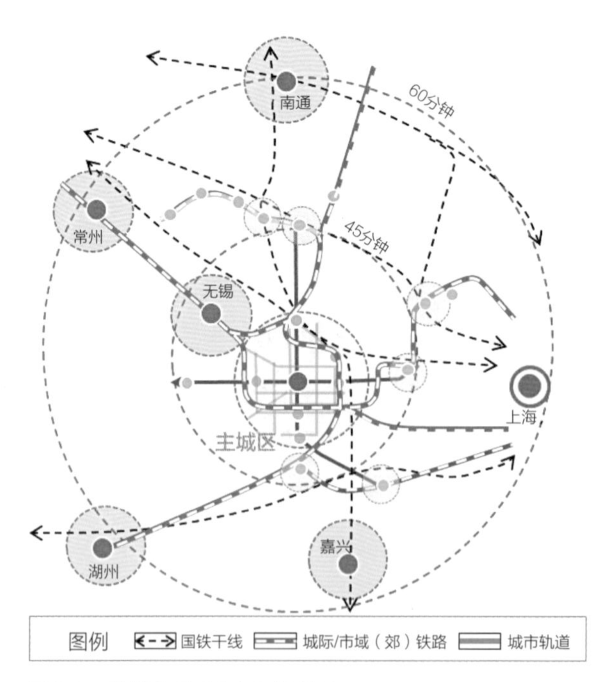

图 2-3　苏州“四网融合”概念图

① 孙娟，马璇，张振广，等. 上海大都市圈空间协同规划编制的理念与特点 [R]. 上海：上海大都市圈规划研究中心，2021.

市域一体化发展。在融合策略上，苏州将突出“功能融合”，以需求和服务为导向，提供差异化轨道出行服务；突出“空间融合”，强化走廊支撑，促进区域及市域一体化；突出“枢纽融合”，打造高效便捷的枢纽“零换乘”体系；突出“时序配合”，更好发挥网络化运营组织优势。

2.1.3　区域空间可达性与站城功能相互促进

区域一体化进程的加强，使得各类资源配置效率得到极大提升，也充分拓展了各类人员的流动范围。在区域竞合中，企业等利益主体出于市场化运作的需求及降低成本的考虑，对面向区域的交通可达性具有较高的依赖性。在此背景下，以铁路车站为代表的交通枢纽地区，凭借着对外通达性和人流聚集性，成为高可达性的节点空间，并能在较短时间内产生高能级的客流需求，在区域一体化发展中将率先获得先机，进而改善所处城市在城市群、都市圈中的地位。

进一步，铁路车站依托多层次轨道线路的接入，显著提升了面向区域的可达性。首先，铁路干线贯通成为区域经济发展的主轴，也是区域对外联系的纽带。为了强化枢纽门户功能，满足各类人群对外可达性更高的期待，更多的高铁和城际铁路将被考虑接入铁路车站，为车站及其周边地区的交通发展注入更积极的力量。以苏州北站为例，京沪高铁和通苏嘉甬高铁（规划中），以及如通苏湖城际铁路和苏锡常城际铁路在苏州北站双十字交汇，使得其成为苏州市区向北辐射的最重要功能节点地区。多层次轨道融合带来的圈层化可达性提升，使得未来苏州北站城际1小时交通圈覆盖邻近100km范围内的所有地市，高铁1小时交通圈覆盖200km范围内南京、杭州、宁波、盐城、南通、无锡、常熟、湖州等主要城市。

区域一体化发展使得城市需要融入新发展格局，培育区域功能，探索出符合自身功能定位的发展路径，从而与其他城市形成优势互补、高质量发展的区域经济布局。为了发挥这些区域功能，城市依托密集而完善的交通基础设施网络实现对外联系，并由此产生具有极优通达性的网络节点。以铁路客运枢纽为代表的网络节点，集高效率的区域、城际、市域（郊）铁路多层次网络于一体，在助力城市取得突破性发展、提升城市区域竞争力方面显现出强大的动能。因此，城市通常优先选择在铁路枢纽周边布局区域性功能，使得城市的区域性职能和区域可达性在铁路车站实现了深度耦合。反过来，铁路枢纽区域可达性的不断提升，促成了枢纽周边的基础设施和集疏运交通体系建设的日趋完善，给铁路出行乘客、城市内部居民以及车站周边地区相关利益主体提供了更为优质的交通选择，极大降低了出行和生产、生活成本，又进一步促进了功能的集聚。

上海虹桥枢纽是区域空间可达性与站城功能互相促进的良好例证。依托虹桥机场的国际航空功能以及铁路枢纽通达全国的便利性，虹桥成为长三角乃至全国面向世界的重要交通枢纽。与此同时，虹桥又处于区域腹地的中心地带，有利于培育区域性功能：在容纳众多国际和区域性企业总部的同时，衍生了包括长三角国际贸易展示中心、长三角电商中心等一系列区域功能平台。随着区域功能的完善和成熟，虹桥枢纽地区成为服务于长三角、服务全国的重要功能节点。虹桥面向世界和对接长三角这两个扇面，促成了虹桥枢纽地区的重要地位（图2-4）。2019年，虹桥商务区总部类企业已超过100家，其中制造业总部类70余家，跨市商旅通勤需求十分强劲。根据中规院手机信令数据，2019年虹桥商务区与长三角城市日均客流达21万人次；同时根据虹桥国家会展中心统计，虹桥会展功能日常客

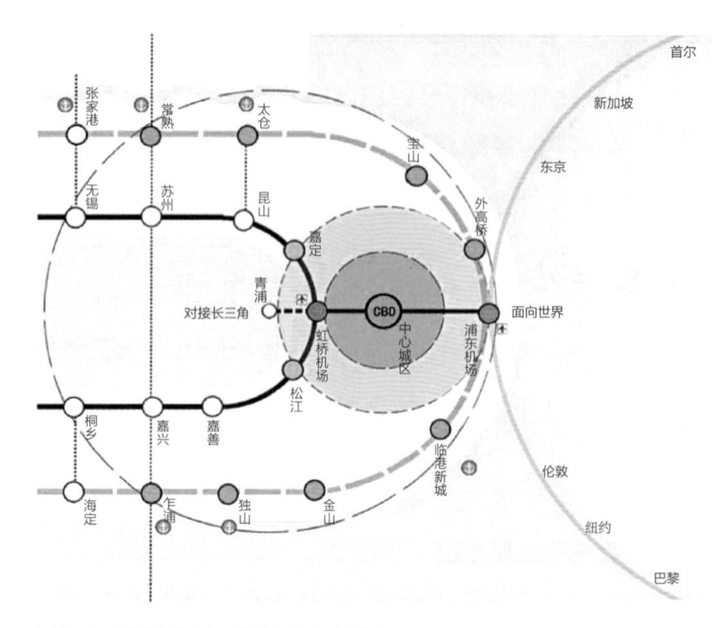

图 2-4　虹桥枢纽地区辐射扇面示意图

流量5万人次/日，高峰期达到15万～20万人次/日，其中上海市以外的客流超过40%。未来在既有京沪高铁、沪昆高铁、沪宁城际等通道基础上，虹桥站新增接入沪苏湖高铁、苏南沿江铁路两条高铁通道，以及沪杭、沪通等城际铁路。在加快构建开放引领的国际会展贸易区和创新共享的世界级商务区的同时，虹桥枢纽地区也在朝着高效绿色的国际交通枢纽区迈进。

2.2 城际客群新需求推动站城地区转型

2.2.1　城际工作生活新方式及出行特征

随着区域一体化进程日益深入及城市经济水平和居民收入水平不断提高，城际出行需求持续增长，各类客群的工作生活方式发生了显著变化。

最明显的是高频商务出行人群的增长。在区域更高质量一体化推动下，企业面向区域服务的能力不断强化，众多企业依据自身发展需求在其他地区设置分支机构，这种企业机构的跨城资源配置、地域专业化分工和网络化联系带来了更多的高频差旅商务人群。其中，既包括企业内部密切的交往联系需求，也包括企业对外项目洽谈、市场调研、产品推广及在地服务等必要出行，直接推动了城市间一定规模的商务公务流动。

其次是跨城通勤人群的出现。当前，都市圈同城效应不断加强，特大、中心城市高房价与生活成本的外溢效应愈加显现，城镇密集地区出现了更多的双城居住（周往返）、多地就业（半周往返）、甚至跨城通勤（每日往返）人群。这类客群的城际出行源于机会、房价及生活成本的综合选择。可以预见，未来高效便捷的交通设施网络还将进一步诱发这类以日常工作为主要目的的客群增长，这也是“区域化职住”的典型体现。

最后是跨城休闲人群的涌现。在产业结构调整以及新消费时代等综合背景下，城镇密集地区率先进入文旅消费时代，居民全系列户外活动需求也逐步显现，如今郊游、徒步已十分普遍，骑行、滑雪、潜水、皮划艇已形成了一定规模。这些活动较难在单个城市内全部实现，而需要在城市群范围内实现活动需求的满足。此外，商品交易会、大型博览会、体育比赛、音乐活动等频繁举行，也催生了跨城消费、跨城购物、跨城娱乐等生活新常态。未来，高品质文旅消费需求将激发更多的跨城休闲出行。

在城市群和都市圈内部，出行目的为跨城商务、通勤、休闲等的客群规模在不断扩大，这也成为城际出行最大的特征。从总量上看，跨城出行呈现明显的增长趋势。在上海大都市圈，根据《2021长三角城市跨城通勤年度报告》，2020年全年上海与周边城市的跨城通勤联系更加紧密，与周边城市已经形成了较大规模的跨城通勤双向联系，且中心城区的规模增长尤为明显。以识别出的联通用户计算，2020年上海市域的日均跨城通勤规模为15 311人（未扩样），其中与中心城区的联系量为5324人，比2019年增长近千人。类似地，根据中规院深圳分院大数据分析，在珠三角的深莞惠都市圈，三地日均城际出行量已超百万人次，跨城联系总量达到了60万级，深莞之间日均跨城联系人次达到34万，深惠、莞惠之间的跨城联系人员也在13万人次以上。百度地图慧眼的研究表明，深莞惠都市圈内的跨城职住区域表现出沿行政边界线带状聚集的空间分布特点，并遵循空间距离衰减性，跨城出行人口主要集中于深圳外围与莞惠临深地区。

从距离分布上看，城际出行距离一般在一定范围集中分布。根据中国城市规划设计研究院2018年联通信令数据，在上海大都市圈与杭州都市圈范围内，以主城区以及外围区县行政范围为研究单元进行分析，结果显示跨单元平均出行距离约为37.8km，其中通勤人群出行平均出行距离约为25.6km，城际出行总体呈现较为明显的“中短距离”特征。

从分布上看，商务出行比例不断提升，跨城通勤已形成规模。根据2014年中国城市规划设计研究院对苏州火车站至长三角城市群其他地区城际铁路旅客出行特征调查发现，公务出差和商务洽谈等出行比例达到36%，商贸洽谈、公务出差中每周一次及以上的规律性出行分别为41.5%和37.1%，反映出商务和公务出行具有较高的出行频次，这类特征人群也是时间价值较高的群体（图2-5）。根据《上海大都市圈空间协同规划》提供的数据，大都市圈日均商务出行规模约为800万，商务客流占

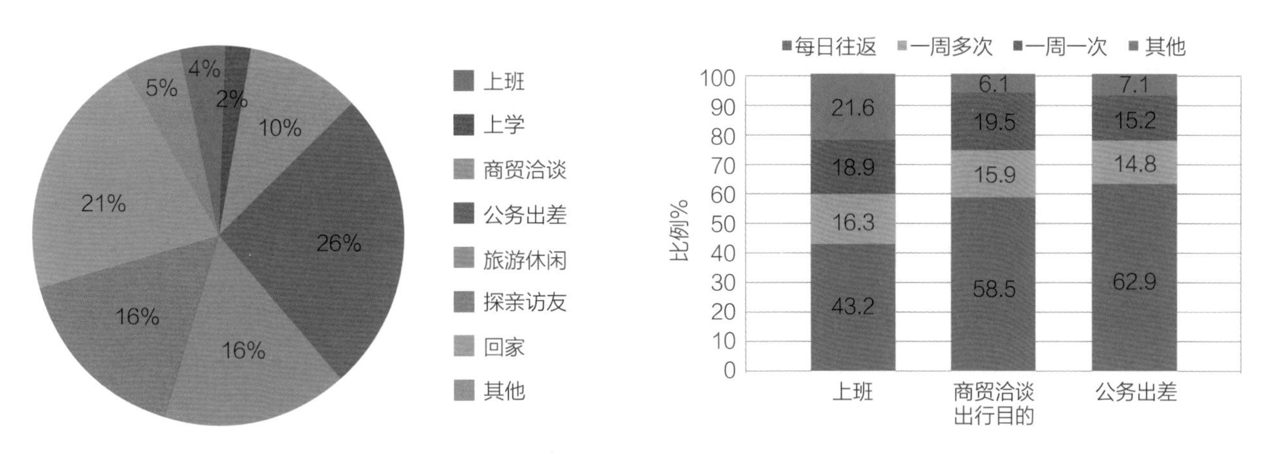

图 2-5　苏州火车站至长三角城市群其他地区城际铁路旅客出行目的（左）与出行频率（右）

比高达40%，商务客流最频繁的人群集中在苏锡常和上海，这些城市的就业人口平均每周商务出差一次。在京津冀地区，根据百度地图数据，2019年京津之间跨域通勤总人数为3.7万人，通勤频次为3.57次/周，通勤旅客已接近“一天一往返”的态势。在珠三角，根据2020年广州交通发展年报，广佛之间就业通勤总人口达到34万，住广州就业佛山约占40%，住佛山就业广州占60%，双向通勤特征明显。

2.2.2 铁路出行新特征与站城目标人群

1. 铁路出行在城际出行中逐渐体现优势

铁路系统在城市群出行中具有较大的优势和吸引力，表现在运距、成本、时间可靠性、可支配时间等多个方面。运距方面，铁路在城市群内的灵活度优于航空出行。根据《中国统计年鉴》，我国航空出行平均运距逐年增加，2019年已接近1774km，一定程度反映出航空出行的优势范围已处于跨城市群尺度；相比之下，铁路平均运距在350～400km，与城市群的尺度基本相当，适合于在城市群中的灵活移动。成本方面，铁路出行成本相对公路交通具有较大优势。以长三角为例，铁路在途时间基本约为公路的1/2，而费用仅为自驾出行的1/2、租车出行的1/10，能够为个人及企业节约大量交通成本。时效性和可靠性方面，由于铁路系统的相对独立性，相比航空和公路，铁路出行更为准点、可靠。在可支配时间方面，铁路运行过程平稳性较高，对电子及通信设备使用限制较少，有助于在出行途中实现办公、学习、社交、娱乐等需求，将出行时间有效转化为生产生活时间。由此可见，在城镇密集地区内，对于乘客高时间价值敏感性的需求而言，采用铁路方式出行更加具有吸引力。

不仅是商务通勤客流，休闲旅游利用铁路出行的比例也在不断增加。2016年，浙江省旅游局数据显示全省上半年共接待游客3.88亿人次，其中18.65%属于“高铁上的来客”；2018年携程调查结果显示，当年暑期外出旅游中，有近一半的游客选择铁路出行。此外，近年来旅游部门和铁路部门联合策划，开行了越来越多主题鲜明的旅游专列，串起了主题文化、沿途风景及目的地资源。如上海文旅局计划在“十四五”期间与江西鹰潭开行不少于100次旅游专列，力争五年互通客源千万人次以上。随着人们消费理念的转变，未来铁路在居民休闲旅游中将扮演着越来越重要的角色。

尽管铁路出行具有在途时间的优势，特别是高铁开通显著提升了铁路出行的时效性。随着城际出行群体的扩大，城际出行的便利性越发受到关注，当前饱受诟病的莫过于城际出行的两端接驳衔接问题。市内枢纽接驳时耗往往大大超过高铁在途时间，“高铁半小时，两端2小时”的负面效应突出；作为市内交通最可靠的接驳方式，轨道交通又面临重复安检、闸机、取验票、换乘等诸多环节制约，出行时间难以预估；高频次、规律性的城际商务通勤人群要求在途和换乘公交化、压缩站内停留时间。

2. 铁路出行客流需求特征变化

当前我国三大城镇群的铁路客流特征表现出从“长距离、低频次、低时间价值”到“中短距、高频次、高时间价值”的转变。自2010年至2019年，我国及三大城市群铁路平均运距持续下降，其中长三角、广东省（珠三角）的运距明显低于京津冀地区，反映出在区域经济强联系下，中短距城际交通出行对铁路系统的依赖性在提升（图2-6、图2-7）。与此同时，三大城市群铁路出行平均乘次稳步

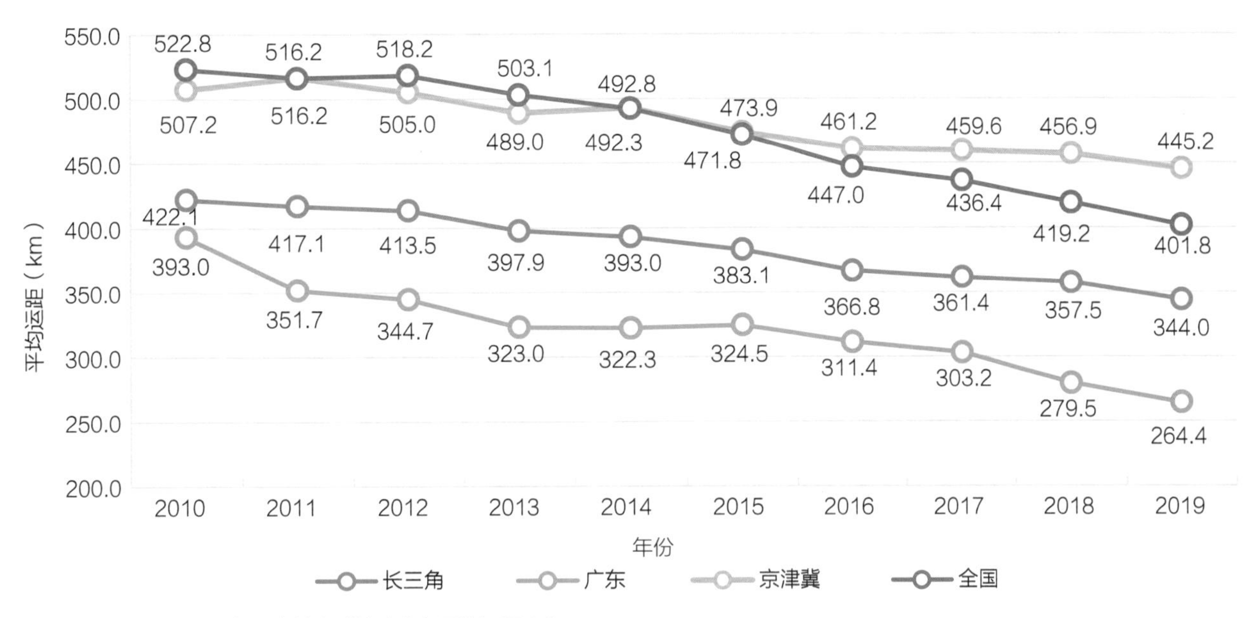

图 2-6　2010—2019 年三大城市群铁路出行平均运距变化

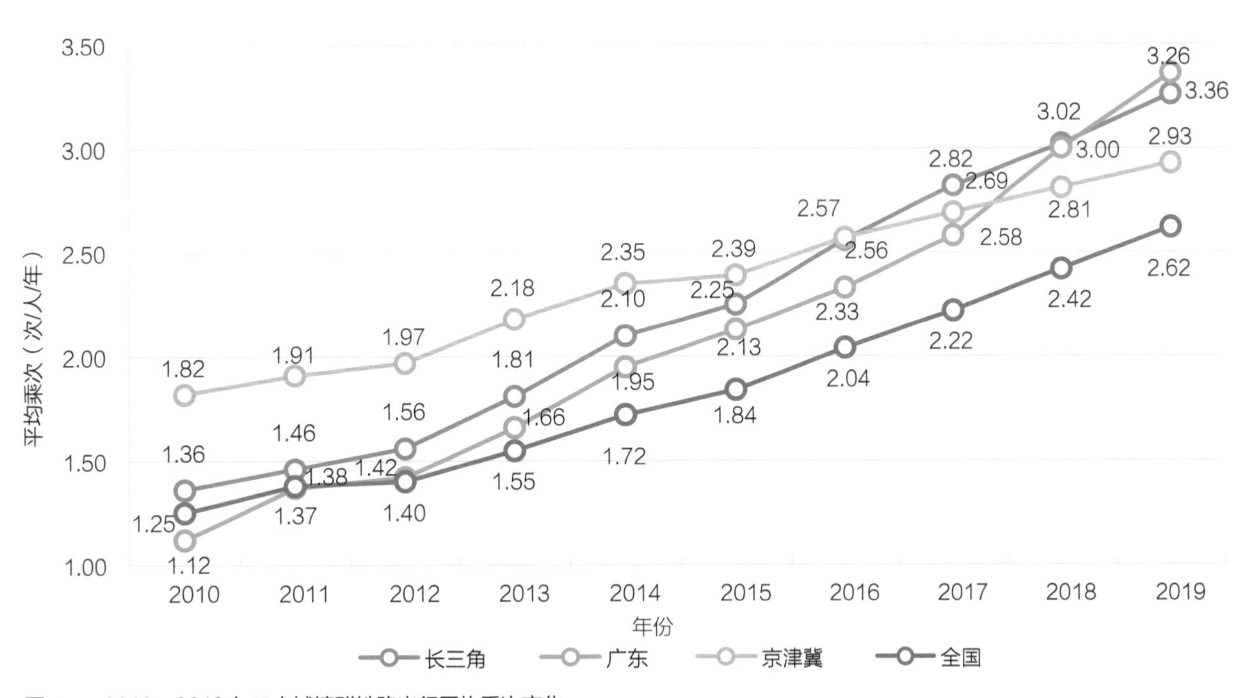

图 2-7　2010—2019 年三大城镇群铁路出行平均乘次变化

上升，且乘次水平高于全国平均水平。据此趋势，我国主要城镇密集地区的铁路出行乘次在未来较长时间内仍将保持较高增速，至2035年将达到15～20次/人/年。

但是，对比与长三角尺度类似的一些欧洲国家的地区，可以发现这些国家的其地区铁路出行平均运距更短、乘次更高，客运总量也达到更高的水平。比如法国、西班牙、德国，铁路平均运距仅为34～76km，人均乘次达到13.5～35.4次/年。而邻国日本得益于发达的私铁网络和国民普遍的铁路通勤，铁路出行平均运距仅为29km，人均乘次高达75.3次/年。铁路成为日本和欧洲等发达国家日常生活和出行的重要组成部分。相比之下，在我国三大城市群，铁路仍然作为城市“对外”交通方式，服务距离较长，平均运距达264～439km，且人均乘次约为3次，远低于发达国家（表2-3）。

2019年铁路出行特征的国际比较　　表2-3

地区	人口（百万）	铁路客运量（百万）	旅客周转量（亿人次km）	平均运距（km）	铁路人均乘次（次/人/年）
全国	1 400.1	3660	14 146.6	402	2.6
长三角	227.1	742.9	2 412.3	343	3.3
京津冀	113.1	331.7	1 415.8	439	2.9
广东省	115.2	387	953.8	264	3.4
其他国家	人口（百万）	铁路客运量（百万）	旅客周转量（亿人次km）	平均运距（km）	铁路人均乘次（次/人/年）
法国	67.3	1 265.3	965.4	76	18.8
西班牙	47.1	635	288.5	45	13.5
德国	83.1	2938	1 002.5	34	35.4
日本	126.2	9503	2 719.5	29	75.3

随着城际生活方式的转变和铁路出行需求的增强，铁路旅客中更加关注时间价值的出行者规模不断增加，主要表现在商务和通勤客流比例的提升。针对京津城际铁路出行调查发现，①2017年京津城际出行目的为商务和通勤的客流占比近55%，且这一比例呈现逐年稳步上升趋势；东南大学相关调查表明，商务出差（含政府公干）是长三角高铁通勤出行者最主要的出行类型。城市开通高铁后，受调查者高频出行（一周一次及以上）增幅达8.8%，中频出行（半月一次或一月一次）增加11.3%，且高、中频主要目的为商务出差和日常通勤。②大体上看，商务和通勤客流等关注时间价值的出行者已经成为铁路旅客的重要来源。

城镇密集地区铁路网络化运行，造就了铁路车站地区的人流聚集效应。在众多城市的铁路车站，商务流、通勤流、探亲流、旅游流等多重客流叠加，日均聚集人群和高峰聚集人数呈现逐年增长态势。尤其是节假日期间，铁路车站人山人海的场景已屡见不鲜，铁路车站成为城市中人群最为密集的区域之一。以虹桥枢纽为例，铁路车站日均到发旅客由2011年的14.8万人次增长至2019年的37.6万人次，日均开行列车由2011年的356班次增长至2019年的620班次。铁路客流占虹桥枢纽对外客流的比例持续上升，由2011年的61%增长至2019年的74%，成为虹桥枢纽对外客流增长的重要引擎，上海虹桥站已成为华东地区最为繁忙的火车站之一。类似的还有杭州东站：2019年，杭州东站共完成旅客发送7190万人次，其中暑运期间铁路发送旅客1364万人次，首次超过上海虹桥站，成为长三角地区铁路旅客发送量最高的车站。

不只是上海虹桥站、杭州东站这样的大站，长三角高铁沿线的其他车站也呈现强劲的客流增长趋势。例如，京沪高铁苏州北站自2011年建站至2019年，旅客发送量增至718.2万人次，8年间客流量增加了6倍之多；相邻的无锡东站从8年间由73万增长至584万，是最初的8倍。沪昆高铁嘉兴南站从2010年开站100多万发送量增至2019年的530万人次；桐乡站2019年日均承担到发客流9000多人次，居沪杭沿线县级站首位。铁路枢纽快速增长的客流量，为站城地区发展带来了大量人流聚集，也

① 孙仁杰，卢源. 基于京津旅客出行特征的城际铁路通勤出行研究 [J]. 智能城市，2017，3（6）：62-67.
② 王兴平，朱秋诗，等. 高铁驱动的区域同城化与城市空间重组 [M]. 南京：东南大学出版社，2017.

为枢纽能力跃迁提供了强劲动能。

新的城际人群出行频次更高、出行距离更短，加上生活水平的不断提高，与过去低频率、长距离的区际出差、旅游人群相比，对时间的敏感性更高、更看重时间价值，在出行方式选择上愿意为节约有效时间付出相对更高的费用，这类人群是站城融合发展的重要目标人群和需求动力因素。

2.2.3　铁路客群新需求与站城地区转型

城际出行中的高频商务、跨城通勤、异城休闲等各类客群，带来了多元复合的差异化需求。在多重客群的叠加影响下，城际出行呈现一些关键的需求变化。

首先是高时间敏感性的需求。相较于过去中长距离、低频次的铁路出行，现阶段及未来铁路旅客对出行的可靠性和时效性需求将变得十分突出。减少出行全过程的时耗，成为大多数出行者的核心诉求。对于高频次、规律性的城际出行人群而言，列车运行时速提升、在途和换乘流程公交化、压缩站内停留时间等，都是缩减铁路出行全过程时耗的重要诉求。各类出行群体对车站内的候车、乘车、换乘流程也提出了具体的要求，例如刷脸进站、VR导航、安检互信、同台换乘等，更重要的是，提升铁路出行两端市内衔接效率，实现铁路、城市轨道、常规公交、长途客运、出租车、小汽车等多方式无缝转换和一体化衔接，是几乎所有城际出行者的共同需求。

其次是中心直达的出行诉求。在过去一段时间，铁路枢纽更多服务于中长距离的跨城市群客群，旅客对直抵城市中心的需求并不突出。但随着越来越多的高频短距城际客群涌现，中心直达就成为十分迫切的诉求。通常而言，城际客流具有明确的出行意图及行程目的地，更希望直接往返于功能集聚的城市中心，并减少不必要的换乘衔接。然而，部分高铁枢纽布局因用地紧缺、线路走向等约束偏离了城市中心，与中心直达的诉求相悖。为了满足城际出行快速到发的基本需求，“枢纽进入中心地区”将成为未来枢纽规划的重要需求导向之一。

最后是“到站即目的地”的直接需求。随着铁路枢纽及周边城市功能的日趋完善，产生了“到站即目的地”的客群，这类人群行程意图更为具体，出行终点通常就在站城地区。通过清晰、顺畅、快捷的交通流线到达特定目的地，成为“到站即目的地”城际人群的最大诉求。因此，构建目的地型枢纽，将满足出行人群所需的功能集中布局在枢纽周边，既是众多城际出行群体的期望，也是对下一阶段枢纽规划建设提出的新要求。

以上各类旅客出行的新需求，最终都将推动站城地区形成多元化格局，促进铁路枢纽到枢纽地区的转型变化。一方面，为了更顺利实现转型，铁路车站的选址将更加靠近城市功能中心，“铁路车站进入中心地区”成为枢纽规划建设的重要趋势；另一方面更重要的是，今后越来越多的铁路枢纽将不再只有交通功能，还将联动周边地区在产业带动、设施升级、配套服务等方面取得突破，形成综合性服务地区，实现“到站即目的地”目标，同时能满足各类客群的时间敏感性、一站直达及附加性活动的需求。

以深圳福田站为例，福田站不仅满足了中心直达的需求，更是“到站即目的地”的典例。作为我国首个城市中心商务区的高铁车站，福田站的设立为深圳行政、金融、文化中心的福田区提供了铁路出行便利。福田站枢纽集高铁、城市轨道、公交和出租车、地下人行“城市客厅”及综合配套商业设施于一体，枢纽出入口总数多达36个，促进了车站与深圳中央商务区及周边城市开发有机融合。深圳市民广场、莲花山公园、深圳最高楼平安大厦等地标性景点和建筑环绕福田站，深圳中心、卓悦中心、中央高档住宅等大型综合体和复合型街区也云集周边，为站城地区导入了铁路旅客、商务通勤、就地工作和居住，以及休闲娱乐等各类客群。福田站将铁路车站枢纽功能与周边商务办公、商业消费、酒店住宿、文体娱乐等功能高效融合在一起，实现了铁路站城地区的深度转型。

同样的还有北京城市副中心站。北京城市副中心站枢纽位于北京城市副中心“一带一轴”空间结构的交汇处，站城地区打造为北京东部最大的商业中心及新一代国际化商务区。规划3条铁路和4条城市轨道线路接入车站，并规划了22处串联地上、地面、地下公共空间的垂直交通核，强化轨道交通与城市功能的耦合。根据规划，到2025年车站建成运营后，高端金融机构和企业总部将不断聚集站城地区，到2035年枢纽商务区规划就业岗位将达到7万个；同时围绕枢纽旅客、商务人才、本地居民等多元客群的需求，各类商务、商业、公共服务、酒店、公寓等空间布局与开发也将逐步实现，站城范围内地市建筑总规模将达到282万m^2。北京城市副中心站提出的战略定位就是实现传统铁路枢纽地区的深刻转型，最终建设成为国际一流的站城融合发展示范区（图2-8）。

图 2-8 北京城市副中心站片区鸟瞰图

2.3 城市结构优化要求站城空间高品质建设

2.3.1 城市结构优化与站城地区的空间呼应

尽管区域一体化进程和城际密切联系正在不断深入，特大、中心城市在强化对外辐射的同时，也面临着自身发展的问题，如人口拥挤、交通拥堵、环境恶化、公共资源紧张等城市病。随着城市空间拓展和城镇化进程的深入，城市空间场所势必产生集聚、扩散、迁移和裂变等多种变化，进而催化形成城市的多中心结构。这种多中心的空间结构，具有空间、经济、交通等多重绩效，具体表现在：多中心结构通过将城市中心区职能向外疏散，减小以往单一中心所导致的“聚集不经济”及其效率损失，在城市更大空间尺度获取协同效应，实现城市规模的持续增长和竞争力提升；并且，多中心可以实现中心内部的职住平衡，降低城市整体通勤时耗。[①]从长远发展视角来看，形成多中心的空间结构已然成为特大、中心城市平衡自身发展、缓解大城市病的良策，也是实现从“增量扩张”向“存量优化”转型、提升城市空间总体效率的必然选择。

在区域一体化进程中，城市必须提升自身发展能力、增创区域竞争优势，从而更好地融入一体化发展格局。因此，城市需寻求差异化发展定位，积极培育面向区域的功能，以发挥其辐射引领带动作用，更好扮演区域均衡协同开发战略支点的角色。随着区域一体化发展不断深入、交通基础设施日益完善，中心城市将持续拓展和承担众多面向区域的功能，在城市多个新中心布局了包括商务贸易、会议会展、科技创新、文化教育、科技创新、高端服务等在内的功能，以此不断提升自身地位。例如，上海、广州、深圳、杭州等城市都形成或正在发展各自的区域职能中心，如上海虹桥城市副中心具有国际化商务、国际贸易和综合交通枢纽等区域功能，广州南沙副中心重点打造为粤港澳大湾区综合服务功能核心区和共享发展区，深圳前海城市副中心定位为香港与内地紧密合作的先导区及珠三角地区产业升级的引领区，杭州云城全力打造杭州“西优”发展中的“城市新中心”，以及区域人才新高地和创新新引擎。

铁路站城地区凭借区域客流集中、功能聚集、交通便利等多重因素，很自然地成为城市多中心结构布局重要的锚固点，也是城市布局新中心、城市更新及城市再生关注的主要地区。对特大、中心城市而言，铁路车站的建设或升级往往意味着旧城改造和城市更新，而铁路车站的布局对于中小城市开发新城新区也是重要触媒。考虑到未来城市的增量空间越来越有限，铁路车站地区又有较大可能带来增量的空间，因此越来越多城市将目光聚焦至铁路车站，期待其形成城市新的中心。最典型的就是虹桥枢纽地区，区域高可达性赋予了虹桥枢纽核心竞争地位，使得站城地区承载城市了区域职能，并聚集了大量城市功能，由此推动虹桥枢纽地区成为上海乃至长三角重要的城市中心之一。

近年来，以铁路车站为中心，布局城市新城、新区的案例屡见不鲜。城市对于铁路枢纽周边区域的开发不仅是从交通枢纽建设的角度考虑，更多希望以铁路枢纽为引爆点，推动地区崛起、激活地区活力。以苏州为例，苏州北站高铁新城成为苏州“十字聚心”中心城市核的北部核心板块，成就其

① 孙斌栋，涂婷，石巍，等. 特大城市多中心空间结构的交通绩效检验——上海案例研究 [J]. 城市规划学刊，2013（2）：63-69.

北部增长新中心的稳固地位。类似地，未来嘉兴市现有建成区与嘉兴南站高铁新城将形成“双中心”结构，前者以南湖为核心，走城市有机更新之路，后者则重点打造为创新商务中心，构建城市未来增长极。未来，在全国范围内，将会有更多的站城地区，依托独特的交通与区位优势，吸引众多区域创新要素和新兴产业，并通过完善城市公共服务、生产服务、新型基础设施等功能体系提升人口集聚能力，促进城市新中心的形成，化铁路枢纽高客流量为切实的生产力，进而带来产业与城市发展的嬗变。

2.3.2 双重可达性提升站城地区运行效率

站城地区因铁路枢纽建设同样带来了城市交通可达性的飞跃性提升。尤其是城市轨道的接入，迅速稳固了站城地区作为城市重要功能中心的地位。铁路车站也是实现多层次轨道交通有效融合的关键地区，城市轨道为满足城际客群的多样化出行选择提供了极大的便利。例如，上海虹桥枢纽和规划深圳西丽枢纽都规划了众多城市轨道服务站城地区。从功能上来看，城市轨道接入铁路站城地区，一方面是枢纽集散的需要，另一方面也兼顾了站城地区的功能需要，为站城地区导入大量客流，实现人流、交通流和商业流之间的快捷转换（图2-9、图2-10）。

不仅是城市轨道，站城地区的公交系统和骨干路网体系也随之得到极大改善。在公交系统方面，城市通过增设、优化、调整、延伸与铁路枢纽接驳的公共交通线路，明确枢纽服务范围内大中运量公

图 2-9 虹桥地区轨道交通系统规划图

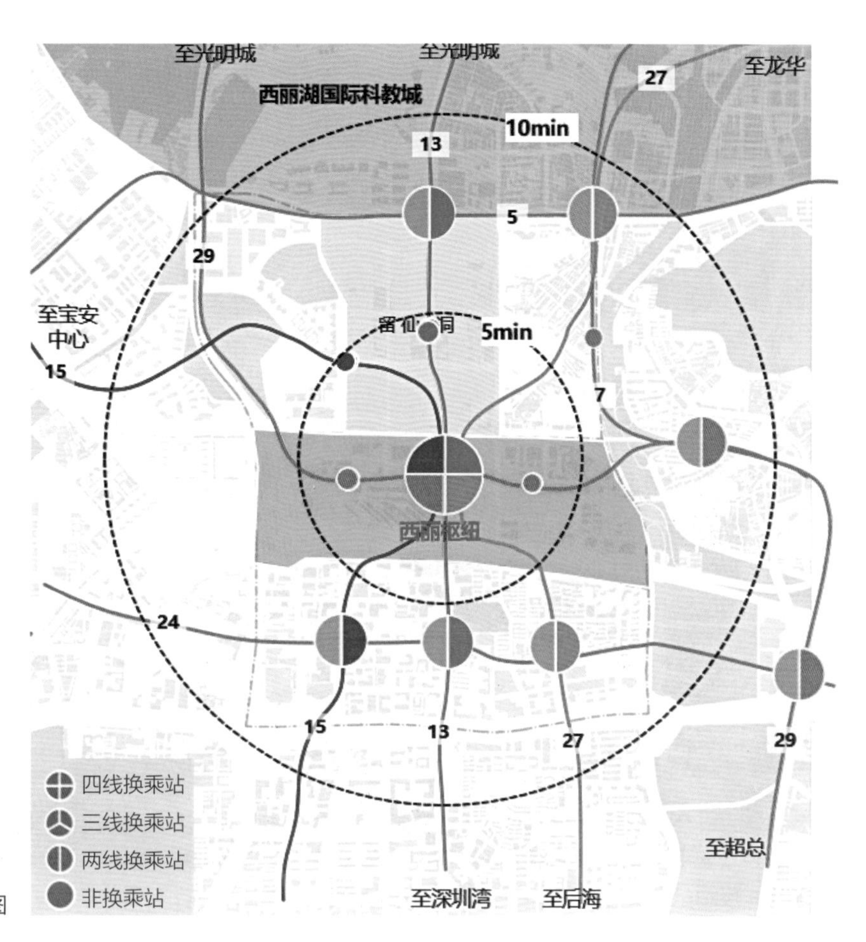

图 2-10　西丽枢纽轨道交通集疏运方案图

共交通的供给盲区，并根据服务腹地与枢纽之间的时空距离，科学布局直达车、大站快车、支线公交，强化枢纽与城市各个功能中心、居住就业板块的便捷联系。在城市路网方面，围绕站城地区，构建高等级的快速路，实现“快进快出”；路网密度不断提升，以满足机动车高效运行，并强化对慢行交通的服务。公共交通和路网体系的改善，为站城地区提升面向城市内部可达性提供了可靠保障。

站城地区对外和对内的双重可达性能提升枢纽整体的吸引力，不仅可激发城市对外接待、展示交流、贸易往来等外向型经济发展诉求，也可满足城市内部产业布局、消费升级和服务转型的需求。因此，不少城市纷纷将目光投向铁路车站及其周边地区，以点带面发展“临站”经济模式，并以此探寻城市社会经济高质量发展的新动力源。双重可达性提升站城地区运行效率比较典型的是重庆沙坪坝站。地处重庆传统的商业和教育大区沙坪坝区，沙坪坝站是重庆规划“三主两辅”的两个辅客站之一。成渝高铁的接入，极大增强了重庆作为区域中心城市的辐射能力，大大缩短成渝经济带城市群之间的时空距离，使重庆与周边城市形成1小时高铁交通圈，显著提升了沙坪坝站城地区的区域直达能力。在高能级轨道推动作用下，城市基础设施也纷纷投向站区：沙坪坝站同时聚集1号线、9号线、环线、27号线，共4条城市轨道交通线路，以及55条公交线路，并以国内首个铁路站场上盖项目为载体，集换乘枢纽、购物中心、商务办公、休闲娱乐于一体，一跃成为重庆城市交通可达性最高的地区之一。到2022年，沙坪坝站站城地区将汇聚各类人群，不仅包括日均8万人次的铁路旅客到发量，还有90万人次的城市客流量。沙坪坝站城地区成为各种需求类型人群青睐的城市空间场所，并吸引周边城市居民来渝，成为辐射西南的城市“会客厅”（图2-11）。

图 2-11 沙坪坝站站城综合体效果图

2.3.3 站城公共设施建设促进高品质发展

高速铁路、城际铁路等重大基础设施的建设，以及城市轨道、快速路等基础设施的投入，为站城地区提升辐射能力、优化内外衔接转化提供了坚实保障，从而使得城市地区提升或城市更新成为可能。

对于新建车站地区，站城地区空间被地方政府视为谋划功能片区、推动城市高质量发展的重要机遇。不少城市对标一流站城建设水平，不留余力地给予新建车站地区资源和要素倾斜，引发商务、商业、信息、休闲等各类功能集聚，促进了车站周围的城市建设，拉动了周围地区各种设施建设，也带来新的就业岗位。对于城市更新地区，铁路枢纽建设或改造以及大量基础设施投资将直接触发城市片区升级改造。在这些地区，铁路和城市基础设施改造升级，使得车站及其周边空间立体利用效率得到提升，多元复合功能将被植入，整体空间效率得到显著改善，空间品质也获得重塑；同时，与车站直接相连的站内空间、紧邻街区的再开发，以及周边地区的步行圈和跨站融合通道构建，都将赋予站城地区前所未有的吸引力和竞争力。从这个意义上来说，铁路车站落位的城市更新地区，将借助枢纽的内外高可达和空间场所重塑，再次焕发新的活力。

诸多站城地区，成为城市的窗口和样板地区。上述提到的沙坪坝站就是典型例证。凭借得天独厚的城市资源和双重可达性的提升，沙坪坝站从传统的城市商圈，进一步拓展为高铁TOD城市综合体；龙湖重庆金沙天街的全面建成投用，使沙坪坝站所处的三峡广场商圈广场面积增大近3倍，总规模达到48万m^2。沙坪坝站金沙天街被定位为“城市级全业态高品质购物中心”，打造成为涵盖零售、服务、体验、游乐和餐饮的重庆西区域最强综合体，全方位满足消费者日益增长的高品质生活消费的期待。而周边商务办公、文化娱乐、消费活动设施的不断建设与引入，也使得沙坪坝站城地区表现出强劲的商业活力和人员往来便捷性，并发挥着支撑成渝地区双城经济圈城市高效连接、经济社会深度融合的重要作用。

2022年8月即将开通运营的杭州西站也是高品质发展的典型样例。未来杭州西站枢纽将有机融合到杭州云城建设当中。依托西站枢纽，杭州云城将打造1小时杭州枢纽服务圈、8小时国家中心城市交通圈，实现云城与杭州都市圈、长三角城市群、国家中西部城市的快速互联。同时，云城周边浙江大学、之江实验室、良渚实验室、西湖实验室、湖畔实验室、阿里巴巴（西溪总部）、阿里巴巴达摩院、中法航空大学、中国人工智能小镇等科技引擎环绕，区域内梦想小镇、浙江湖畔创业研学中心、杭州师范大学、超重力实验室、浙大校友企业总部经济园、西湖大学、阿里云、菜鸟等创新资源云集，直接推动西站站城地区成为未来长三角科技创新高地。与此同时，规划以空中连廊将城市功能建筑与杭州西站有机结合，形成整体紧凑的框架体系，实现西站枢纽功能与商务、商业、购物、休闲、文娱、观光等功能高效整合。通过西站枢纽的交通辐射功能，建成后的站城综合体，将为区域、城际、城市客群提供一站式生活、工作和休闲空间，有效辐射范围将扩大至长三角，为杭州云城荟萃更高量级的人流、物流和信息流，成为未来杭州高质量发展的新平台（图2-12）。

图 2-12　杭州云城（西站枢纽）站城地区效果图

2.4 站城融合的内涵和发展逻辑

2.4.1 站城融合的内涵

我国高速铁路快速发展以来，站城关系研究和站城地区规划建设一直是城市政府和各相关主体的关注焦点。然而，以往对站城关系的研究更多是从铁路客站的等级、规模出发，围绕铁路车站周边地区的城市功能、土地利用、交通衔接等展开，侧重于解析站与城的空间关系和物理衔接条件。这种研究思路存在两方面的误区：一方面，新建铁路客站及周边地区发展是一个城市乃至区域发展的系统工程，不能与周边的新城开发、土地开发利用简单地划等号。另一方面，若只关注交通设施和用地规模，未考虑在站城关系中实际起关键作用的“人”的因素。忽略人的活动规律、分布和轨迹，实质是无源之水、无根之木，将直接削弱站城地区发展的机会和竞争优势，导致实际发展与预期设想反差甚大。

新时代发展背景下，赋予了站城关系更多的人本内涵，站城融合应以人的视角为基本出发点，更多聚焦各类人群（包括铁路旅客、驻地居住或工作人群，以及其他衍生服务客群等）在铁路客站及周边地区的活动规律，深入理解多样化人群的基本诉求、出行体验、空间感受，以及这些人群给站城地区带来的一系列根本性的变化。在站城关系中，人的活动串联作用是核心，铁路站点不再单纯是旅客驻留的交通空间，更是转变成为不同客群依赖的城市公共活动空间。因此，需要以人的活动尺度对站城空间进行度量，适应和满足往来集聚于站城地区各类人群的多样化需求，由此提升人群的场所黏性，创造更高品质的站城空间，进一步促进铁路车站周边功能及场所的整体价值提升，这也是站城融合的关注点和落脚点。

站城融合的新内涵，从广义上讲是指聚焦铁路出行人群需求，铁路车站与周边城市功能、交通、建成环境等要素间的相互关联与相互作用关系；在狭义上则指铁路车站与周边地区因人群的活动特征变化而形成的一体化空间和交通发展态势。站城融合具有功能、空间、交通和机制四个方面的意义：其功能意义在于满足出行人群所需功能在车站周边的高度集聚，实现到站即达目的地；其空间意义在于实现车站空间与城市空间的链接、共享、融合；其交通意义在于实现站城地区人群的区域出行对铁路出行的高度依赖，以及城市出行与铁路出行高效衔接融合；其机制意义在于实现铁路枢纽发展机制和城市发展机制间的融合与共赢。

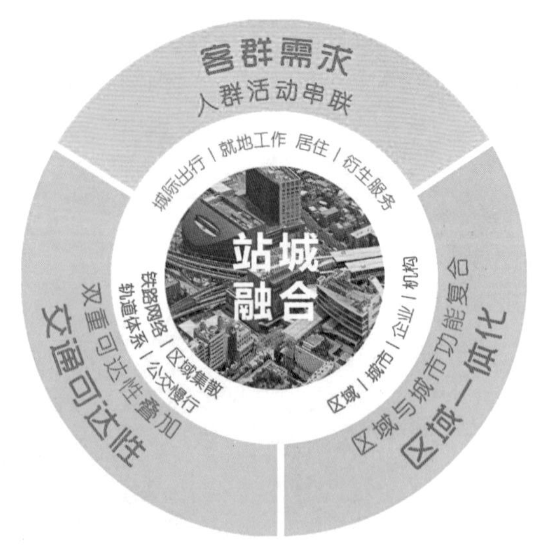

图 2-13　站城融合过程的总体逻辑

“站城融合”发展是一种理念和过程，而并不是唯一的模式。站城融合代表着站城关系的变化，区域、城市、铁路、客群等多重主体在铁路客站及周边地区形成交汇，并产生相互影响和作用，由此可能形成融合发展的态势（图2-13）。站城融合是区域一体化与城市高质量发展推动、多元客群及需求决定、铁路客站与城市交通网络叠加的共同作用下，对站城关系带来的整体性变化过程，这一过程包括以下维度的演变过程：

①从一体化的维度，站城融合是铁路车站地区作为城市面向区域的节点地区，其功能和价值转变过程，是站城融合从“一般性门户地区”到“区域和城市功能双重目的地”的过程；

②从可达性的维度，站城融合是区域交通枢纽和城市交通网络双重可达性叠加的过程，是从“单一换乘节点”到“区域和城市双重高可达性的枢纽地区”的过程；

③从人本需求的维度，站城融合是由功能复合引发的多元客群叠加的过程，二者相互促进并带来客群及其活动的多样性、丰富性，是从“车站旅客集聚”到“多重目的地客群集聚”的过程。

2.4.2　一体化引领的基础逻辑

区域一体化格局的深入发展，并有赖于区域交通廊道和网络带来的区域整体可达性的提升，使得区域时空关系得到重塑，将显著提升资源配置和人员流动的效率和范围。在这一发展逻辑下，必将催生一批面向区域的功能性节点地区，这些地区及其承载的功能，于区域而言是特有的或者共享的，例如区域性的金融服务中心、大型会展设施、独特的文旅资源等，将进一步促进各类资源要素顺畅流动、高效利用、开放共享，实现城镇间合理分工与合作联动、带动整个区域集约高效一体化发展。

一体化背景下，城市更加注重从区域统筹发展中汲取发展的动能，进一步激发城市发展的活力。因而在城市的发展逻辑中，特别是在构筑多中心、组团式的发展体系时，往往存在一个或多个中心承担区域职能，并通过区域功能集聚提升城市自身的能级，实现更高水平的发展。

在区域一体化和城市多中心体系的相互加持下，区域性节点地区将进一步集聚区域和城市的双重职能，无论从政府抑或市场角度，资源投入的力度将进一步增加，并在一定范围内对周边地区产生辐射和延伸，反过来又促进了区域的一体化进程和水平。另一方面，出于效率的选择，这种区域和城市的双重职能将主动聚集和选择落位于区域发展主轴或交通廊道上，而当铁路成为区域高效率和高品质的交通方式时，铁路客站及周边地区自然成为承担区域直联的功能节点地区，如图2-14所示。

在这一区域—城市联动、交通网络效率提升的过程中，促进了社会经济和产业的优化配置，并带来了城际人群的新的工作和生活方式的转变，跨城商务、通勤、消费、文旅等活动大幅增加，区域关联网络越发扩张和紧密，更加丰富性、多样性的功能将有可能聚集在铁路车站地区，形成功能融合发展。区域一体化、城市多中心，以及带来的城际客群的多样化需求和复合化功能，构成了站城融合发展的基础逻辑。

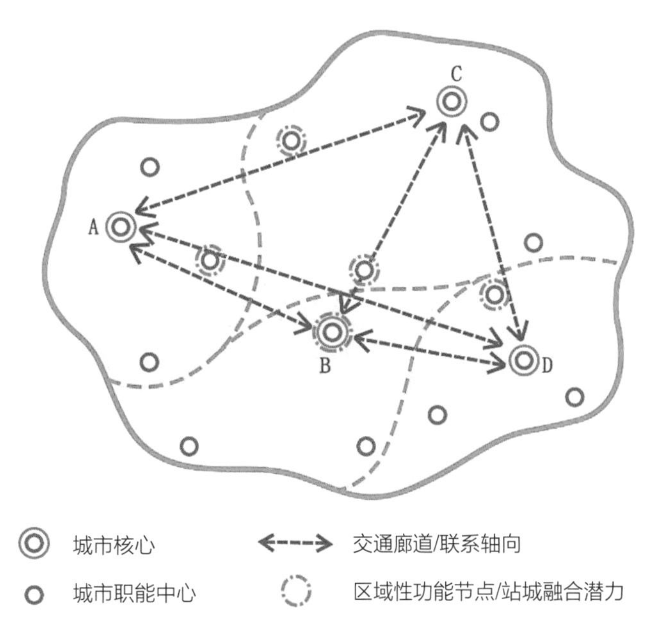

图 2-14　区域联动与城市中心体系示意图

2.4.3 可达性叠加的技术逻辑

考虑到我国人口众多和资源受限的基本情况，铁路将越来越成为区域交通中更加高效更加可靠的方式选择，铁路客站周边地区将必然成为区域高可达性地区。一方面，私人机动化的无限制使用是不可持续的，高速公路拥堵、城市中心通行不畅乃至限行政策将很大程度上限制私人小汽车的使用；另一方面，随着铁路网络的加密，广义轨道的多网融合发展，运行模式的不断优化，将极大地提升区域直联直通的水平，增强不同尺度范围城市间的通达效率，同时降低通行成本、改善城际客群体验，促进区域交通结构的优化。

作为城市内部链接区域的重要节点，铁路客站的快速集散是必然选项。因此，轨道交通、高等级道路等高效能城市交通设施优先衔接铁路枢纽地区，并与城市其他地区形成便捷的通道化联系。这一快速集疏运体系的构建，不仅使得铁路枢纽的高效集散成为现实，也使得铁路客站周边地区面向城市的交通可达性也得到了提升。正因为汇集了区域铁路网络和枢纽、高效率的城市交通系统，铁路客站周边地区成为面向区域和城市的双重高科大型地区，如图2-15所示。

区域和城市的双重可达性叠加，直接促成了铁路枢纽地区成为运行更加高效率、更加低成本的节点地区，甚至是代表着城市形象的品牌化窗口地区。因而备受交通依赖型的机构、企业的青睐，成为优先选择的入驻地，也吸引了其他衍生功能和产业的入驻。同时，更加重要的，这一过程不仅带来了更多的城际客群，也吸引了城市端客群的聚集（这一规模能级往往远大于城际客群），这也使得这一地区的设施更加完备、功能更加复合。由于铁路客站的植入，带来的面向区域和城市的双重可达性提升，以及衍生的功能和客群集聚，这构成了站城融合发展的技术逻辑。

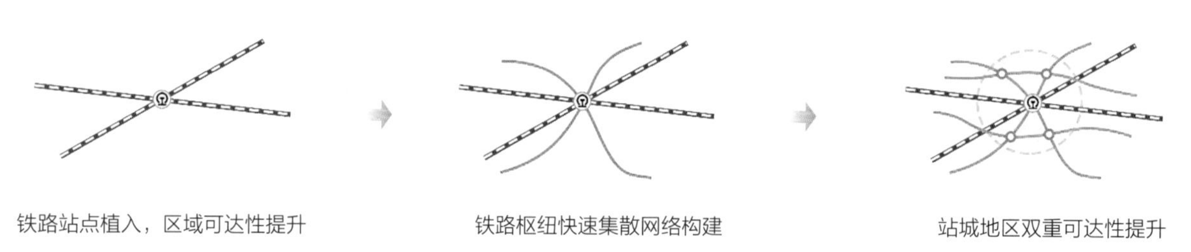

图 2-15 站城融合过程的双重可达性叠加

2.4.4 多元客群需求的活动逻辑

铁路客站地区之所以能够形成站城融合发展，其根本在于多元客群在此集聚、驻足和疏散，由此带来的多元化的需求和发生的不同类型的活动，并与空间和功能所产生的相互影响作用。一个典型的站城融合地区所容纳的不同客群群体，有着差异化的活动规律和诉求，对于站城地区的关注和期待也有所不同，如枢纽换乘、接驳便捷、功能完备、空间品质、环境友好等，以及其他个体化的需求。

城际交通客群是站城地区的最直接群体，又可具体分为到站换乘衔接群体和到站即目的地群体。到站换乘衔接群体，更加希望进出站换乘实现无缝衔接，过程更加便捷、无障碍，在此基础上考虑在车站周边完成消费、餐饮等附加性活动。到站即目的地群体，其最终目的地即在站城地区，其驻留站城地区的时间往往较长，更加期待站城地区的高品质和环境的友好性，站城地区的人气汇聚、功能完备、文化品位更加重要。应该指出的是，这一群体是支撑和激发站城融合发展的重要源泉。

站城地区的就地工作/居住人群出行活动规律具有十分明显的周期性。就地工作人群通过城市交通方式进入站城地区，但并不一定依赖于铁路客站进行集散，更加看重地区的整体可达性和便利性。特别是铁路车站客流达到一定规模时，两者叠加将产生负面效应。就地居住人群则相反。考虑到铁路客站地区人群集聚程度较高，以轨道交通为代表的公共交通应是此类群体的优先引导方式，创造更加便捷的公共交通集疏运体系更加重要。

当站城融合发展到一定水平，铁路客站地区形成高品质发展，衍生功能和客群将呈现规模化增长。相比于城际人群、就地工作/居住人群，此群体出行时间自由度较高，且客流集散的高峰时段也不明显。通常来说，车站地区提供的客流容量越大、服务性功能越强、业态种类越丰富，吸引的衍生人群将会更加多样化，反过来将进一步促进站城地区的功能集聚和高品质发展。此外，衍生人群还要求车站地区能够通过建筑、文化符号、文化项目等传递城市的精神文化，给其带来更具特色化、体验感的活动。

正是因为站城地区存在城际人群、就地工作/居住人群、衍生功能人群等多种类型的群体，而各客群群体的活动又支撑和促进了不同阶段的站城融合发展。以多元人群需求和活动规律为出发点，构建符合特定客群诉求的功能业态，灵活适应人群需求的变化，使得站城地区在交通枢纽的基础上，演进为区域和城市生活的有机组成部分，即构成了站城融合发展的人的活动逻辑（图2-16）。

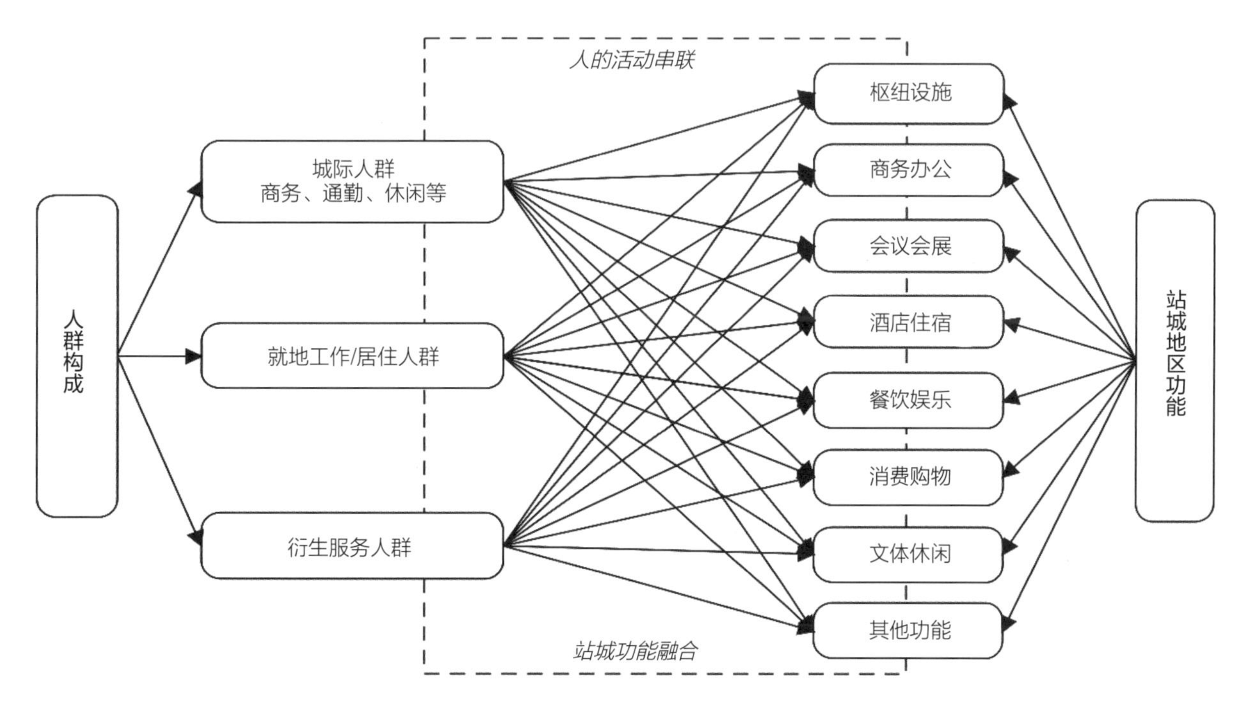

图 2-16　站城融合过程的活动逻辑

2.5 站城融合若干关键问题辨析

2.5.1 推动站城融合的核心动力

由铁路车站地区演化进阶成为高水平的站城融合地区，仅凭单一因素很难实现，需要多种因素综合作用而共同促成。而最核心的动力要素，可以归结为以下四方面（图2-17）：

图 2-17 推动站城融合发展的核心动力

第一是促进站城融合发展的核心人群，即较高比例的中高频率目的地型铁路客流。这意味着车站与站城地区密切的人员往来，能够从客观需求上推动车站与周边功能空间的融合。此类人群具有频繁使用铁路方式出行、起讫地或活动范围期望聚焦于站城地区的基本特征，同时更加关注出行时间成本，对时间价值敏感度较高，更加希望车站与周边地区更紧密地融合发展，真正实现“到站即目的地”。此类人群，以及其所代表的机构或企业，必然会选择居住或入驻站城地区，从而带动站城地区功能升级和活动的丰富性，进而推动站城融合发展。

第二是保障站城融合发展的核心节点，即面向区域和城市高可达性的车站。作为城市内外衔接转换的关键节点，铁路车站在接入多层次轨道线路、更好地与其他城市直连直通的同时，也在不断提升与城市内部交通系统的高效衔接，确保为多元客群提供舒适便捷的集散交通服务。具备区域和城市双重高可达的站城地区，既能够满足城市间日益深入的经济社会往来需求，也为城市调整产业布局、实现消费升级和服务转型提供交通支撑，从而带来区域和城市两个层面的客流能级跃升。

第三是引领站城融合发展的核心功能，即不同于一般城市功能的区域性服务功能。面向区域服务的站城功能强调与城市群、都市圈其他城市的密集往来和高效协同，将站城地区作为城市融入区域一体化进程、发挥区域影响力的支点与辐射极。依托日趋完善的外向型区域功能，站城地区吸引了大量城际客群和衍生人群集聚，为城市发展带来潜在的人才、资本和产品，显著增强了城市的区域竞争力和影响力，反过来使站城地区发展更加受益。

第四是实现站城融合发展的核心空间，即与车站便捷联系的活力站城空间。促进铁路车站与周边城市空间有机融合，共同营造活力站城地区，是站城融合的重要发展导向。从成长肌理上看，站城融合是将车站地区从单一的集散枢纽逐步转变为包含交通空间、交往空间、公共空间、生活空间等多元空间在内的复合化地区。因此，应打破以往单一封闭的枢纽集散体系，营造关注客群体验、促进人员交往的站城人本空间。

2.5.2　避免逢站必城的发展误区

1. 站城融合是多因素共同作用下的整体趋势，不是每个站的必然结果

站城融合并非单凭某一因素或物理空间建设就能实现的，而是由铁路、区域及城市、客群需求等多个因素共同作用才能实现的。同时，站城融合是站城关系发展的整体趋势，有着较强的过程性。它是城镇密集地区在迈向更高质量一体化的进程中、在高密度多网融合的铁路网络与枢纽支撑下，以及在城市功能和空间结构不断优化的推动下，城市面向区域的客流、功能和节点不断融合，形成的站城关系变化的整体趋势。这并非意味着站城融合是每个车站的必然结果、也不意味着每个车站能实现同等水平的站城融合。

2. 站城融合有多尺度的空间体现，不存在唯一的形式

站城融合的多因素影响性、过程性，以及站城关系变化能够体现在多个空间尺度，这都决定了站城融合不存在唯一的空间形式。站城融合的内核是铁路与城市、车站与站城地区之间紧密关联、便捷联系，因而站城地区超高塔楼群、铁路场站上盖开发并不是站城融合的标配形式。

站城地区空间形态应与城市能级、功能定位、所在地区风貌契合。从国内外站城地区发展来看，只有全球城市、金融银行类功能集聚的站城地区采用了局部超高塔楼群的形式，如东京丸之内、巴黎拉德芳斯。而科技创新、文化传播、制造业、能源类集聚的站城地区更适宜高密度的街区形态，如伦敦国王十字街区、柏林中央车站地区。

车站开发形式应与地方用地条件、工程难度契合。站城融合应首先关注周边街区与车站的融合、紧贴车站和线路的消极空间与城市的融合，而并非直接把技术难度更高、对铁路运行影响更大的上盖开发作为首要关注。铁路车站的上盖开发可集约利用车站的空间资源，一定程度上消解铁路线路对车站周边的割裂、缝合城市空间，并为车站地区的公共活动和场所提供新的平台。但也不应忽视上盖开发在管理体制机制上也有客观的约束性，以及过于复杂的功能集聚在车站地区，容易在安全、管理、应急等方面带来风险和不确定性。从日本顶级站城项目发展看，铁路运营主体往往拥有紧邻车站地块开发权，因而与车站直接关联的“城”的开发较大体量开发的站城开发往往紧贴车站两侧，但真正上盖在铁路设施之上的开发体量都十分有限。如东京站城（Tokyo Station City项目）、京都站的综合开发，基本均紧贴车站两侧，车站的场站上方并无综合开发；新宿站新增的综合开发主体也在

车站一侧，在站厅上方布局了少量的公交设施和文化设施。从欧洲的顶级站城项目来看，像巴黎蒙帕纳斯火车站（Gare Montparnasse），在场站上方和紧贴车站两侧形成大体量开发的形式十分少见。更普遍的模式是在车站周边街区进行更大规模的综合开发，打造城市功能，如德国柏林中央车站（Europacity项目）、荷兰阿姆斯特丹南站、英国伦敦国王十字车站等。站城开发形式在用地条件允许的情况下，应充分考虑工程和管理难度，优先进行站前广场复合开发，进而是结合线侧站房的综合开发，最后才是结合站台上盖的跨站综合开发。

2.5.3 站城融合与 TOD 的异同

围绕“车站—城市”协同发展的概念在不同地域与文化语境下有不同的表述。TOD和“站城融合”就是十分重要的两个概念，二者既有共同之处，也有较为明显的区别。

TOD（Transit-Oriented-Development）是“以公共交通为导向”的开发模式，由新城市主义代表人物彼得·卡尔索普在20世纪90年代初提出，主要是为了解决美国城市因低密度蔓延而引发的城市中心地区衰落、社区纽带断裂，以及能源和环境等一系列问题。从诞生开始，TOD就强调城市功能整体向公共交通站点集聚，实现土地使用和交通系统一体化、紧凑式增长。[①]其中的公共交通站点既可以是铁路、城市轨道车站，也可以是快速公交、干线公交站点；不过从发展实践上看，一般更侧重以城市轨道为主的大运量公交系统（Light Rail，Heavy Rail，Express Bus）。TOD的规划设计手法是以这些站点为中心、以400～800m（5～10min步行路程）为半径建立集工作、商业、文化、教育、居住等为一体的城市空间，从而实现各个城市组团紧凑型开发和有机协调。

如前论述，“站城融合”在广义上聚焦铁路出行人群需求，强调铁路车站与周边城市功能、交通、建成环境等要素间的相互关联与相互作用关系；在狭义上指铁路车站与周边地区因人群的活动特征变化而形成的一体化空间和交通发展态势。从内涵和发展逻辑上看，TOD和站城融合具有较多共通之处：二者均强调绿色低碳的价值取向，注重轨道交通、慢行交通对于支撑城市可持续发展的效能；强调城市功能向车站高度集聚和紧凑布局，促进交通系统与土地使用深度融合；强调站点周边步行可达的高品质公共空间塑造，构建以铁路车站或轨道站点为核心的城市活动中心与魅力中心；强调以人为本、宜居宜业宜游的规划设计理念，依托铁路车站或轨道站点打造更加高效、便捷、舒适的工作生活空间。

当前，国内实践对于铁路站城地区发展倾向于放在TOD的整体概念之下，实际上是有所偏颇的。具体而言，TOD和站城融合在发展基础、功能布局、服务人群、路径模式及工程建设等方面存在着显著不同。

在发展基础上，TOD依托城市轨道或大运量公交站点，在一定步行距离范围内进行城市开发，而站城融合是在区域一体化背景下，以铁路车站与面向区域的城市功能中心紧密结合的发展模式。

在功能布局上，TOD主要关注服务城市内部的商务、商业、就业、工作等功能，而站城融合不仅注重城市内部功能，还更加关注面向区域服务的城市功能。

---

① （美）卡尔索普．未来美国大都市：生态·社区·美国梦 [M]．郭亮，译．北京：中国建筑工业出版社，2009.

在服务人群上，TOD通常关注乘坐城市轨道等大运量公共交通的城市内部出行人群，而站城融合更加关注铁路出行人群，特别是城际商务、通勤和休闲人群，并且认为是铁路车站面向区域的高可达性吸引了各类城市交通方式集聚，进而产生内外客流叠加效应。

在路径模式上，TOD一般以地方城市为主体自主进行开发，而站城融合需要国家铁路与地方城市多元主体共同推进，形成自上而下、自下而上协同作用的发展机制。

在工程建设上，TOD围绕轨道站点进行紧凑开发，整体规模尺度较小，且更加注重垂直立体交通组织；相比之下，站城融合开发规模较大，交通集散设施建设与组织更加复杂，且涉及利益主体更多，融合发展难度远高于TOD导向下城市轨道站点与空间融合的难度。

3

第3章 站城融合影响因素与发展条件的实证分析

在对站城融合的内在逻辑和趋势进行深入解析之后，我们同样需要客观认识到站城融合既是必然趋势，也需要一定的发展条件。纵观我国铁路车站的发展历程，由于车站所在城市能级不同、区位不同、客群结构不同、开发意愿和时间选择不同，车站地区周边城市开发规模、功能业态布局存在明显的差异，必然影响站城地区的综合发展水平和未来发展趋势。

本章选取京沪高铁沿线的24个高铁站点为主要实证研究对象，以统计学分析为基础，以影像分析为特色，从城市能级与区域地位、车站的城市区位、客流规模与结构、站城地区交通集散方式与水平、站城地区建成环境与功能业态等5个方面入手，对影响站城融合发展的要素进行实证研究。基于样本车站各维度的综合评价，选取典型站城地区融合发展的案例进行深度剖析，探讨几类站城地区发展规律及内在因果关系，以点窥面，尝试总结影响站城融合的发展条件。

3.1 站城融合的影响因素分析

3.1.1 分析对象与方法：以统计分析为基础，以影像分析为特色

以京沪高铁沿线24个车站为主要样本案例，京沪高铁线始建于2008年，于2011年全线通过车，是我国建设时间较早、运营较为成熟的高速铁路线路。经历10余年的开发建设历程，沿线城市经济发展较为领先，高铁站点及周边交通设施已基本建成运行，周边建设已经初见成效，具有一定的站城融合分析判断价值。本书以24个车站调研数据为基础，构建较为全面的样本数据库，对车站及周边的基础数据进行统计学相关性分析，总结不同影响要素之间的相互关系和影响规律（表3-1）。

车站实证分析的主要数据　　表3-1

数据类型	数据内容	数据来源
影像数据	车站及周边地区历年影像图、建成环境相关影像数据等	Google Earth影像数据库
基础统计数据	车站规模、车站客流规模及结构、所在城市区位、城市能级，客流交通集散方式	实地调研数据统计、政府公开数据统计、城市统计年鉴，以及作者相关项目研究统计结果
相关规划资料	研究样本案例的各类规划文件、所在地区统计年鉴、大事记资料、政策性发展文件以及相关新闻报道等内容	政府网站公示内容、作者相关项目组资料收集及部分规划成果

为进一步研究车站及周边地区的发展及演变规律，选取24个车站及周边地区Google Earth数据库影像图和Landsat卫星遥感图（图3-1），识别车站周边建成区与非建成区，同时结合周边建筑类型、体量、交通环境等影像要素，研究车站周边地区年用地开发面积与开发时间关系、用地开发效率、用地功能演变过程等内容，进而总结站城地区综合发展特征与规律，为车站所在地区站城融合发展研究提供数据支撑。

下文将从城市能级与区域地位、车站区位、铁路客流规模与结构、交通集散水平、建成环境与功

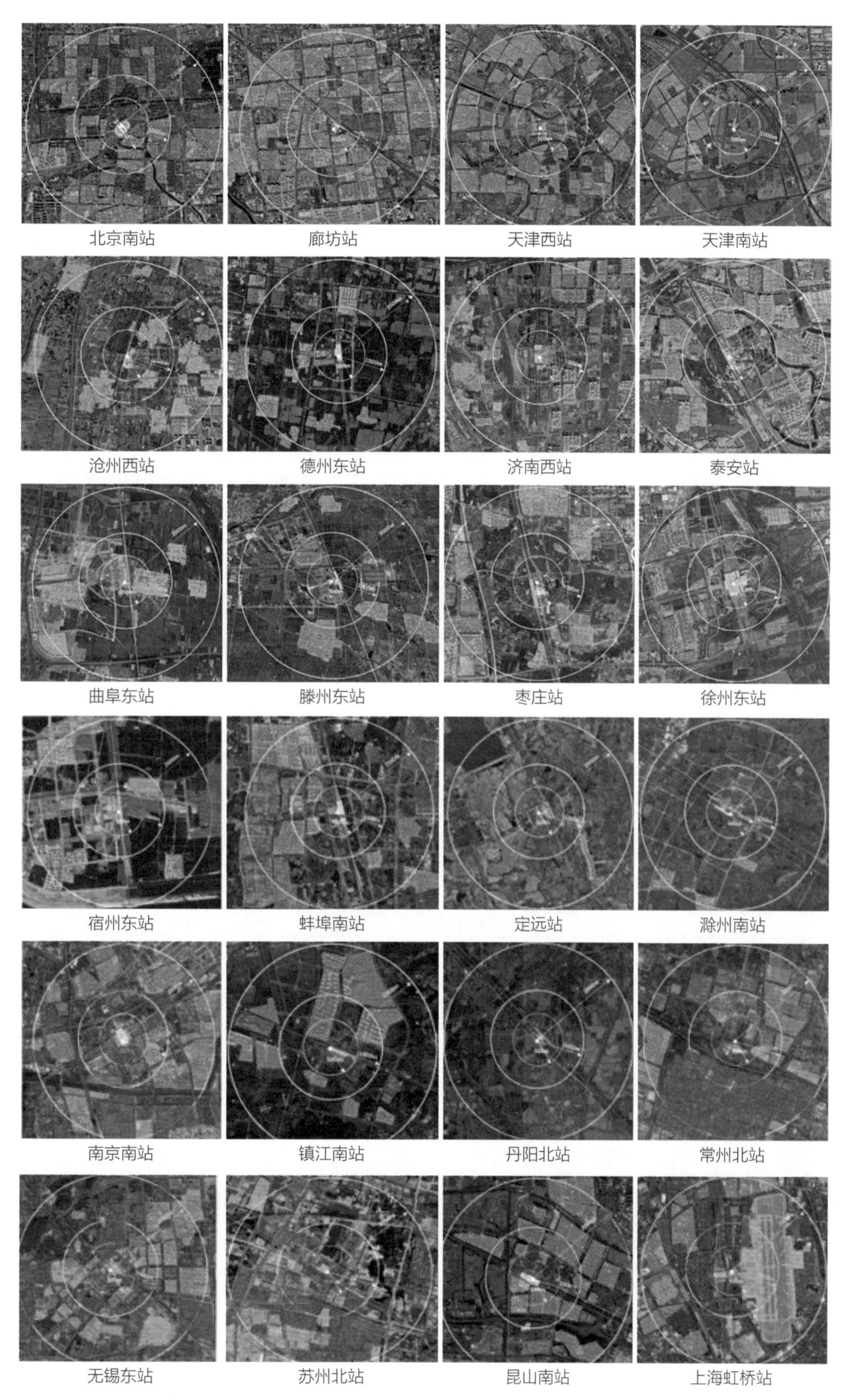

图 3-1　京沪高铁沿线 Google Earth 数据库影像图示例

能业态等5个方面进行实证分析与评价，探究京沪高铁沿线车站周边地区的开发建设特征。

3.1.2 城市能级与区域地位

京沪高速铁路全线24个车站中，车站所在城市以大城市为主，共13个站点位于大城市，占全部站点的54.2%，其中超大城市有4个站点，特大城市有2个站点，大城市有7个站点。此外，中小城市有11个站点（表3-2）。

京沪线24个站点所在城市的规模等级　　表3-2

城市等级	城区人口规模（万人）	城市数量（个）	站点数量（个）	站点名称
超大城市	1000万以上	3	4	北京南站、天津南站、天津西站、上海虹桥站
特大城市	500万至1000万	2	2	济南西站、南京南站
大城市	100万至500万	7	7	德州东站、泰安站、枣庄站、徐州东站、常州北站、无锡东站、苏州北站
中小城市	100万以下	11	11	廊坊站、沧州西站、曲阜东站、滕州东站、宿州东站、蚌埠南站、定远站、滁州南站、镇江南站、丹阳北站、昆山南站

1. 城市能级与车站规模正相关

车站等级规模与城市能级有一定关联性。24个车站站房规模差异较大，其中建筑面积超过10万m^2的车站共有3个，主要分布城市为北京、上海、南京，1万至10万m^2的车站共有11个，主要分布在天津、德州、济南、泰安、枣庄、徐州、蚌埠、镇江、常州、无锡、昆山等，1万m^2以下的车站共有10个，主要分布在中小等级规模城市和部分超大城市近郊地区（表3-3）。

京沪线沿线站点所在城市类型、站房面积统计　　表3-3

车站名称	所在城市	2020年城市常住人口（万人）	2020年城区人口（万人）	城市类型	客流量（2018年）万人次	站房面积（m^2）
北京南站	北京	2190	1775	超大城市	7300	252 000
廊坊站	廊坊	546	77	中小城市	315	9889
天津西站	天津	1390	1093	超大城市	870	26 000
天津南站	天津	1390	1093	超大城市	720	4000
沧州西站	沧州	730	55	中小城市	1167	9992
德州东站	德州	561	102	大城市	580	19 970
济南西站	济南	924	588	特大城市	1141	62 534
泰安站	泰安	547	104	大城市	550	23 156
曲阜东站	曲阜	62	21	中小城市	400	9996
滕州东站	滕州	157	46	中小城市	300	7968
枣庄站	枣庄	386	106	大城市	240	10 000

续表

车站名称	所在城市	2020年城市常住人口（万人）	2020年城区人口（万人）	城市类型	客流量（2018年）万人次	站房面积（m^2）
徐州东站	徐州	908	182	大城市	1200	14 984
宿州东站	宿州	532	54	中小城市	400	4993
蚌埠南站	蚌埠	329	82	中小城市	350	23 996
定远站	定远	67	30	中小城市	120	4000
滁州南站	滁州	398	56	中小城市	300	4000
南京南站	南京	932	791	特大城市	3784	281 500
镇江南站	镇江	321	89	中小城市	500	42 314
丹阳北站	丹阳	98	36	中小城市	180	5978
常州北站	常州	527	164	大城市	596	12 253
无锡东站	无锡	746	230	大城市	584	10 988
苏州北站	苏州	1274	285	大城市	622	7846
昆山南站	昆山	209	55	中小城市	540	10 373
上海虹桥站	上海	2490	1987	超大城市	6550	240 000

将城市规模和车站站房面积规模进行统计学分析，站房面积大小与城市规模有一定正相关联，面积较大的站房多布局在超大城市和特大城市。如超大城市的北京南站、上海虹桥站、特大城市的南京南站站房面积分别为25.2万m^2、24万m^2和28.15万m^2，而中小城市宿州东站、滁州南站和定远站的站房面积分别为4993m^2、4000m^2和4000m^2。由此可见，城市规模大小对车站的规模设置有较为直接的影响。

同时，发现“一城多站”的格局成为特大城市枢纽的发展趋势，多站枢纽服务于不同方向、不同板块人群的出行需求，如天津市在京沪高铁线上设置天津西站和天津南站两个站点，站房的规模因铁路线路特征、车站功能定位、出行人群规模的不同而存在着较大差异。“一城多站”的发展格局也影响着车站的规模。

2. 城市在区域中的地位影响车站规模和综合发展水平

根据车站所在城市数据统计分析，京沪高铁24个站点所在城市在区域中的网络地位各不相同，其中区域性中心城市主要以北京、上海、南京为主，由于所在城市区域地位影响力较高，站房面积规模也较大，建筑面积超过10万m^2，且站点周边开发比例较高，均超过60%；区域性功能节点城市主要有济南、无锡、常州等，站房规模大多集中在1万～6万m^2，站点周边开发比例超过40%；区域影响力较低的城市主要有滕州、曲阜、定远、滁州、丹阳等，由于城市能级有限，车站规模和客流规模相对较少，车站规模大多在1万m^2以下，站点周边开发建设比例较低，多为30%以下，很多车站周边几乎无开发，仅有少数交通服务性能设施（表3-4）。必须指出的是，城市的区域中心地位并不会对车站的规模和周边开发水平起到决定性作用。城市能级及其区域中心地位不能与站城融合水平直接划等号。

京沪线沿线站点所在城市区域功能定位 表3-4

城市	城市等级	行政等级	GDP（亿元）	区域关系	区域网络地位	站房面积（m^2）	车站周边（2km范围内）开发规模（km^2）	车站周边开发占比（%）
北京	超大城市	首都、直辖市	36 102.65	政治中心、文化中心、国际交往中心、科技创新中心	国家中心城市	252 000	10.55	84
廊坊	中小城市	河北省地级市	3 301.14	京津冀城市群核心地带	区域功能节点城市	9889	10.30	82
天津	超大城市	直辖市	14 083.73	国际消费中心城市，环渤海地区的经济中心	国家中心城市	26 000（天津西站）；4000（天津南站）	10.04（天津西站）；3.76（天津南站）	80%（天津西站）；30%（天津南站）
上海	超大城市	直辖市	38 155.96	国家中心城市	国家中心城市	240 000	10.93	87
南京	特大城市	江苏省会、副省级市	14 030.27	长三角中心城市、南京都市圈核心城市	区域中心城市	281 500	9.42	75
德州	中小城市	山东省地级市	3 078.99	环渤海经济圈、京津冀经济圈、山东半岛蓝色经济区城市	区域功能节点城市	19 970	1.26	15
济南	特大城市	山东省会、副省级市	10 140.91	济南都市圈核心城市、环渤海地区南翼的中心城市	区域中心城市	62 534	0.00	43
苏州	大城市	江苏省地级市	18 597.13	上海都市圈核心城市、苏锡常都市圈核心城市	区域中心城市	7846	5.28	58
无锡	大城市	江苏省地级市	11 852.12	南京都市圈核心城市	区域功能节点城市	10 988	7.28	62
常州	大城市	江苏省地级市	7 400.14	南京都市圈核心城市	区域功能节点城市	12 253	6.41	71
昆山	中小城市	江苏省辖县级市	3 832.45	苏锡常都市圈功能节点	区域功能节点城市	10 373	8.92	61
丹阳	中小城市	江苏省镇江市代管县级市	1 180.25	太湖流域西部功能节点	区域功能节点城市	5978	7.66	4
宿州	中小城市	安徽省辖地级市	2 045.05	皖苏鲁豫四省交汇区域的新兴中心城市	区域功能节点城市	4993	0.50	40

3.1.3 车站区位

车站区位直接影响车站周边开发建设状态，通过分析车站与城市中心距离、车站周边地区建设开发比例的关系，总结不同区位特征的车站与周边综合开发之间的规律特征。

1. 测度车站与城市中心的距离

量取车站到城市中心的直线距离作为判断车站区位的依据，实证分析不同区位车站周边地区的综合发展特征。距离城市中心较近5km以内的车站主要有北京南站、廊坊站、蚌埠南站、昆山南站4个车站，大多利用城市内的原有车站改造提升，处于城市中心城区，周边基础设施完善，车站周边综合开发利用水平较高，具有较好的站城融合空间特征；距离城市中心5～10km的车站主要有天津西站、济南西站、徐州东站等12个车站，数量最多；距离城市中心10～15km的车站主要有天津南站、滁州南站等3个车站，以上三类区位的车站因城市规模和能级的差异，车站周边综合开发利用水平差异也较大；距离15km以上的有5个站点，其中宿州东站、无锡东站离城市最远，分别达到了24.6km和18.7km，这一区位类型的车站因远离城市建成区，周边配套设施欠缺，车站周边地区综合开发利用水平较低（表3-5）。

京沪线沿线站点站房面积与城市中心距离统计　　表3-5

站点	站房面积（m^2）	距离城市中心距离（km）	站点	站房面积（m^2）	距离城市中心距离（km）
北京南站	252 000	4.4	宿州东站	4993	24.6
廊坊站	9889	2.1	蚌埠南站	23 996	4.7
天津西站	26 000	8.7	定远站	4000	16
天津南站	4000	12.7	滁州南站	4000	11
沧州西站	9992	6.8	南京南站	281 500	9.9
德州东站	19 970	16	镇江南站	42 314	6.1
济南西站	62 534	9.7	丹阳北站	5978	9.2
泰安站	23 156	5.7	常州北站	12 253	5.1
曲阜东站	9996	7.9	无锡东站	10 988	18.7
滕州东站	7968	8.9	苏州北站	7846	14.7
枣庄站	10 000	6.6	昆山南站	10 373	4.8
徐州东站	14 984	7.1	上海虹桥站	240 000	15.1

通过数据初步对比分析可以发现，不同规模和能级的城市中，车站到城市中心直线距离所反映的车站区位特征差异较大，即使相同的直线距离也会因为城市规模的差异而呈现出不同的区位特征，如天津西站和滕州东站与城市中心的距离分别是8.7km和8.9km，但天津西站位于城市建成区内，属于“城区型”车站，而滕州东站却位于远郊区，属于“飞地型”车站。

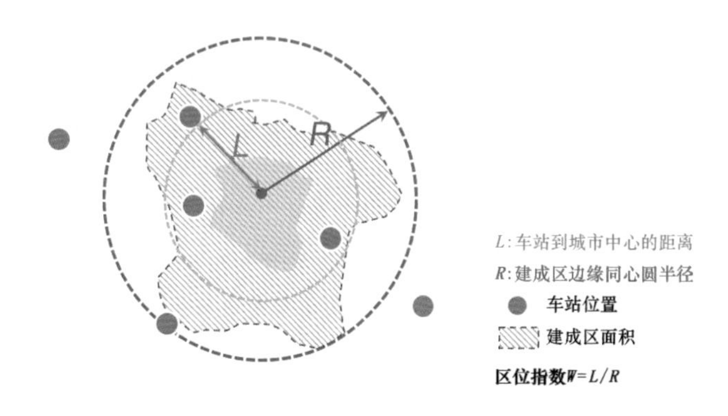

图 3-2　车站区位指数测算示意

因此，为准确表征车站在城市中的区位关系，探索构建区位指数W，即车站到城市中心的距离L（km）与城市中心距离建成区边缘同心圆半径R（km）的比值（图3-2）。区位指数W越小，车站与城市中心的相对距离越小，车站区位距离主城中心越近；区位指数W越大，车站与城市中心的相对距离越大。

京沪高铁沿线站点区位指数测算 表3-6

站点	站房面积（m^2）	距离城市中心距离（km）	城市建成区面积（km^2）	半径2km内开发比例（%）	区位指数W	车站区位
北京南站	25 2000	4.4	1268	82	0.17	城区站
廊坊站	9889	2.1	61.3	88	0.38	城区站
天津西站	26 000	8.7	605	85	0.50	城区站
天津南站	4000	12.7	605	39	0.94	城郊站
沧州西站	9992	6.8	47.1	26	1.41	城郊站
德州东站	19 970	16	66	15	2.80	外围站
济南西站	62 534	9.7	310	43	1.08	城郊站
泰安站	23 156	5.7	81.1	76	0.69	城区站
曲阜东站	9996	7.9	23	15	2.34	外围站
滕州东站	7968	8.9	46	22	1.86	城郊站
枣庄站	10 000	6.6	36.1	33	1.56	城郊站
徐州东站	14 984	7.1	108	45	0.87	城郊站
宿州东站	4993	24.6	27.3	35	6.69	外围站
蚌埠南站	23 996	4.7	53.3	47	0.91	城郊站
定远站	4000	16	12	5	6.56	外围站
滁州南站	4000	11	36.5	8	2.58	外围站
南京南站	281 500	9.9	502	75	0.72	城区站
镇江南站	42 314	6.1	52.3	37	1.19	城郊站
丹阳北站	5978	9.2	33.2	13	2.27	外围站
常州北站	12 253	5.1	307	78	0.41	城区站
无锡东站	10 988	18.7	372	62	1.38	城郊站
苏州北站	7846	14.7	411	58	1.04	城郊站
昆山南站	10 373	4.8	150	52	0.55	城区站
上海虹桥站	240 000	15.1	1563	87	0.85	城郊站

结合影像分析方法，分别测度京沪高铁沿线24个车站区位指数。区位指数从0.17至6.69不等，差距较大（表3-6）。结合车站周边综合发展特征的差异性，根据区位指数车站区位分为三类。第一类为城区站，车站地区位于城区内，区位指数小于等于0.8，分别为北京南站、廊坊站、天津西站、泰安站、常州北站、南京南站、昆山南站7个车站；第二类为城郊站，车站地区位于城市近郊（集中建设区边缘的周边地区），区位指数大于0.8、小于等于2，分别为天津南站、沧州西站、济南西站、滕州东站、枣庄站、徐州东站、蚌埠南站、镇江南站、无锡东站、苏州北站、上海虹桥站11个车站；第三类为外围站，车站地区位于城市外围，区位指数大于2，分别为德州东站、曲阜东站、宿州东站、定远站、滁州南站、丹阳北站6个车站。

2. 车站区位与站城地区开发建设比例的相关性

将车站区位与车站周边地区开发建设规模占比进行相关性分析，城区站除昆山南站（开发比例为52%）外，所有车站周边的开发比例均超过70%（图3-3），多位于城市核心区内，基础设施较为完善，

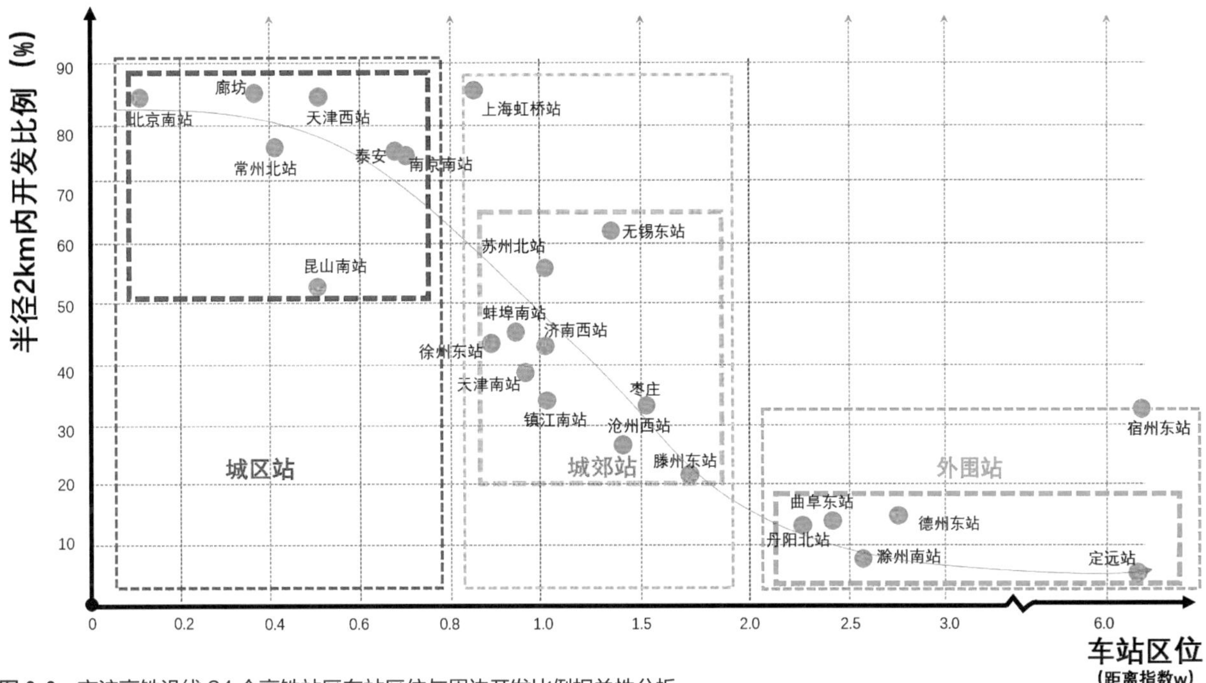

图 3-3　京沪高铁沿线 24 个高铁站区车站区位与周边开发比例相关性分析

是城市重要的门户地区和重要功能板块。城郊站周边开发比例大多在20%~70%之间，如济南西站、苏州北站等车站，周边多为依托铁路车站，而规划布局的城市新区，成为城市空间拓展的重要增长极，相比之下，上海虹桥站由于承载了国家级的战略平台功能，周边地区开发比例超过80%，沧州西站和滕州东站发展动力稍显不足，周边建成环境比例较低于30%，可见城市规划及政府发展预期直接影响城郊车站周边地区综合建设水平；外围站周边地区建设比例均较低，除宿州东站（开发比例为35%）外，其余车站周边地区开发比例均在20%以下，车站周边地区几乎没有建设，且没有综合开发的趋势。

由此可见，车站距离城市中心距离并不能完全决定车站的区位类型，应考虑城市规模和建成区面积的影响。不同区位类型的车站，周边开发建设比例差异明显，城区站周边建成环境比例大多超过70%，具备站城融合发展的基础，城郊站周边开发比例大多在20%~70%之间，具备站城融合发展的可能；外围车站周边建成环境比例大多小于20%，车站周边地区几乎没有建设，不具备站城融合发展的条件。

3.1.4　铁路客流规模与结构

1. 铁路客流规模与站城地区开发建设规模的相关性

客观分析京沪高铁线上24个车站的铁路客流规模（表3-7）。根据客流规模大小，分为三种类型，第一种类型客流规模超过1500万人次的车站共有3个，即北京南站、南京南站和上海虹桥站，车站所在城市为超大城市和特大城市，较大的城市人口规模从而形成较多的铁路出行流量；第二种类型客流规模在600万至1500万的车站共有6个，即天津西站、天津南站、沧州西站、济南西站、徐州东站、苏州北站，车站所在城市大多为区域中心城市和具有较强影响力的大城市；第三种类型，客流规模在600万以下的车站共有15个，车站所在城市主要为中小规模城市或区域化水平较低的城市。

京沪线沿线站点客流量与周边地区开发比例统计 表3-7

站点名称	站房面积（m^2）	客流量（2018年）万人次	半径2km内开发比例（%）
北京南站	252 000	7300	82
廊坊站	9889	315	88
天津西站	26 000	870	85
天津南站	4000	720	39
沧州西站	9992	1167	26
德州东站	19 970	580	15
济南西站	62 534	1141	43
泰安站	23 156	550	76
曲阜东站	9996	400	15
滕州东站	7968	300	22
枣庄站	10 000	240	33
徐州东站	14 984	1200	45
宿州东站	4993	400	35
蚌埠南站	23 996	350	47
定远站	4000	120	5
滁州南站	4000	300	8
南京南站	281 500	3784	75
镇江南站	42314	500	37
丹阳北站	5978	180	13
常州北站	12 253	596	78
无锡东站	10 988	584	62
苏州北站	7846	622	58
昆山南站	10 373	540	52
上海虹桥站	100 000	6550	87

总体上来看，铁路客流量影响了站城地区的综合开发强度。对铁路客流量和站城地区开发建设比例进行相关性回归分析，根据离散模型，进一步细化分析（图3-4），可将车站和站城地区划分为三种类型，分别为客流规模与开发建设比例正相关的站城地区、客流较少但开发建设比例较高的站城地区、客流较少但开发比例极高的站城地区。铁路客流规模与开发建设比例成正相关的站城地区的代表为上海虹桥站、北京南站、沧州西站、德州东站、滁州南站等，开发建设比例随着铁路客流量的增加而增加，客流量对综合开发水平影响较大。铁路客流规模较少、开发比例相对较高的站城地区大多位于城市建成区近郊，虽客流量较少，但具有一定的开发期望和建设冲动，典型代表是苏州北站、蚌埠南站、镇江南站等。铁路客流规模较少、开发建设比例极高的站城地区大多为中心城区内的老站改造，典型代表为天津西站、泰安站、廊坊站等。当然，很多情况下，也要正确分析站城地区开发程度与车站建设时序的先后关系和因果逻辑。以北京南站为例，由于落位主城区，周边用地开发先于车站建设，因此车站周边开发建设比例与车站客流规模并无直接关系。

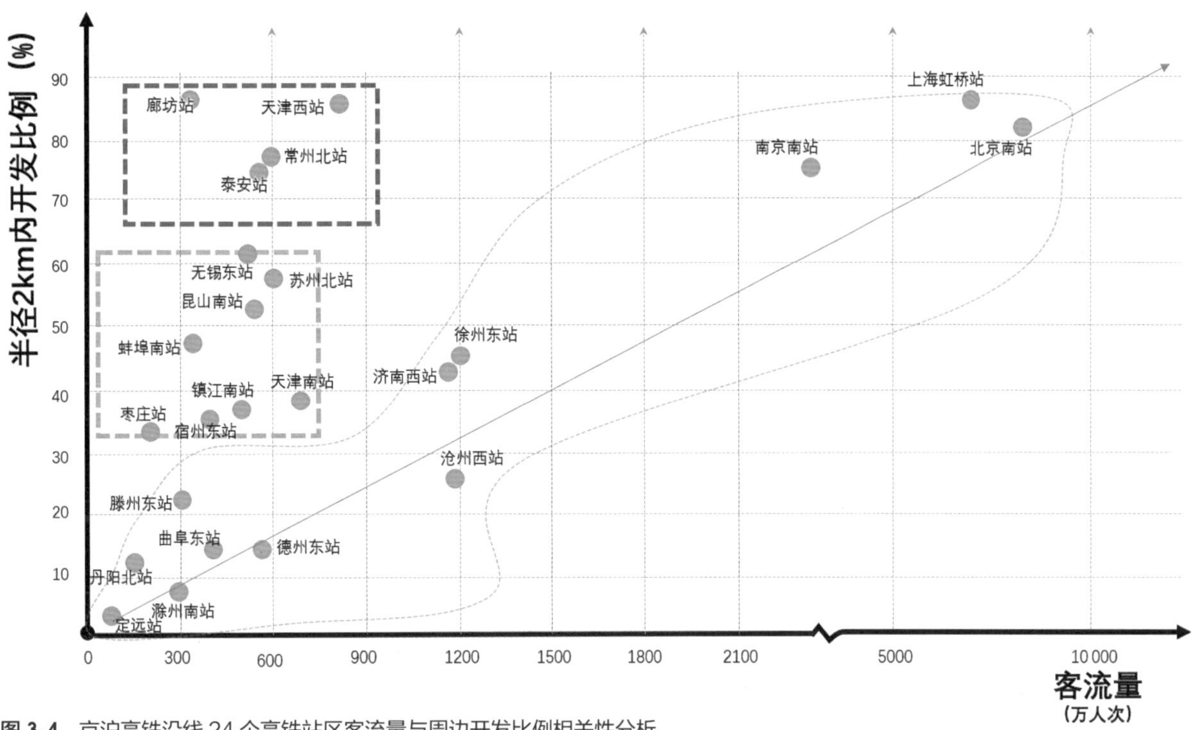

图 3-4　京沪高铁沿线 24 个高铁站区客流量与周边开发比例相关性分析

2. 客流结构与站城地区综合开发的相关性

客流结构与车站所在城市的能级、车站在城市中的区位、车站周边地区主导功能等多方面因素有关。由于京沪高铁沿线所有车站的客群结构特征数据获取难度较大，本书主要通过代表车站进行客流结构特征分析。

车站周边综合服务功能较强的站城地区，客流结构更为多元，其中高时间敏感度客群（如商务客群）比例较高，对“目的地功能”产生强烈诉求。以上海虹桥站为例（图3-5），平均日交通出行量超过100万人次，会展客流高峰期达到30万～40万人，同时虹桥枢纽地区86km^{2}内现有常住人口规模45万人，就业岗位约65万人，已成为重要的城市功能服务板块。由此看出，上海虹桥站及周边地区，是一个汇集区域功能、城市功能和交通功能多元融合的地区，客群结构覆盖多个维度，随着站城地区的

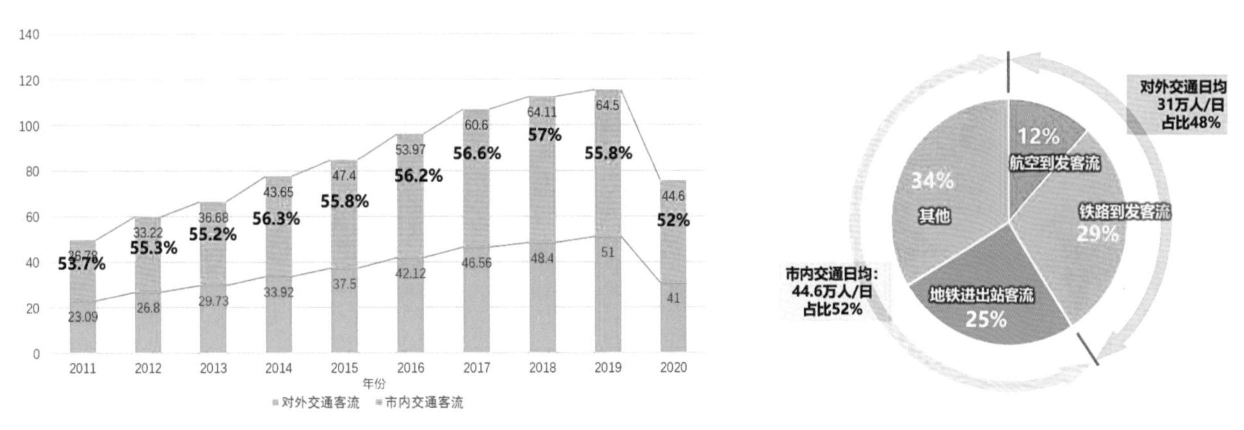

图 3-5　2011—2020 年上海虹桥枢纽日均客流变化情况（万人次 / 日）（左）与 2020 年 3—12 月虹桥枢纽客流构成情况（右）

不断发展，商务总部、会议会展等区域功能带来铁路客流规模不断上升。此外，城市功能随着公共服务设施、市政基础设施的不断完善，客流结构也在不断变化，从而进一步促进了站城融合的发展。

作为区域功能节点的站城地区，一方面由于区域功能的集聚，会吸引更多城市间的商务、通勤人群；另一方面，政府对车站地区综合开发意愿比较强，站城融合的预期较高。以苏州北站为例，周边规划布局了高等级的国际商务、会议会展等区域性功能，并配置较高品质的城市住宅和公共服务设施，车站客流增长速度快，2015年至2019年铁路客流量年均增长18%，至2019年发送客流量已经接近700万人次，日均发送客流约1.7万人。苏州北站虽在车站线路设置中以长距离线路为主，与周边同站台规模车站的相比，专门服务长三角城际联系的列车较少，但是在客流结构中，长三角城际间的出行人群占比在逐步提升。

作为交通门户的站城地区，由于周边地区功能布局与车站关联度低，客群“即到即走”，未能促进站城融合发展。以北京南站为例，据调研统计，北京南站经停的列车大多为高速列车，票价相对较高，选择客群多为企业白领、商务人士和管理人员等，属于高时间敏感度人群，客群对消费品及周边环境要求较高，而目前北京南站周围的批发零售等功能业态比较低端，更多的乘客选择到更高端的区域消费，车站客群对功能的诉求与周边已有功能不匹配、关联度低，造成站城融合趋势不明显。

3.1.5 站城地区交通集散方式与水平

1. 多元集散交通方式汇集

站城地区作为城市门户，大量客流在此集散，需要多种交通方式在车站周边汇集。本书对京沪高铁沿线24个车站及周边地区进行交通状况统计，综合评价站城地区的集散交通可达性水平（表3-8）。

选取经过车站的轨道交通、中运量交通、公共巴士等线路数量以及2km范围内连接车站主次干道数量等作为主要评价要素，按照交通方式的价值导向，对各类交通方式的价值进行赋值，其中轨道交通线路每条线路得5分，中运量交通每个得4分，公共巴士/有轨电车每条线路得2分，2km范围内连接车站主次干道可达每条可得1分，若有客运站则得3分，得出集散交通可达性水平的评价指数，每个车站的集散交通水平详细评价指数见表3-8。

京沪高铁沿线24个车站交通方式统计及可达性评价　　表3-8

站点	客流规模（万人/年）	站台数量（个）	线路数量（条）	轨道交通线路（条）	中运量交通数量（个）	公共巴士/有轨电车线路数量（条）	2km范围内连接车站主次干道数量（条）	是否有客运站（1为有；0为没有）	市内交通可达性评价
北京南站	7300	13	24	2	0	15	5	1	48
廊坊站	315	2	4	0	0	4	3	0	11
天津西站	870	13	26	2	0	38	3	1	92
天津南站	720	2	6	3	0	7	5	0	34
沧州西站	1167	2	6	0	0	11	4	0	26
德州东站	580	5	13	0	0	7	5	0	19
济南西站	1141	8	17	1	1	13	6	1	44

续表

站点	客流规模（万人/年）	站台数量（个）	线路数量（条）	轨道交通线路（条）	中运量交通数量（个）	公共巴士/有轨电车线路数量（条）	2km范围内连接车站主次干道数量（条）	是否有客运站（1为有；0为没有）	市内交通可达性评价
泰安站	550	2	6	0	0	3	4	0	10
曲阜东站	400	6	15	1	0	3	5	1	19
滕州东站	300	2	4	0	0	6	6	0	18
枣庄站	240	2	6	0	1	4	8	0	20
徐州东站	1200	13	28	1	0	16	8	1	48
宿州东站	400	2	6	1	0	5	7	1	25
蚌埠南站	350	5	11	0	0	5	7	0	17
定远站	120	2	4	0	0	1	1	0	3
滁州南站	300	4	6	0	0	4	4	1	15
南京南站	3784	15	28	4	1	30	8	1	95
镇江南站	500	2	6	0	0	6	5	0	17
丹阳北站	180	2	4	0	0	3	3	0	9
常州北站	596	2	6	1	1	11	9	1	43
无锡东站	584	2	6	1	0	7	5	1	27
苏州北站	622	2	6	1	0	14	4	1	40
昆山南站	540	4	12	0	0	22	5	0	49
上海虹桥站	6550	16	30	3	1	15	6	1	58

根据统计分析，天津西站、南京南站、上海虹桥站、北京南站、济南西站等超大城市及特大城市、高客流规模的车站交通集散交通水平较高，分值均超过40分，车站周边公共交通类型多元；泰安站、丹阳北站、定远站、蚌埠南站、曲阜东站等大城市及中小城市、低客流规模的车站集散交通水平大多低于20分，类型单一，可达性较差（图3-6）。因此可见，车站周边集散交通种类和水平与车站所在城市能级、客群规模及需求有着密切的相关性。

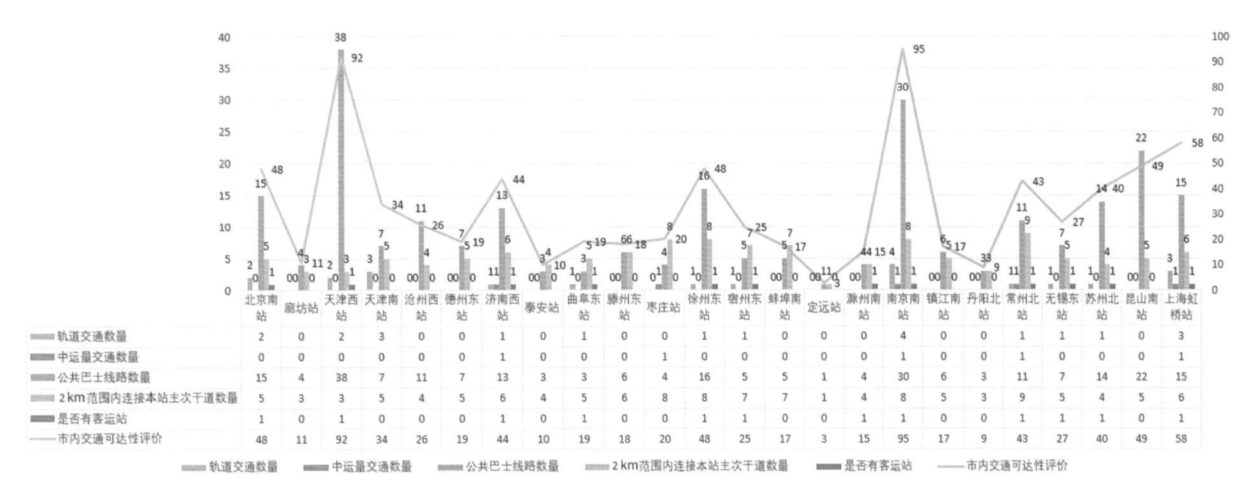

	北京南站	廊坊站	天津西站	天津南站	沧州西站	德州东站	济南西站	泰安站	曲阜东站	滕州东站	枣庄站	徐州东站
轨道交通数量	2	0	2	3	0	0	1	0	1	0	0	1
中运量交通数量	0	0	0	0	0	0	1	0	0	0	1	0
公共巴士线路数量	15	4	38	7	11	7	13	3	3	6	4	16
2 km范围内连接本站主次干道数量	5	3	3	5	4	5	6	4	5	6	8	8
是否有客运站	1	0	1	0	0	0	1	0	1	0	0	1
市内交通可达性评价	48	11	92	34	26	19	44	10	19	18	20	48

	宿州东站	蚌埠南站	定远站	滁州南站	南京南站	镇江南站	丹阳北站	常州北站	无锡东站	苏州北站	昆山南站	上海虹桥站
轨道交通数量	1	0	0	0	4	0	0	1	1	1	0	3
中运量交通数量	0	0	0	0	1	0	0	1	0	0	0	1
公共巴士线路数量	5	5	1	4	30	6	3	11	7	14	22	15
2 km范围内连接本站主次干道数量	7	7	1	4	8	5	3	9	5	4	5	6
是否有客运站	1	0	0	1	1	0	0	1	1	1	0	1
市内交通可达性评价	25	17	3	15	95	17	9	43	27	40	49	58

图 3-6　京沪高铁沿线 24 个车站城市交通可达性综合评价

2. 集散水平与客流规模的匹配度

以车站集散交通可达性指数为纵坐标，以车站客流量为横坐标，建立京沪高铁沿线24个高铁车站客流规模与车站可达性的相关性模型（图3-7），研究车站客流量（服务需求）与站城地区集散水平（交通可达性）的相互关系。根据统计结果，总体分为三种状态，第一种是集散交通水平与客流规模使用需求有差距的车站，代表为上海虹桥站、北京南站、沧州西站、泰安站4个车站；第二种是集散交通水平高于客流规模的使用需求，代表车站为天津西站、昆山南站、常州北站、南京南站等；第三种是集散交通水平与客流规模的使用需求相互匹配，典型车站主要有济南西站、天津南站、滕州东站等，详细情况见图3-7。

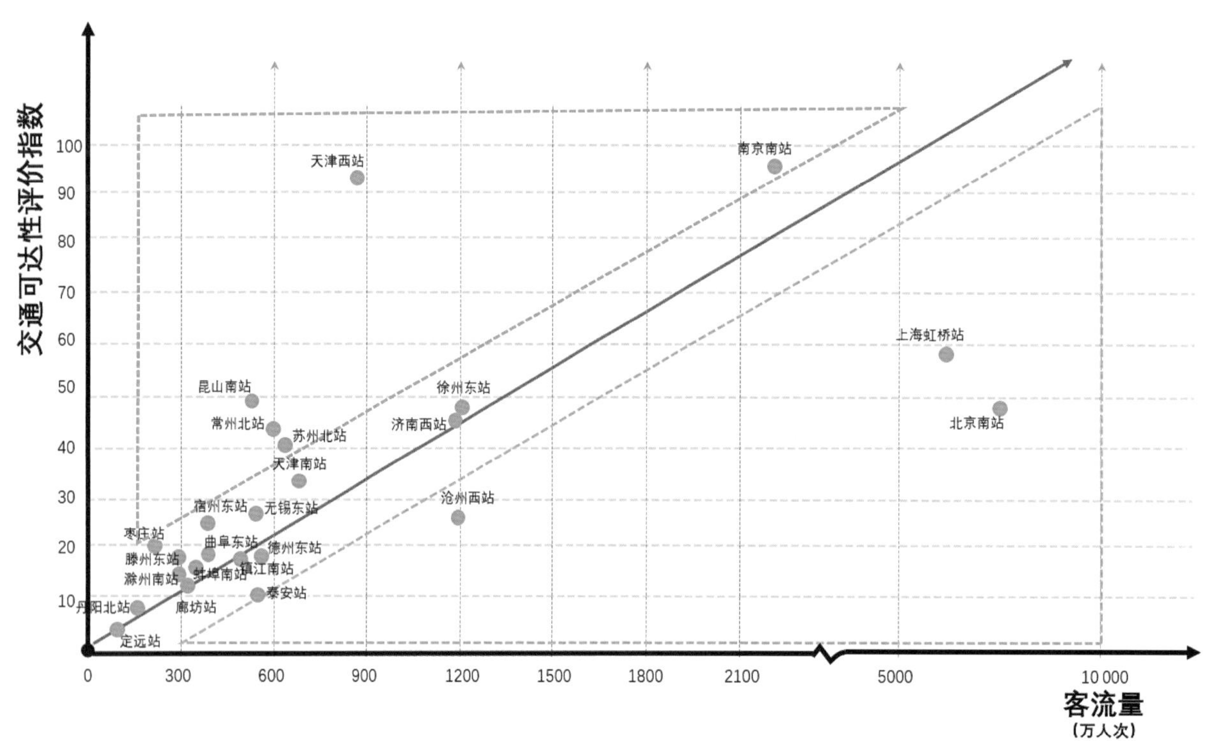

图 3-7　京沪高铁沿线 24 个高铁站区客流量与交通可达性评价指数相关性分析

3.1.6　站城地区建成环境与功能业态

1. 车站与站城地区开发建设规模的演变

采用影响分析法，研究不同车站及周边地区开发建设演变情况。研究选取年均开发用地面积、年均开发用地面积占观察范围比例两项指标，对京沪高铁沿线车站周边地区开发建设情况进行分析（表3-9）。由于每个高铁枢纽建成时间不同，考虑到横向对比分析，确定观察车站及站城地区开发建设理想的起始年份为该站开通高铁前2年至今，但限于车站周边影像资料的获取情况，实际重点选择上海虹桥站、北京南站、南京南站、济南西站、无锡东站和苏州北站等6个重点车站，实际观察年份如表3-9所示。

6个重点车站实际观察年份与理想观察年份的对比　　表3-9

车站名称	高铁开通时间	高铁线路	理想观察年份	实际观察年份	实际观察时长（年）
上海虹桥站	2010.7	京沪铁路	2007—2021	2007—2021	14
北京南站	2008.8	京沪铁路	2008—2021	2010—2021	13
南京南站	2011.6	京沪铁路	2009—2021	2010—2020	12
济南西站	2011.6	京沪铁路	2009—2021	2010—2021	12
无锡东站	2011.6	京沪铁路	2009—2021	2010—2020	12
苏州北站	2011.8	京沪铁路	2009—2021	2010—2020	12

对比观察6个车站当前开发建设比例，除济南西站（开发比例为43%）外，开发建设比例均超过了50%，其中北京南站为82%、南京南站为75%、苏州北站为58%、无锡东站为62%、上海虹桥站位87%（图3-8～图3-13）。上海虹桥站周边2km范围内的东部区域虹桥机场的建设范围，属于区

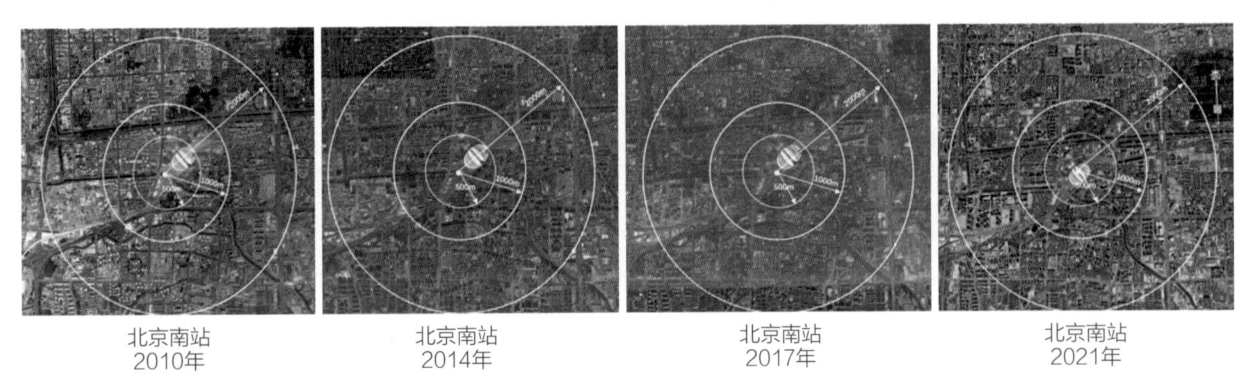

图 3-8　北京南站（已开发比例 82%，年均开发 0.05km^2，平均年增长 0.5%）

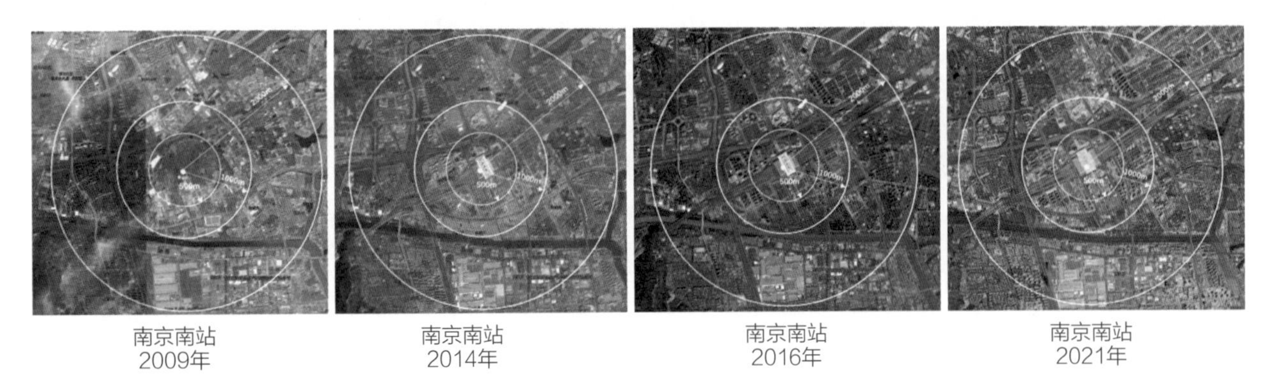

图 3-9　南京南站（已开发比例 75%，年均开发 0.25km^2，平均年增长 2%）

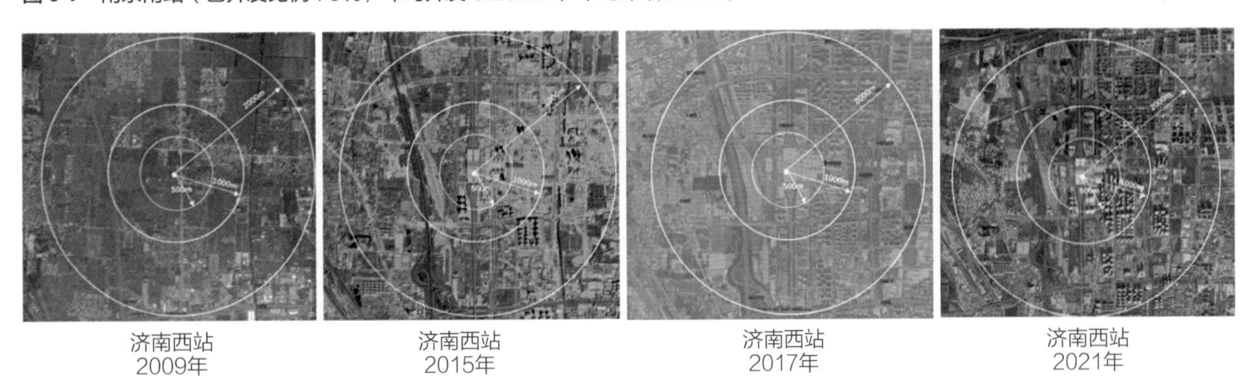

图 3-10　济南西站（已开发比例 43%，年均开发 0.32km^2，平均年增长 2.6%）

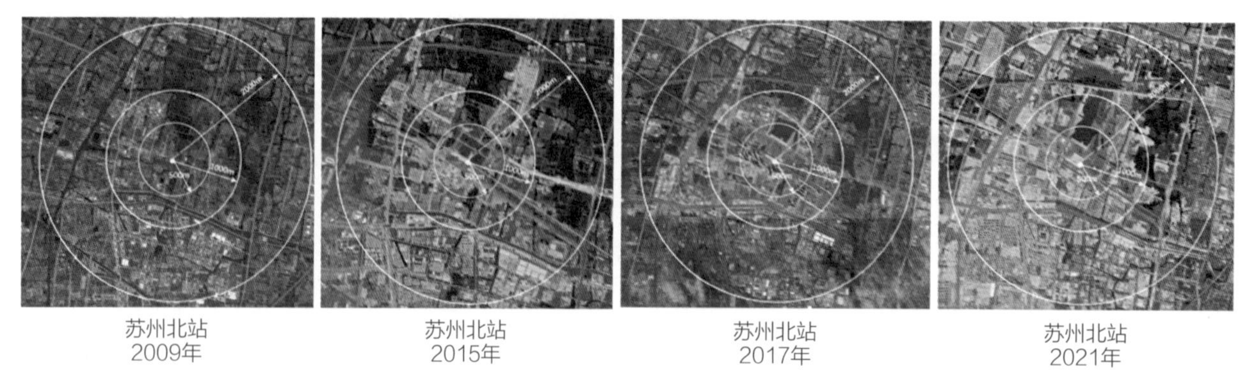

图 3-11　苏州北站（已开发比例 58%，年均开发 0.60km^2，平均年增长 4.8%）

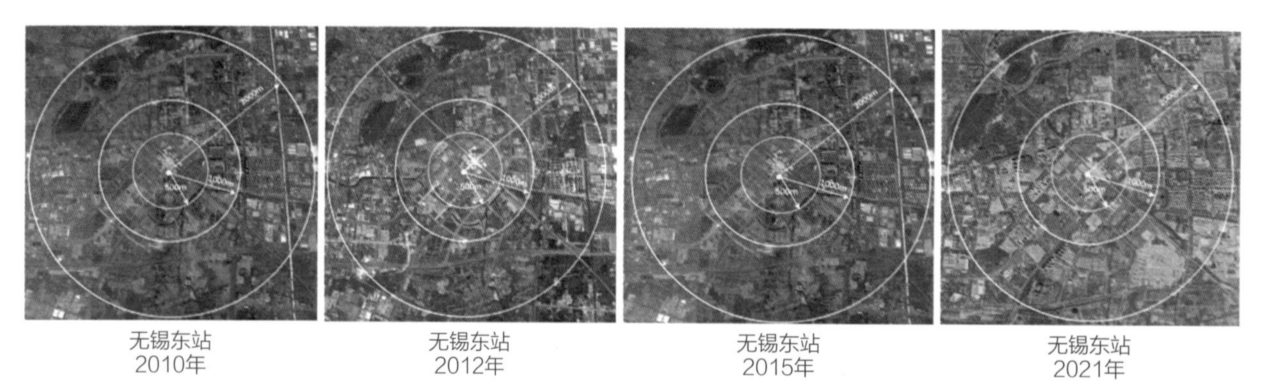

图 3-12　无锡东站（已开发比例 62%，年均开发 0.56km^2，平均年增长 4.5%）

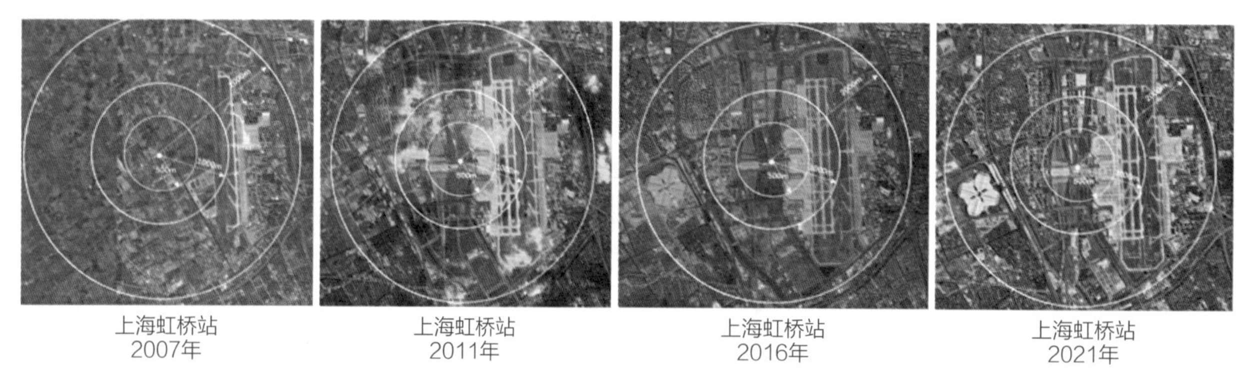

图 3-13　上海虹桥站（已开发比例 87%，年均开发 0.51km^2，平均年增长 4.1%）

域性重大基础设施用地，实际虹桥站周边的开发建设用地面积占可用于城市开发的空间的比例已接近90%；济南西站2km半径范围内，铁路线路以西属于城镇开发边界之外，虽然济南西站已开发建设用地面积占观察范围比例仅为43%，但实际开发建设面积占城市可开发空间比例已接近70%。

进一步分析站城地区开发建设规模演变情况，可以发现上海虹桥站、无锡东站和苏州北站年均开发用地面积较高，建设较为迅速，年均超过0.5km^2，大多属于城郊站，反映出政府及市场对站城综合开发的高度期待；南京南站与济南西站开发建设速度相对较为均衡；北京南站年均开发用地面积仅为0.05km^2，从土地利用途径可看出，北京南站站点周边地区的开发建设情况，近10年变化微乎其微。

2. 车站与周边功能业态

本次研究通过历年城市影像地图识别，统计24个车站周边地区2km服务半径内的居住用地、商业用地、商务用地、公共文体设施用地、产业用地和物流仓储用地。

根据24个车站数据统计，区域性功能在车站周边功能业态配比中整体较少，多集中在区域性中心城市的门户枢纽地区，近80%的车站周边业态功能仍以城市服务型功能为主。北京南站、廊坊站、天津西站、济南西站、泰安站、镇江南站、南京南站、无锡东站、昆山南站等车站周边地区居住功能占比超过30%。进一步分析发现，上述9个车站主要分为两种类型，第一种类型为位于城市核心区内的城区站，城市综合开发的过程中，居住功能配置比例原本较高；第二种类型多为于新城地区，如南京南站、济南西站、无锡东站等，规划希望通过地产开发带动高铁新城发展（图3-14）。

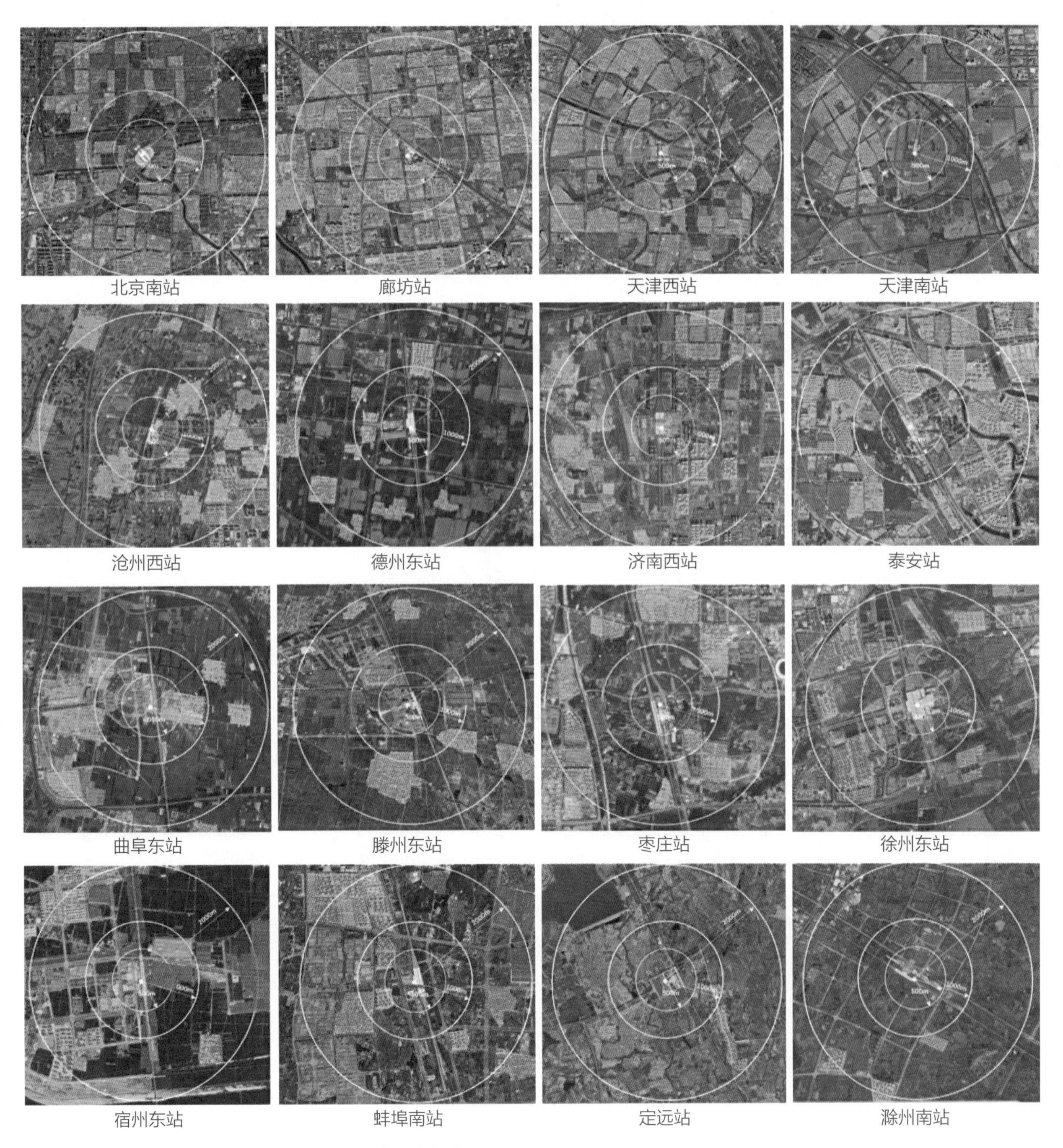

图 3-14　京沪高铁沿线 24 个车站周边地区功能业态统计

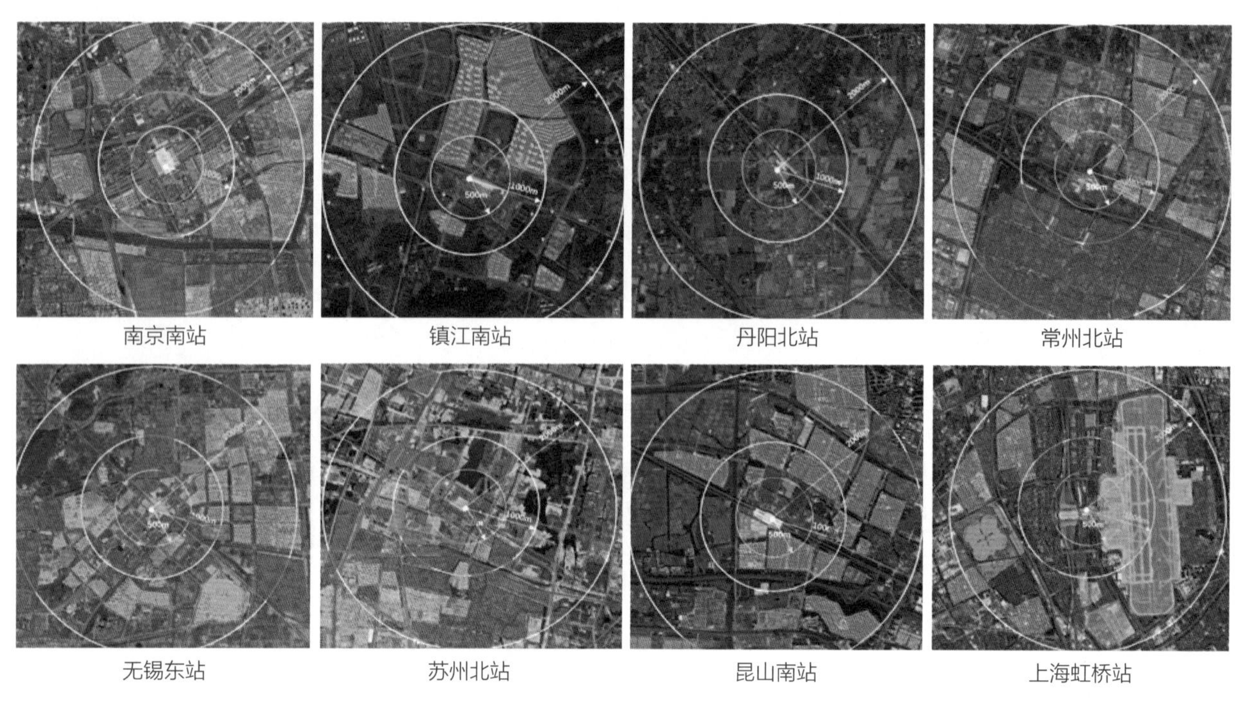

图 3-14　京沪高铁沿线 24 个车站周边地区功能业态统计（续）

泰安站、北京南站、常州北站、苏州北站周边产业用地集聚，产业用地比例超过20%（表3-10）。其中，常州北站和苏州北站南侧集聚了城市重要产业园区，希望借助高铁站区的高可达性优势，提高产业面向区域的能力和机遇。上海虹桥站、南京南站在24个车站中商务比例最高，均超过20%，反映出这两个站区周边提供高效便捷的商务办公场所，为高时间敏感度的商务客群提供目的地功能；北京南站、天津西站的商务比例也相对较高，均接近10%。

京沪高铁沿线24个车站周边地区功能业态占比统计　　表3-10

站点	居住比例	商业比例	商务比例	公共服务比例	产业比例	物流仓储比例	2km内开发比例	开发面积（km^2）
北京南站	31.0%	5.80%	10.60%	9.3%	24.1%	1.2%	82%	10.30
廊坊站	67.7%	0.60%	3.20%	5.8%	8.3%	2.4%	88%	11.05
天津西站	48.9%	5.40%	8.20%	10.2%	11.6%	0.7%	85%	10.68
天津南站	19.5%	2.30%	0.13%	1.6%	14.9%	0.6%	39%	4.90
沧州西站	17.5%	1.20%	4.20%	1.1%	1.6%	0.4%	26%	3.27
德州东站	8.9%	0.15%	0.38%	1.0%	4.3%	0.3%	15%	1.88
济南西站	20.1%	1.70%	5.70%	6.2%	8.8%	0.5%	43%	5.40
泰安站	33.3%	2.70%	5.80%	7.9%	24.8%	1.5%	76%	9.55
曲阜东站	11.4%	0.21%	0.39%	1.6%	1.3%	0.1%	15%	1.88
滕州东站	11.3%	0.42%	1.40%	2.2%	6.3%	0.4%	22%	2.76
枣庄站	17.2%	1.38%	4.60%	4.4%	5.1%	0.3%	33%	4.14
徐州东站	21.4%	1.83%	6.10%	5.2%	9.9%	0.6%	45%	5.65

续表

站点	居住比例	商业比例	商务比例	公共服务比例	产业比例	物流仓储比例	2km内开发比例	开发面积（km^2）
宿州东站	12.7%	0.00%	0.00%	4.5%	13.6%	4.2%	35%	4.40
蚌埠南站	19.9%	1.23%	4.10%	18.2%	3.4%	0.2%	47%	5.90
定远站	5.0%	0.00%	0.00%	0.0%	0.0%	0.0%	5%	0.63
滁州南站	3.8%	0.21%	0.70%	0.0%	3.3%	0.0%	8%	1.00
南京南站	22.5%	5.80%	21.40%	7.3%	17.3%	0.7%	75%	9.42
镇江南站	30.2%	0.75%	2.50%	3.6%	0.0%	0.0%	37%	4.65
丹阳北站	8.2%	0.00%	0.00%	0.0%	4.8%	0.0%	13%	1.63
常州北站	20.3%	0.45%	1.50%	18.9%	36.6%	0.3%	78%	9.80
无锡东站	39.7%	0.20%	1.20%	2.2%	17.6%	1.1%	62%	7.79
苏州北站	8.4%	1.60%	6.90%	2.7%	36.2%	2.2%	58%	7.28
昆山南站	38.5%	1.10%	5.40%	0.0%	5.3%	1.7%	52%	6.53
上海虹桥站	14.6%	5.90%	22.00%	9.2%	5.8%	8.0%	87%	10.93

根据数据统计分析，仅凭现有车站周边地区的功能业态不能反映车站给周边地区带来的变化。本研究对比24个车站10年建设时间过程中周边用地和功能变化，总结不同类型车站与城市的发展关系（表3-11）。

京沪高铁沿线24个车站用地变化统计　　表3-11

站点名称	2km内开发比例（%）	用地总体变化（包含用地新增和用地变更两方面）（%）	用地新增比例（%）	用地变更比例（%）
北京南站	82	11.4	5.2	6.2
廊坊站	88	27.7	15.0	12.7
天津西站	85	5.8	3.5	2.3
天津南站	39	25.0	13.0	12.0
沧州西站	26	15.5	12.9	2.6
德州东站	15	3.0	2.1	0.9
济南西站	43	32.6	26.1	6.5
泰安站	76	38.6	29.0	9.6
曲阜东站	15	6.1	4.3	1.8
滕州东站	22	7.5	4.9	2.6
枣庄站	33	10.8	8.2	2.6
徐州东站	45	13.2	11.3	1.9
宿州东站	35	6.0	4.0	2.0
蚌埠南站	47	15.5	12.3	3.2
定远站	5	1.0	0.5	0.5

续表

站点名称	2km内开发比例（%）	用地总体变化（包含用地新增和用地变更两方面）（%）	用地新增比例（%）	用地变更比例（%）
滁州南站	8	2.3	2.0	0.3
南京南站	75	35.7	19.7	16.0
镇江南站	37	18.8	16.5	2.3
丹阳北站	13	1.4	0.6	0.8
常州北站	78	24.2	13.2	11.0
无锡东站	62	26.0	17.0	9.0
苏州北站	58	29.0	8.1	20.9
昆山南站	52	19.0	11.0	8.0
上海虹桥	87	40.0	17.0	23.0

本次研究主要观察3个数据指标，即10年期间用地总体变化比例、新增用地比例和用途变更用地比例，并绘制横坐标为半径2km范围内开发比例、纵坐标为用地总体变化比例的关联分析图，如图3-15所示。

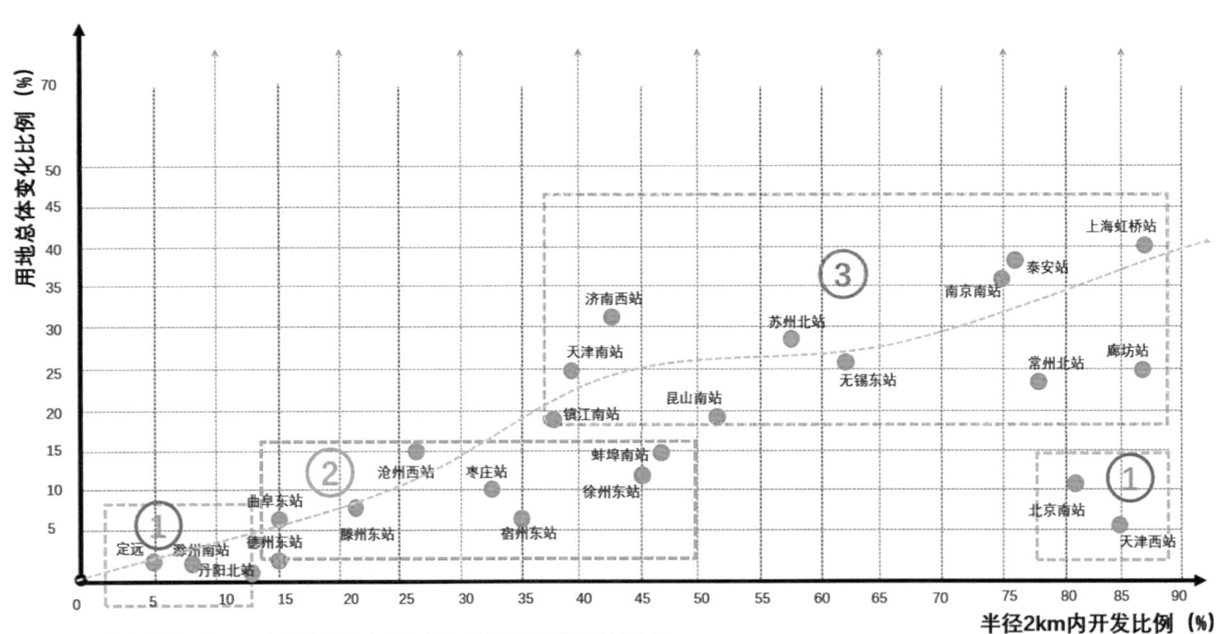

图 3-15　京沪高铁沿线 24 个车站用地变化比例与总开发比例相关性分析

影响站城地区开发用地增加和变化的原因较为复杂，仅从相关性统计图中可以总结为三类发展趋势。

第一种类型是站城关联极低、车站未能有效带动周边开发的地区。此类站点用地新增面积和用途变化用地均较少，几乎没有变化。其中包含两种情况，一种是建站初期周边开发比例较低，如定远站、滁州南站、丹阳北站，车站引入后并没有有效带动周边区域开发；另一类是原建成环境比例较高，属于“先有城、后有站”，引入车站后，车站仅发挥交通功能，并未与周边地区产生联系，周边城市地区10年内用地变化较少（图3-16、图3-17），如北京南站、天津西站。

第二种类型是站城地区原开发比例较低，车站对周边地区开发起到促进作用，周边地区开始出现一定规模的开发，但影响有限。如曲阜东站、滕州东站、沧州西站、枣庄站、宿州东站、徐州东站、德州东站、蚌埠南站，这类地区建站之前周边几乎没有开发，由于车站引入，周边地区植入一定的交通服务功能，但面向城市和区域的功能较少。

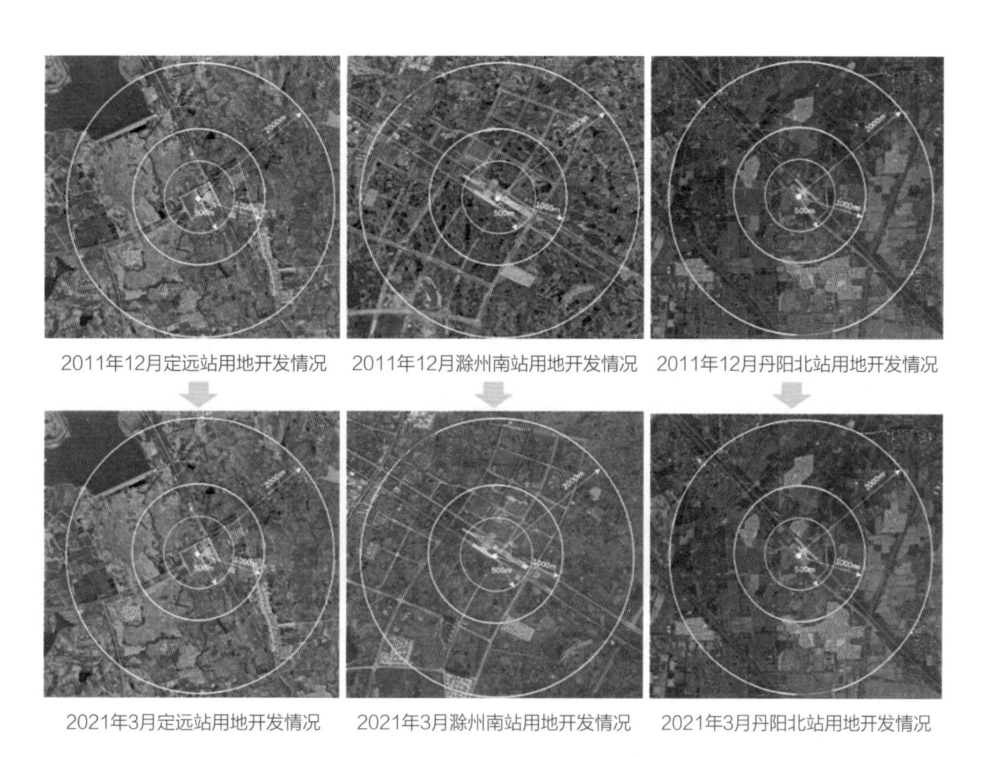

2011年12月定远站用地开发情况　2011年12月滁州南站用地开发情况　2011年12月丹阳北站用地开发情况

2021年3月定远站用地开发情况　2021年3月滁州南站用地开发情况　2021年3月丹阳北站用地开发情况

图 3-16　建站初期周边开发比例较低的站城地区 10 年内用地功能变化

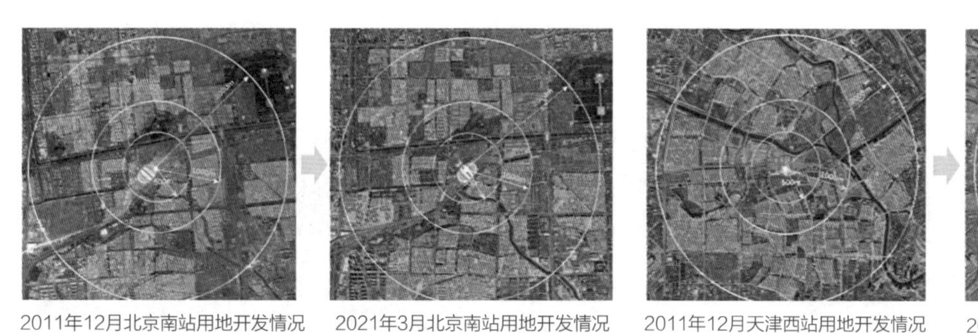

2011年12月北京南站用地开发情况　2021年3月北京南站用地开发情况　2011年12月天津西站用地开发情况　2021年3月天津西站用地开发情况

图 3-17　建站初期周边开发比例较高的站城地区 10 年内用地功能变化

第三种类型是用地变化明显的站城地区，车站对周边影响较大。此类站城地区用地变化比例超过20%（图3-18），其中既包括原本开发比例较低、车站引入后带来周边地区用地大幅增长的地区（如济南西站、泰安站等），也包括原本开发比例较高、车站引入后带来大量用地更新的地区（如苏州北站、南京南站等）。

由统计数据可以看出，第三种类型即站城地区用地变化明显的车站是最具有站城融合可能的站城地区。因此，进一步对第三种情况进行研究，通过用地功能变化可以看出，由于车站引入带来周边地

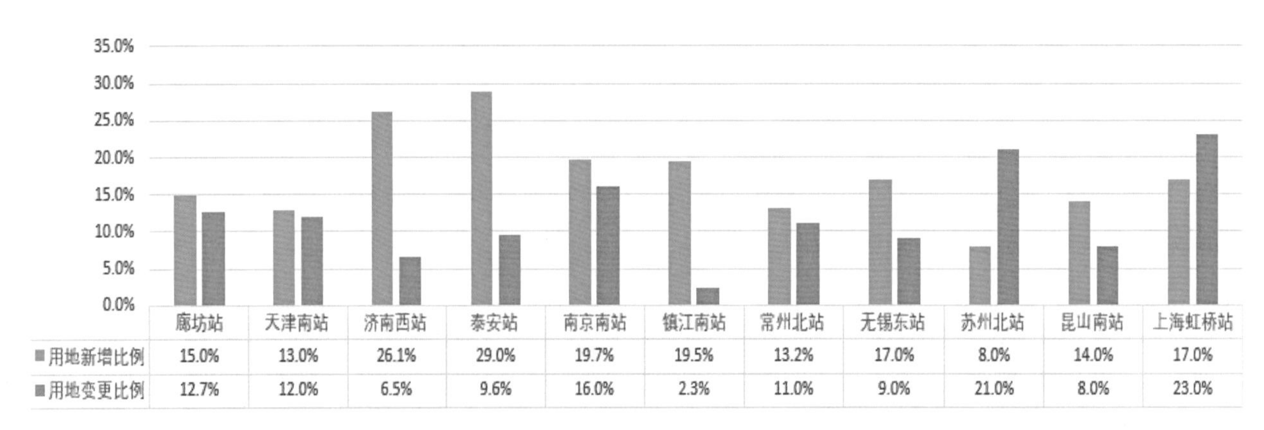

	廊坊站	天津南站	济南西站	泰安站	南京南站	镇江南站	常州北站	无锡东站	苏州北站	昆山南站	上海虹桥站
■用地新增比例	15.0%	13.0%	26.1%	29.0%	19.7%	19.5%	13.2%	17.0%	8.0%	14.0%	17.0%
■用地变更比例	12.7%	12.0%	6.5%	9.6%	16.0%	2.3%	11.0%	9.0%	21.0%	8.0%	23.0%

图 3-18　用地变化较大站城地区用地增加和用地变更比例统计

区功能业态变化主要包括两种类型。一类是车站带来周边较低水平的站城融合，新增或变更用地性质以居住用地或一般性产业用地为主，如天津南站、廊坊站、泰安站、镇江南站、常州北站、昆山南站；另一类是车站引入后带来的较高水平业态更新和升级，周边功能包括会议会展、商业商务、主题游乐等区域性功能，主要有济南西站、南京南站、无锡东站、苏州北站、上海虹桥站，服务能级较高，车站与周边地区功能关联度较高，站城融合趋势明显（图3-19）。

站城融合是多因素共同作用的结果。本小节对京沪高铁站沿线24个车站进行实证分析，从城市能级和区域地位、车站区位、客流规模和结构、交通集散方式和水平、建成环境与业态5个方面，观察总结我国24个车站的站城融合发展特征。通过数据对比可以看出，任何一个影响因素对站城融合发展的影响都不是单一的正相关联系，在每个影响要素分布中，都会产生某些范围集聚的非相关趋势，而这些非相关集聚的车站往往具有某些共性特征。因此，基于每个车站的不同发展历程和不同外在条件，研究站城融合影响因素不仅要从每个车站现阶段周边要素的多元性和复杂性去分析，还应注重站城融合发展的过程性研究。通过梳理各车站的发展历程和站城地区演变规律，才能真正理解站城融合发展的内在逻辑。

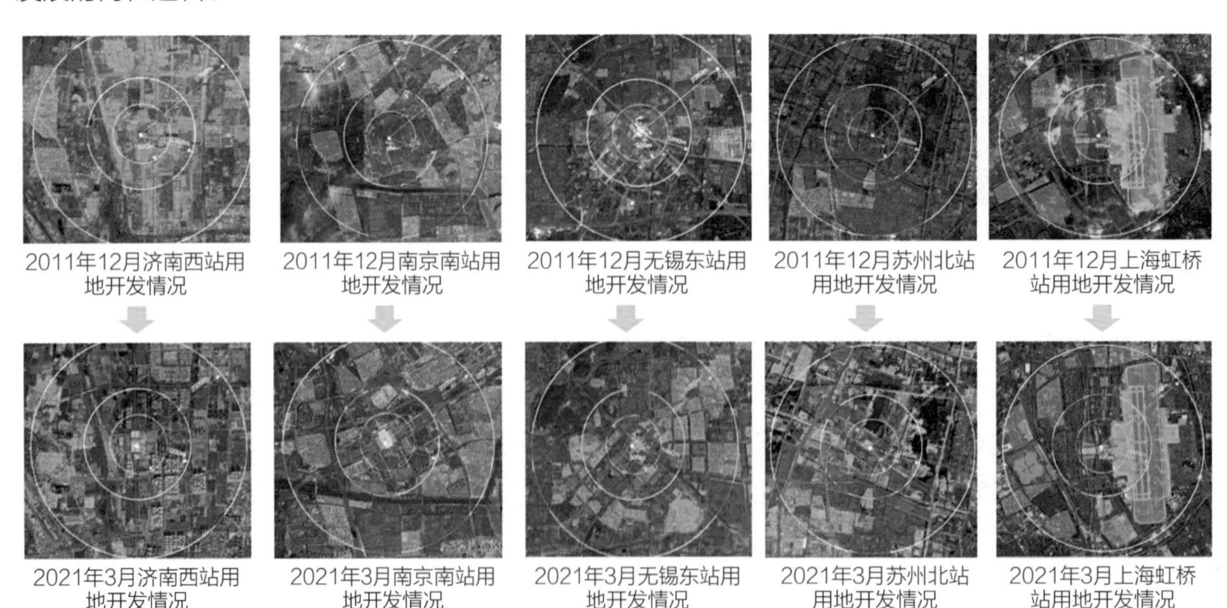

图 3-19　业态更新水平较高的车站周边地区 10 年内用地功能变化

3.2 铁路对站城融合影响的实证分析

铁路车站是否为铁路线路上的主站，面向哪个空间层次的联系，关系到车站类型与功能定位问题，是研究站城融合的前置性条件。这会对站城融合实现的难易程度和路径、站城地区功能形态和交通系统产生影响。因而铁路站城地区规划的项目，普遍高度关注铁路车站的类型与定位展对站城融合的影响。

3.2.1 同一层次线路上的铁路车站影响分析

同一层次铁路网上或同一条铁路线路上，都会有多个车站。从铁路网络上看，这些车站对外面向的空间层次是相同的，但每个车站促进站城融合的潜力却是不同的。只有线路上的主要停靠站点（车站A），才更具有潜力和优势。若车站本身在网络或线路上都不能保障停靠足够的车次（车站B），即使车站周边集聚有较多的城市功能和人口，也很难进一步实现高水平的站城融合（图3-20）。

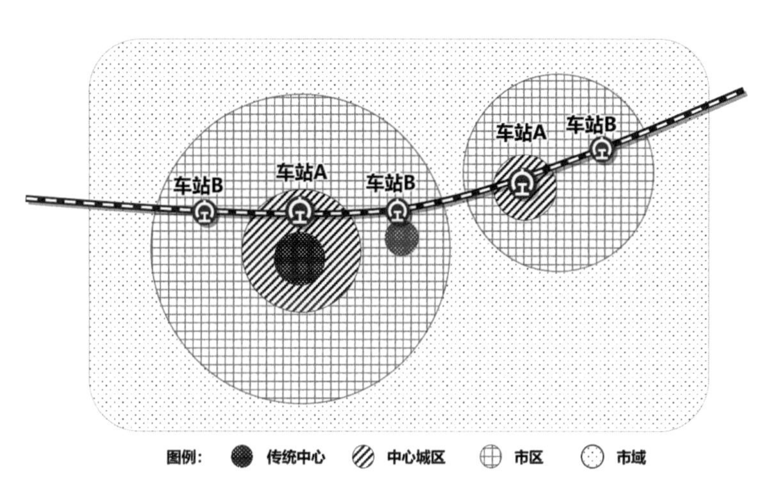

图 3-20　同一条线路不同车站与城市关系的示意

从当前的沪宁城际高速铁路上看，全线301km、共21站，平均设站间距15km。但从目前沪宁城际运行的线路上看，G字头、D字头线路的平均运行站距均大于50km（表3-12），明显高于平均设站间距，这也就意味着有不少车站在运行组织上难以停靠足够的车次。即使车站周边有大量的人口和功能集聚，这些车站也难以发挥作用、甚至会面临关停。以苏州为例，苏州市区设有苏州新区站、苏州站、苏州园区站、阳澄湖站、昆山南站、昆山花桥站。从周边地区看，新区站、园区站、花桥站周边集聚的功能与人口密度在苏州全市层面都属于中高以上水平。但受站距影响，在优先保障苏州站和昆山南站停靠车次后，新区站、园区站、阳澄湖站、花桥站难以停靠足够的车次。目前新区站和阳澄湖站每日停靠班次约十余班、园区站不足30班、花桥站也于2020年4月正式关停（表3-12、表3-13）。

沪宁城际苏州站与京沪高铁苏州北站运行车次的基本情况　　表3-12

车站	车次类型	平均线路长（km）	平均旅行速度（km/h）	平均运行站距（km）
苏州站	G车	405	148	51
苏州站	D车	1209	134	102

续表

车站	车次类型	平均线路长（km）	平均旅行速度（km/h）	平均运行站距（km）
苏州北站	G车	1243	201	114
苏州北站	D车	923	140	84

苏州市域各站每日停靠班次数　　表3-13

车次类型	苏州站（高铁）	苏州站（普铁）	苏州北站	园区站	新区站	昆山南站	昆山站（普铁）	阳澄湖站	张家港站	常熟站	太仓站	太仓南站	合计
长三角以内	205	3	32	23	6	144	2	10	77	64	61	13	205
长三角以外	53	50	120	5	7	80	26	2	38	24	17	0	422
合计	258	53	152	28	13	224	28	12	115	88	78	13	1062

3.2.2 不同层次线路上的铁路车站的影响分析

从铁路面向的空间层次看，有面向跨城市群区际联系的国家干线铁路，以及面向城市群、都市圈内部联系的城际铁路。从整体上看，后者更有利于沿线站城融合，主要有车站区位和客流两方面原因。

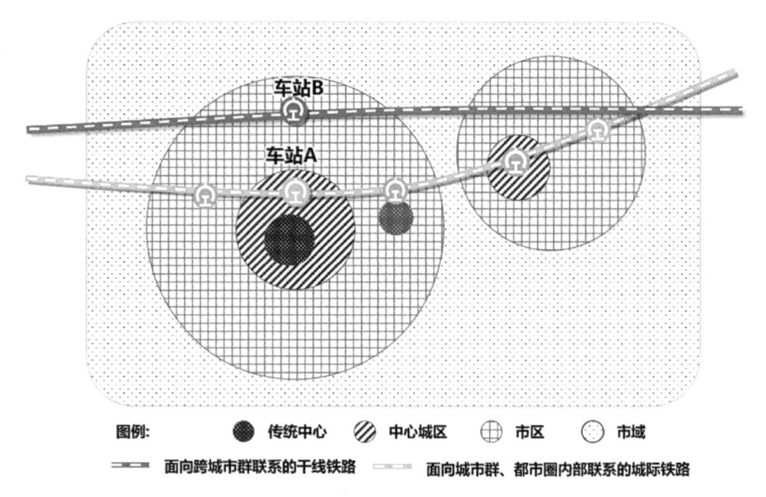

图 3-21　不同层次的铁路车站与城市关系的示意

一方面是车站与城市既有中心的距离。面向跨城市群区际联系的国家干线铁路，设计速度更高，线型更加顺直，因而线路接入既有建成地区的难度、车站接近既有城市中心的难度均更高，因而站城融合的起步难度增大，需要先培育城市且实现站城融合所需要的时间更长。而面向城市群、都市圈内部联系的城际铁路，设计速度相对降低，更有利于线路接入既有建成地区，因而车站具有了有利于站城融合的先天优势——接近城市。另一方面是客流能级的差异，面向跨城市群区际联系的国家干线铁路，往往线路更长、旅客的平均乘距更长、出行频率更低，同时客流量更低。而面向城市群、都市圈内部联系的城际铁路，往往运营线路更短、旅客平均乘距更短、出行频率更高，同时客流量更高。总体来看，面向城际的铁路网络、距离城市更近的车站（A），较之面向区际联系的铁路网络、距离城市更远的车站（B），更容易形成站城融合（图3-21）。

沪宁走廊沿线地区的发展明显反映出这一现象。京沪高速铁路，作为国家干线，在沪宁地区明显侧重服务上海、南京等中心城市，对沿线其他城市的服务便利性的考虑偏弱。京沪高铁通过设置黄渡联络线，从而实现列车既可以进出上海虹桥站、又可以进出中心城区内的上海站。对于沪宁之间的其他城市，京沪高铁的车站普遍距离当时的既有城市中心10km以上，这给这些车站周边的站城融合发展带来了不小的挑战。同时这些沿线城市京沪高铁上的车站客运量也明显低于沪宁城际铁路上的车站（表3-14）。因此，京沪高铁上的苏州北站、无锡东站均规划有高铁新城，但经历过10多年的发展，目前均仍处于开发程度和水平较低的阶段，与规划之初10年成城的设想还有很大距离。

苏州站、苏州北站、无锡站、无锡东站客运量对比　　表3-14

	接入线路	2018年旅客发送量（万人次）
苏州站	沪宁城际高铁、沪宁铁路	2708万（城际1902万、普铁806万）
苏州北站	京沪高铁	622万
无锡站	沪宁城际高铁、沪宁铁路	1594万
无锡东站	京沪高铁	465万

日本的铁路发展也反映出了该特征。从日本铁路网客运量上来看，新干线的整体年客流量（2019年约为4.2亿）明显低于JR国铁上的客流量（2019年约为91.1亿）。兼具JR国铁和新干线的车站，高铁场客流也普遍明显低于JR国铁场。距离城市既有中心相对较远的新干线车站，站城融合发展相对更加缓慢，融合水平也相对低于既有JR国铁上的城市中心车站。如新横滨站、新大阪站，这类日本最重要城市的新干线车站，距离既有城市中心车站约4～7km，周边地区也都是在新干线、JR国铁、城市轨道的共同支撑下，经历了数十年才形成一定的规模。但目前这类高铁车站的客流水平、周边集聚的功能能级和体量均明显弱于更靠近中心的JR国铁车站等。国内引介较多的日本站城一体化开发案例，鲜有远离既有城市中心的高速铁路车站。其中少数是接入城市中心的兼具JR国铁和新干线的高速铁路车站，如东京站；其他多数车站，均为面向东京都市圈城际联系的JR国铁车站，如新宿站、涉谷站；或者是面向东京二十三区市域（郊）联系的私铁车站，如二子玉川站。

3.2.3　多层次融合的铁路车站的影响分析

随着铁路网络的加密，在少数大城市才会形成环形的客运铁路枢纽。环形铁路枢纽上不同客站均能办理不同枢纽衔接方向的旅客列车作业，即多点发车式的客站分工（图3-22）。这种分工方式能给出行旅客提供良好的服务，城市交通压力较小，但需要在枢纽内修建较多的联络线，需要解决好城市的跨铁路联系问题。

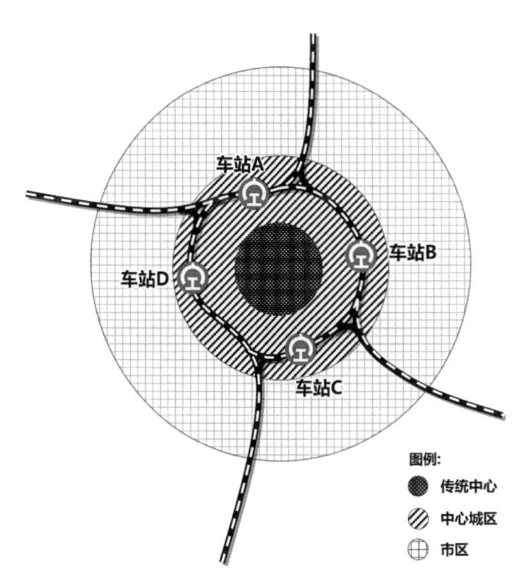

图 3-22　环形铁路枢纽上车站与城市关系的示意

欧洲以及日本等地区的高速铁路主要设置在局部区间或者重点走廊上，因此很少出现高速铁路环形枢纽，更多的是普速铁路在城市内部形成的环形枢纽，如柏林、巴黎、东京、大阪等。国内地区环形铁路枢纽目前较少，只有少数城市的普速铁路呈现环状，如北京、成都等，但高速铁路环形枢纽也尚未出现。同时，国内普速铁路呈现环状的空间尺度明显超过欧洲以及日本等地区，并且这些环状枢纽上车站主要以货运站为主。从国外环形客运铁路枢纽看，环线上车站，由于所处城市的能级高、位置均更靠近城市中心，并且中短途列车多、车站停靠车次能够保障，因而多个车站均能实现较高水平的站城融合。如东京山手线，长度约34.5km，共计约30个车站，其中13个站点的年日均客运量都位列东日本铁路道公司站点的前20位（表3-15）。重点站点周边更是集聚有多个不同功能的城市级中心，包括东京站周边的丸之内地区是日本的国际金融中心、上野站周边是首都圈博物馆集聚地区、品川站周边是东京新兴商务区及国际化窗口地区、新宿站周边是行政办公中心及娱乐购物中心、涉谷站周边则代表着东京流行文化中心等。

山手线主要站点客流量水平　　表3-15

车站名	JR国铁日均发送量（万人/日）	新干线日均发送量（万人/日）	车站名	JR国铁日均发送量（万人/日）	新干线日均发送量（万人/日）
新宿站	77.5	—	高田马场站	20.8	—
池袋站	55.9	—	大崎站	17.7	—
东京站	46.3	7.5	有乐町站	16.8	—
品川站	37.7	—	浜松町站	16.4	—
涉谷站	36.6	—	田町站	15.9	—
新桥站	27.8	—	惠比寿站	14.6	—
上野站	18.3	1.2			

3.3 典型站城地区发展的实证分析

基于对站城融合影响因素的分析，本节选取若干代表性车站，从站城地区发展的不同阶段入手，注重站城融合的过程性分析，总结不同类型站城地区的发展规律。

3.3.1 综合服务主导的站城地区：上海虹桥站

此类站城融合地区在区域中服务能级较高、地区影响力较强，站城地区功能业态关联密切，本次研究沿上海虹桥站为例，总结综合服务主导型的站城地区发展规律。

1. 综合服务主导的站城地区的价值特征

综合服务主导的站城地区在区域中具有一定的影响力和较高声誉，交通集散能力强，功能构成多元，目的地客群集聚特征明显，站城地区关联度较高。以上海虹桥站及周边地区为例，综合服务主导的站城地区主要有以下几个方面的价值特征（图3-23）。

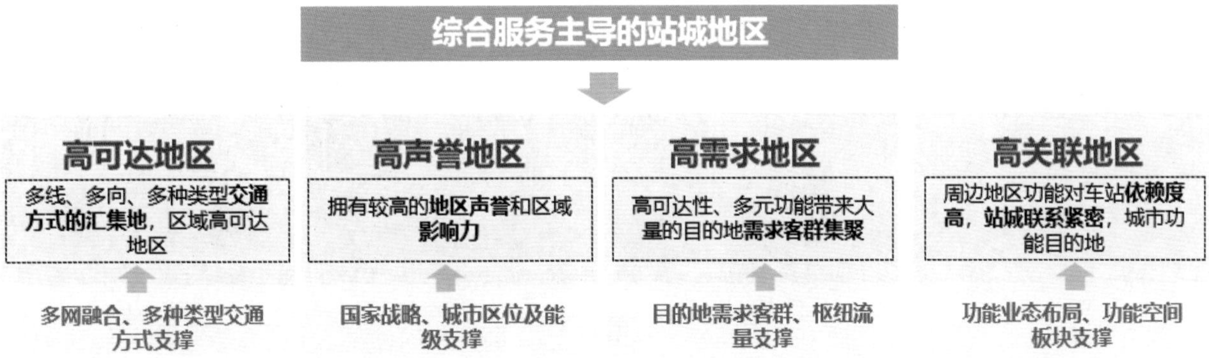

综合服务主导的站城地区

高可达地区
多线、多向、多种类型交通方式的汇集地，区域高可达地区
多网融合、多种类型交通方式支撑

高声誉地区
拥有较高的地区声誉和区域影响力
国家战略、城市区位及能级支撑

高需求地区
高可达性、多元功能带来大量的目的地需求客群集聚
目的地需求客群、枢纽流量支撑

高关联地区
周边地区功能对车站依赖度高，站城联系紧密，城市功能目的地
功能业态布局、功能空间板块支撑

图 3-23　综合服务主导的站城地区的价值特征

1）较高的地区声誉和城市影响力是综合功能主导的站城地区的重要特征

从区域功能来看，虹桥枢纽地区服务长三角地区、联通国际的枢纽功能不断提升，国际商务资源集聚、贸易平台功能凸显、各类总部企业活跃，成为具有世界水准的国际大型会展目的地和总部企业、国际组织和专业机构首选地。较高的地区声誉和城市影响力为上海虹桥地区带来更多客群和功能集聚，从而为站城融合发展创造更多可能。

2）多线、多向、多种类型交通方式的汇集地，成为区域高可达地区

目前上海虹桥站是全国最大的空铁联运枢纽，目前共有5条铁路线路、3条轨道交通线路、15条公共交通巴士线路等，规划共有56种换乘方式，周边城市干路可快速连接虹渝高速、嘉闵高速、沈海高速等高速公路和快速路，实现1小时通勤圈覆盖上海80%的地区。多网融合、多种交通方式汇集使上海虹桥站成为区域高可达地区，给地区发展带来机会。

3）功能类型多元化、交通便捷带来大量目的地需求客群集聚

上海虹桥站2018年客流量超过6000万人，平均每天交通出行量超过100万人次。结合虹桥单元规划的相关研究，虹桥枢纽地86km^{2}范围内人口规模为45万人，就业岗位约65万人，未来主要就业功能区域就业岗位密度为7万～8万人/km^2，就业人口约70万～75万人。此外，虹桥地区长三角商务客流大幅增长，随着未来5年产业商务功能进一步集聚，长三角商旅通勤比例将达到总通勤客流比例的10%，需求量达28万人次/日。由此可见，多元客群集聚成为站城融合快速发展的重要驱动力。

4）周边地区城市功能对车站依赖度高、站城联系紧密是综合性站城地区的重要表现

虹桥枢纽地区区域性功能辐射能级较高，同时又是城市的重要功能板块。站城地区的国际商务、会议会展等功能客群具有高时间敏感性，需要依托站城地区的高可达性降低时间成本。

2. 站城融合的发展过程与演变逻辑

上海虹桥枢纽地区的发展经历了“从先到后、从小到大、从单一到复合的不断迭代和升级”的过程，正是由于每一阶段相互影响，循序渐进，使虹桥地区成为综合服务主导的站城地区（图3-24）。

1）第一阶段，交通枢纽建成，高可达性带来区域价值和高声誉，站城融合迎来机遇

2010年虹桥高铁站和虹桥机场2号航站楼及二跑道启用，由此标志着虹桥枢纽正式建成。在此阶段，虹桥枢纽地区城市定位主要以满足城市及区域客货运交通需求为主，使上海市形成“浦东为主、虹桥为辅”格局；同时，枢纽地区服务于2010世博会，满足大流量客运交通要求。在此背景下，虹桥

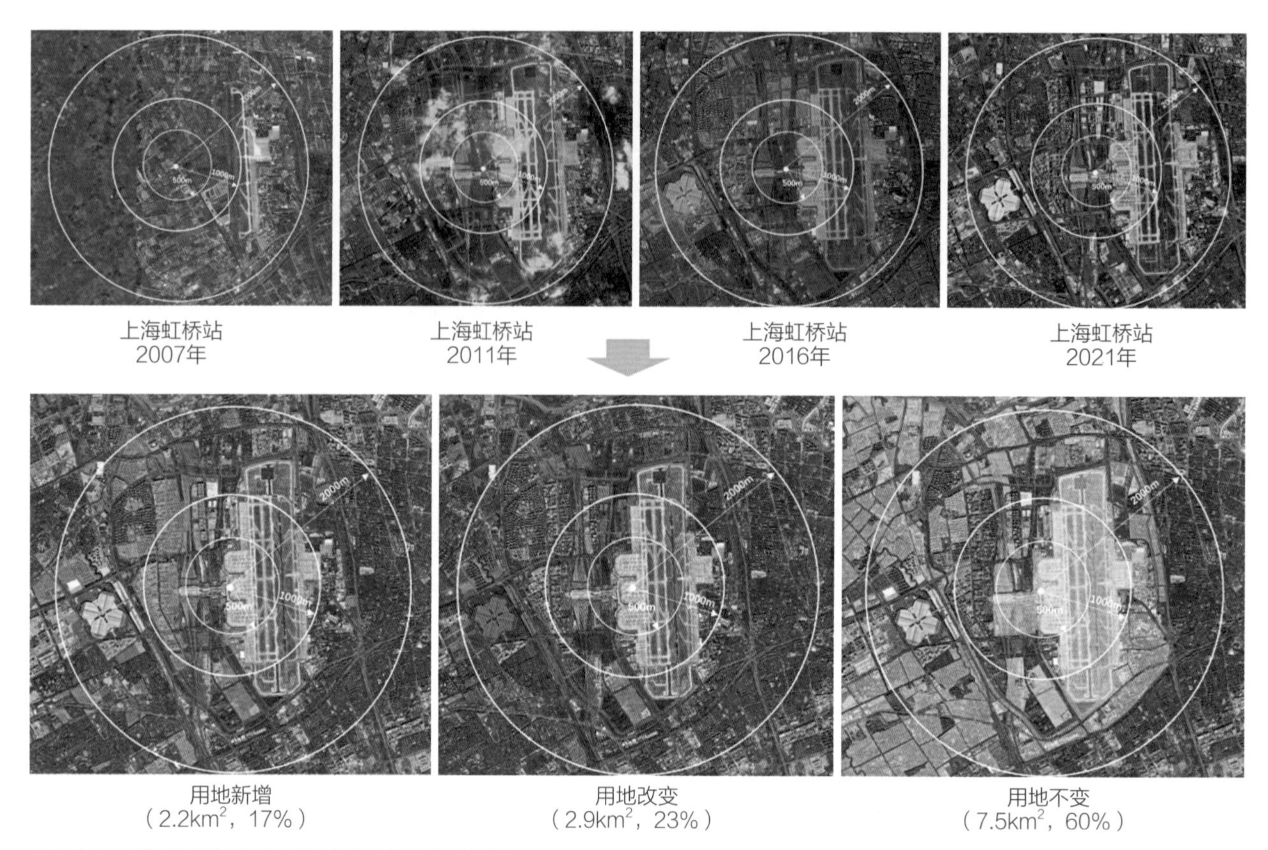

图 3-24　上海虹桥地区高铁开通十年内用地变化情况

地区形成了较高的地区声誉和地区影响力，促使资金、人才、企业等多元要素向虹桥地区集聚，为站城融合发展创造了条件。

2）第二阶段，区域功能集聚，一体化背景下多元人群汇集，站城融合趋势显现

这一阶段虹桥枢纽地区从“枢纽区”迈向“功能区”。2011年上海市政府正式批准《虹桥商务区规划》，功能定位为大型综合交通枢纽、全市重要商务集聚区、上海服务全国的重要载体。在这一阶段，虹桥枢纽地区形成以“+大商务”“+大会展”为发展导向的城市特色功能区。区域性功能的导入为虹桥地区带来多元人群汇集。据统计，会展未来平峰期客流将增长至8万～10万人，高峰30万～40万人。此外，虹桥地区长三角商务客流大幅增长，根据虹桥商务区长三角制造业总部类70余家手机信令数据分析，目前商务区长三角城市客流约21万人次/日。大量客群将虹桥地区作为城市目的地，站城关系联系密切，站城互动性不断增强，站城融合趋势初步显现。

3）第三阶段，城市功能叠加，多元功能开始融合与相互平衡，站城地区成为城市重要板块，站城融合进一步发展

在区域功能不断发展的基础上，虹桥地区进一步进行功能拓展，提高城市功能服务能级。上海战略发展要求虹桥枢纽地区为上海主城片区、上海城市副中心，聚焦枢纽、会展、商贸等方面，重点完善公共服务和环境品质，与中心城共同承担全球城市服务功能。至此，虹桥枢纽地区已经成为具有区域影响力和承担重要城市功能的综合型枢纽地区，站城融合得到进一步发展。

4）第四阶段，重要国家战略承载区，区域一体化背景下，未来站城融合向更高水平发展

2021年《虹桥国际开放枢纽建设总体方案》明确虹桥地区“一核两带”发展格局，虹桥商务区承

担国际化中央商务区、国际贸易中心新平台和综合交通枢纽等国家战略功能。与此同时，“虹桥国际开放枢纽南/北向拓展带协同发展规划研究”的启动，标志着整个虹桥地区及周边城市也迎来重大发展机遇。未来虹桥地区将承担更多的区域和城市功能，站城地区的发展也将迎来更多的可能。

通过梳理虹桥枢纽地区的发展历程可以看出（图3-25），经历四次战略地位的腾飞，虹桥枢纽及周边地区实现从“交通门户”到“国家战略承载区”的转变，阶段性变化的过程也是站城融合的过程，随着车站对周边地区辐射范围和影响客群的不断扩大，站城地区在城市定位、功能业态、交通组织和城市运营等多个方面不断升级，大大推动了虹桥枢纽地区站城融合的发展。

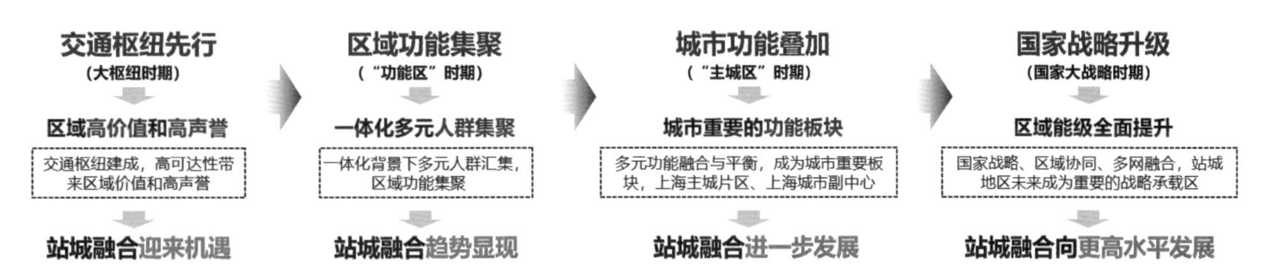

图 3-25　上海虹桥地区站城融合的发展逻辑

3. 影响站城融合的主客观原因

虹桥枢纽地区经历10年的开发建设历程，体现了车站由自身交通功能主导到与周边地区站城融合发展的演变历程。通过梳理虹桥枢纽地区的发展脉络和开发模式，虹桥枢纽地区成为综合服务主导的站城融合地区，主要体现在以下几个方面的原因（图3-26）。

1）区域视角谋划定位

虹桥地区紧跟一体化发展趋势，引入城市功能，在区域中谋求发展机会。虹桥地区在规划初期从

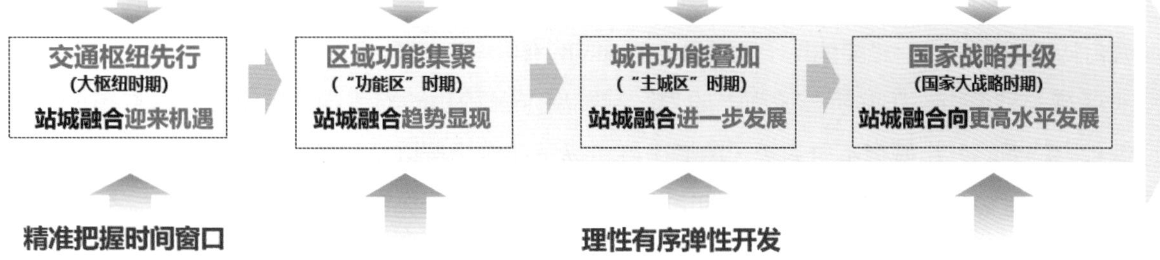

图 3-26　影响虹桥地区站城融合的主客观原因

区域视角精准定位，以区域性的商务地区（RBD）为主要功能，目标成为区域城市网络中的关键性节点和上海城市发展的第三极。

2）注重培育地区声誉

虹桥地区注重提升区域影响力，吸引多元人群集聚。虹桥地区通过高可达性以及良好的车站区位，搭建“虹桥框架”，虹桥品质和品牌由此树立，大大提升虹桥枢纽的区域吸引力。并充分依托枢纽地区的客群流量基础，通过区域、交通、城市功能三者之间的平衡，使枢纽地区成为多元人群的城市目的地，推动站城融合高质量发展。

3）精准把握时间窗口

虹桥地区准确把握站城开发的时机，紧紧抓住世博会、京沪高铁开通等大事件机遇。在枢纽建设的同期，站城地区谋划区域性功能，有序开发。同时，政府、开发平台等多方力量共同努力，实现了站城地区高效建设。

4）理性有序弹性开发

在虹桥开发过程中，站城地区各类功能根据优先级排序，合理控制开发规模。虹桥枢纽地区以交通功能为基础，按照交通枢纽建设、区域功能植入、城市功能完善的开发建设顺序，最大程度提高站城开发建设效率。与此同时，根据不同空间层次的特征和发展规律，在合适的空间内布局合适的功能。面向不确定性，虹桥地区采用“核心集约高强度+外围弹性控制”的开发模式，提升建筑密度，疏密有致协同开发，从而保证站城融合发展循序渐进。

3.3.2 区域功能主导的站城地区：苏州北站、嘉兴南站

1. 苏州北站站城融合的发展历程及演变逻辑

区域功能主导的站城地区所在城市在区域中具有一定的角色担当，在城市网络中发挥重要的节点作用，通过植入区域性功能，谋求功能特色与周边地区错位发展，从而提升站城地区影响力，促进站城融合发展。苏州北站属于此类型站城地区，其位于苏州市相城区，距离苏州站10.5km、硕放机场22km，车站属于京沪高铁一等站，苏州市对外客运主枢纽之一。苏州北站于2008年4月与京沪高铁同步开工，2011年6月苏州北站正式启用。自2012年《苏州市高铁新城片区总体规划（2012—2030）》编制以来，苏州北站经历10年的发展历程，目前周边区域已经集聚数百家研发型机构、企业与各类孵化器、加速器，区域功能占比不断提高。

作为区域性功能主导的站城地区，苏州北站自高铁站建成至今已经有10年的时间，站城地区正处于站城融合初步发展阶段，主要体现出以下几个方面的价值特征（图3-27）。

（1）区域关键节点：车站所在城市一般为区域发展走廊和功能网络中的关键节点，具有一定的区域地位和影响力。苏州城市本身为长三角城市群、扬子江城市群以及沪宁发展走廊上的关键节点城市，苏州北站及周边地区既是区域性战略的重要承载区，也是未来城市发展的重要增长极，为站城融合创造了机会。

（2）区域功能主导：区域性功能占比较高，站城地区成为面向区域的重要窗口。目前苏州北站周边地区集聚了大量国际国内和长三角企业总部机构，同时发展商务会展和区域服务功能，成为“虹桥

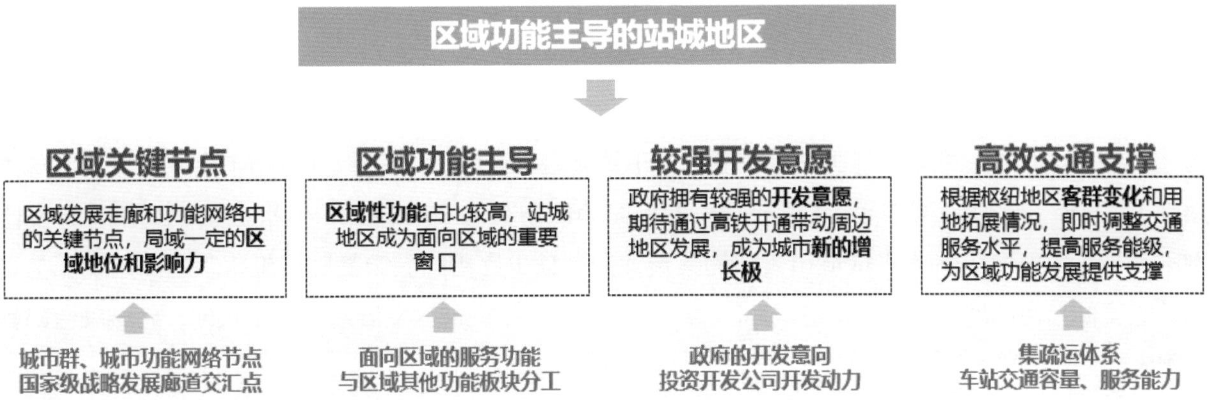

区域功能主导的站城地区

区域关键节点
区域发展走廊和功能网络中的关键节点，局域一定的**区域地位和影响力**
城市群、城市功能网络节点
国家级战略发展廊道交汇点

区域功能主导
区域性功能占比较高，站城地区成为面向区域的重要窗口
面向区域的服务功能
与区域其他功能板块分工

较强开发意愿
政府拥有较强的**开发意愿**，期待通过高铁开通带动周边地区发展，成为城市**新的增长极**
政府的开发意向
投资开发公司开发动力

高效交通支撑
根据枢纽地区**客群变化**和用地拓展情况，即时调整交通服务水平，提高服务能级，为区域功能发展提供支撑
集疏运体系
车站交通容量、服务能力

图 3-27　区域功能主导的站城地区的价值特征

的分会场”和“组展商的会客厅”。大量区域性功能为苏州北站周边地区发展提供动力支撑。

（3）较强开发意愿：政府拥有较强的开发意愿，期待通过高铁开通带动周边地区发展，成为城市新的增长极。苏州北站2012年《高铁新城片区总体规划（2012—2030）》编制，站城地区成为苏州市“一核四城”发展的战略板块之一，是苏州北拓战略最核心的发展空间。政府对于该板块给予较高期待，在政策、资金和人才等方面给予较高支持，推动地区站城融合快速发展。

（4）高效交通支撑：苏州北站根据枢纽地区客群变化和用地拓展情况，及时调整交通服务水平，提高服务能级，车站规模由原来的2台6线扩展为12台30线，集疏运体系以“分区组织、通道分离，快慢分行、合理分流”为原则，打造畅通高效、出入便捷的枢纽交通，满足日益增长的区域性功能客群需求，为区域功能发展提供支撑。

通过枢纽苏州北站及周边地区10年的发展历程，进一步总结站城融合发展的内在逻辑。苏州北站的发展经历了从“交通机遇时期”“新城起步期”“区域功能导入时期”“区域协同交通再升级”等几个阶段，循序渐进，车站与周边城市的关系也在发生变化，最终使苏州北站成为以区域功能为发展导向的站城地区（图3-28）。

1）第一阶段为交通机遇时期

2011年京沪高铁开通，苏州作为沪宁走廊上的重要城市，站城融合迎来机会。与此同时，政府开发意愿强烈，随着2012年《苏州市高铁新城片区总体规划（2012—2030）》编制，期待通过打造高铁新城，打造一个集商贸、科研、居住、办公、文化、旅游等功能于一体的国际化、信息化、现代化

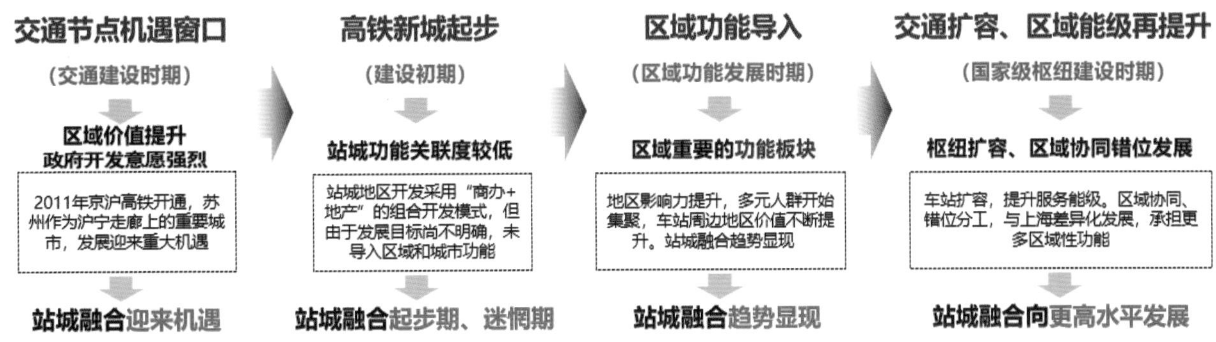

交通节点机遇窗口
（交通建设时期）
区域价值提升
政府开发意愿强烈
2011年京沪高铁开通，苏州作为沪宁走廊上的重要城市，发展迎来重大机遇
站城融合迎来机遇

高铁新城起步
（建设初期）
站城功能关联度较低
站城地区开发采用“商办+地产”的组合开发模式，但由于发展目标尚不明确，未导入区域和城市功能
站城融合起步期、迷惘期

区域功能导入
（区域功能发展时期）
区域重要的功能板块
地区影响力提升，多元人群开始集聚，车站周边地区价值不断提升。站城融合趋势显现
站城融合趋势显现

交通扩容、区域能级再提升
（国家级枢纽建设时期）
枢纽扩容、区域协同错位发展
车站扩容，提升服务能级。区域协同、错位分工，与上海差异化发展，承担更多区域性功能
站城融合向更高水平发展

图 3-28　苏州北站地区站城融合的发展逻辑

的国际商务中心，各项政策、资金和人才资源开始向站城地区集聚，地区发展迎来机遇。

2）第二阶段为高铁新城起步时期

建设初期，站城地区开发采用“商办+地产”的组合开发模式，但由于发展目标尚不明确，未导入区域和城市功能，站城功能关联度较低，处于站城融合初级起步阶段。《苏州市高铁新城片区总体规划（2012—2030）》实施目标为“一年成势、三年成形、八年成城”，但根据建设情况，开发比例不足规划的60%，尚未形成城市人口的集聚效应，缺少完善的城市基础设施，车站周边功能与车站关联度低，目的地客群较少，站城地区活力不足，导致站城地区发展速度低于预期，站城融合趋势不明显（图3-29）。

图 3-29　苏州北站 2011—2020 年用地变化情况及周边业态功能

3）第三阶段为区域功能发展时期

地区影响力提升，多元人群开始集聚，车站周边地区价值不断提升，站城融合趋势显现。目前苏州北站高铁新城南通过首期规模10个亿的母基金“高铁新城新兴产业股权投资引导基金”，聚焦智能制造、半导体等先导产业，已有股权投资基金70支，总规模超460亿元。20余栋商务办公楼宇，总部经济规模已现，专门为科技研发、科技金融以及文化创意3个类型的企业开通招商专线，进行资金补助、人才导入等多方面政策优越，吸引很多高精尖产业的成长型企业以及行业知名的龙头企业入驻，已经集聚数百家研发型机构、企业与各类孵化器。各类区域功能导入使站城地区活力大大提升，站城融合进一步发展，成为具有地区声誉和影响力的重要区域功能板块。

4）第四阶段为交通再升级阶段

由于区域性客群大量集聚，导致交通供给不足，限制站城地区发展，促使苏州北站枢纽地区扩容升级，站城融合进一步发展。目前，高铁苏州北站的高峰客流可达到每天7万人次，远超此前每天5000人次的设计规模，2030年苏州北站铁路发送量将达到3300万人次。尤其在春运期间，必须依靠广场上搭建临时站房，才能满足群众的基础出行需求。此外，苏州北站客流能级及类型尚不支撑车站周边高端功能聚集，目前苏州北站铁路线路以长距离为主，客群即来即走，在车站及周边地区停留时间较短，根据高铁列车班次统计，80%的列车线路联系长三角以外地区，专门服务长三角城际联系的列车较少，不能满足长三角区域高时间敏感度客群的高效通勤需求。因此，苏州北站在扩大车站规模的基础上，还将引入4条都市圈城际铁路和市域郊线、4条城市轨道交通，未来将和虹桥枢纽共同打造成为国家级高铁枢纽，进一步支撑站城地区区域功能发展。

5）第五阶段为区域再融合阶段

苏州力求与上海协同，错位分工，基于区域交通网络的变化与地位提升，中规院上海分院开展了《苏州北站及周边地区发展战略研究》，提出其定位为“虹桥功能西延支点及城市北向拓展增长极”，实现更高水平站城融合。以区域会展功能为例，由于与上海城市能级具有差异，但同时也为苏沪功能层级错位协作发展创造可能，苏州北站周边地区提出未来打造“虹桥的分会场+组展商的会客厅”。根据统计分析，上海虹桥枢纽地区会展产业发展迅速，会展规模、馆租价格全国领跑。因此，苏州北站在谋划会展产业定位中，与上海错位发展，尤其体现在会展场馆价格租赁和会展产品类型方面，突出自身在区域中的竞争优势，聚焦工业贸易展览类型。

通过对苏州北站站城地区发展的过程梳理，可以看出苏州北站成为区域性主导的站城地区主要归纳为以下几个方面的原因（图3-30）。

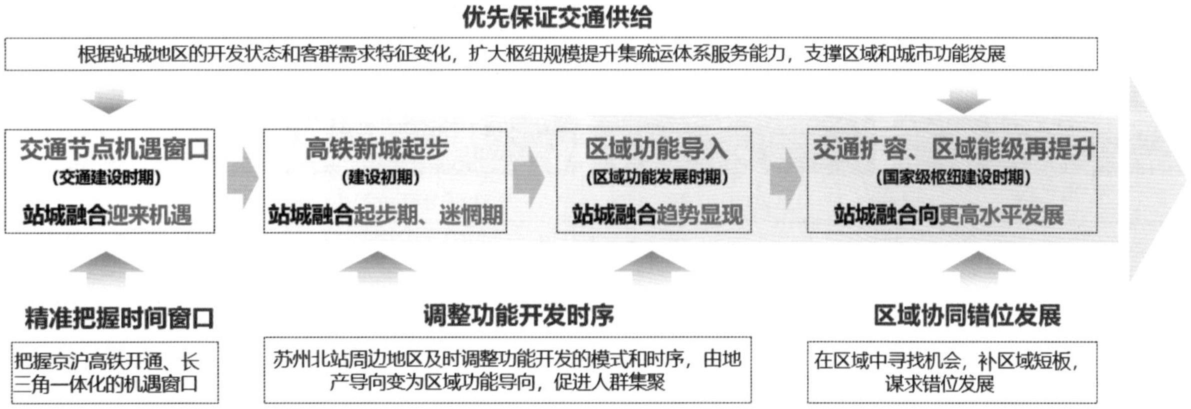

图 3-30　影响苏州北站地区站城融合的主客观原因

（1）把握时间机会窗口：苏州北站精准把握京沪高铁开通、长三角一体化发展的机遇窗口，区域影响力的不断提升是促进苏州北站站城融合的重要因素。

（2）调整功能开发时序：苏州北站周边地区及时调整功能开发的模式和时序，由地产导向变为区域功能导向，在站城地区植入服务于区域客群的功能业态，促进区域多元人群集聚，进一步促进站城融合发展。

（3）优先保证交通供给：根据站城地区的开发状态和客群需求特征变化，苏州北站扩大枢纽规模，提升集疏运体系服务能力，满足多元客群的交通需求，从而支撑区域和城市功能发展。

（4）区域协同错位发展：在站城地区规划过程中理性定位，在功能布局方面补足区域短板，谋求区域协同分工。苏州北站及周边地区在区域中寻找机会，发展自身的产业发展特色，更好体现自身在区域中的价值。

2. 嘉兴南站站城融合的发展历程及演变逻辑

嘉兴南站位于嘉兴南部距离市中心7.8km（距离指数为1.05，属于近郊型车站），从所在城市能级和区位特征可以看出，嘉兴属于沪杭之间的中间性城市，城市规模不大且能级有限。目前嘉兴南站车站规模为4台8线，未来车站将扩充至10台26线。根据目前规划，通苏嘉甬高速铁路将与沪杭高铁、沪乍杭高铁相汇于嘉兴南站。因此，嘉兴南站所在区位是未来区域重要交通廊道交汇点和高价值的功能网络节点。

嘉兴南站2010年6月建成以来，政府给予较高期待，希望以此为触媒点，带动嘉兴南城城镇开发，成为地区发展的重要增长极。但根据现状用地开发情况统计，截至2020年6月，车站周边地区开发比例不足30%，仅有北大青鸟、菜鸟网络产业园等项目，开发成效甚微（图3-31）。通过嘉兴南站历版规划的梳理，目前站城地区发展主要面临以下两个方面的窘境。

图 3-31　嘉兴南站近 15 年的开发建设情况

多轮规划的高定位愿景，并未实现功能和产业的实质性发展。通过梳理嘉兴南站近20年来的相关规划，《嘉兴市城市总体规划2020（2012—2020）》确定嘉兴南站为城市的三大副中心之一，并承担重要的城市职能；正在编制的《嘉兴城市总体规划2035（2018—2035）》规划嘉兴市空间结构为“双心引领、两翼提升、九水汇心”，嘉兴南站地区作为重要的“双心”之一，是未来城市的创新中心。由此可以看出，上位规划对嘉兴南站地区给予较高的期待，希望该地区承担城市重要的空间功能。但就目前的开发趋势来看，嘉兴南站地区并未实现最初的规划愿景，谋划的商务中心、创新中心并未在站城地区得到体现，尚未出现站城融合趋势。

多轮规划的高强度开发愿景，并未出现实质性的成规模开发。根据多轮规划的规划设想，站城地区的开发强度较高，2016年《嘉兴国际商务区城市设计调整规划》规划商业商务360万m^2，2019年《嘉兴市高铁南站片区站城一体综合规划与设计》规划商务办公300～350万m^2。对比上海虹桥地区商务开发规模，经过10年的开发历程，上海虹桥商务区开发规模为330万m^2，可见嘉兴南站的规划开发规模与目前虹桥地区大致相当。首先，过高的开发期待并不能带来实质性的开发动力，目前嘉兴南站周边仅有北大青鸟、菜鸟网络产业园等项目，并未形成规模的商务开发趋势；其次，在站城地区是否需要过高的开发规模还需要讨论，对比虹桥地区的商务开发经验，如果在规划过程中不考虑实际客群需求和城市能级，单纯片面的追求开发效益，往往导致事倍功半的效果。

探讨区域性功能主导的站城地区发展，应避免陷入两个误区。其一，站城地区开发并非站点周边开发规模越大、功能越多，对站城地区发展就越有利。结合嘉兴南站的开发现状和城市能级，单纯追求开发规模不仅不能给地区发展带来机会，反而有可能造成各类社会资源的浪费，延缓站城地区的发展速度。其二，车站周边地区为区域的高价值地区，应从区域价值维度考虑用地功能，而非单纯的考虑经济效益。目前很多地区如无锡东站、徐州东站、常州北站周边，高强度居住地产和一般性产业项目挤占站前地区大量潜力空间，导致高价值空间被低效利用。

针对区域性功能主导的车站，其站城地区发展从车站本身的交通功能维度和周边地区的城市功能维度两方面进行综合考量。两个维度相互作用、相互制约，最终使站城地区由“城市的门户地区”转变为“区域性的功能城市”。整个站城融合的过程主要体现在以下几个阶段（图3-32）。

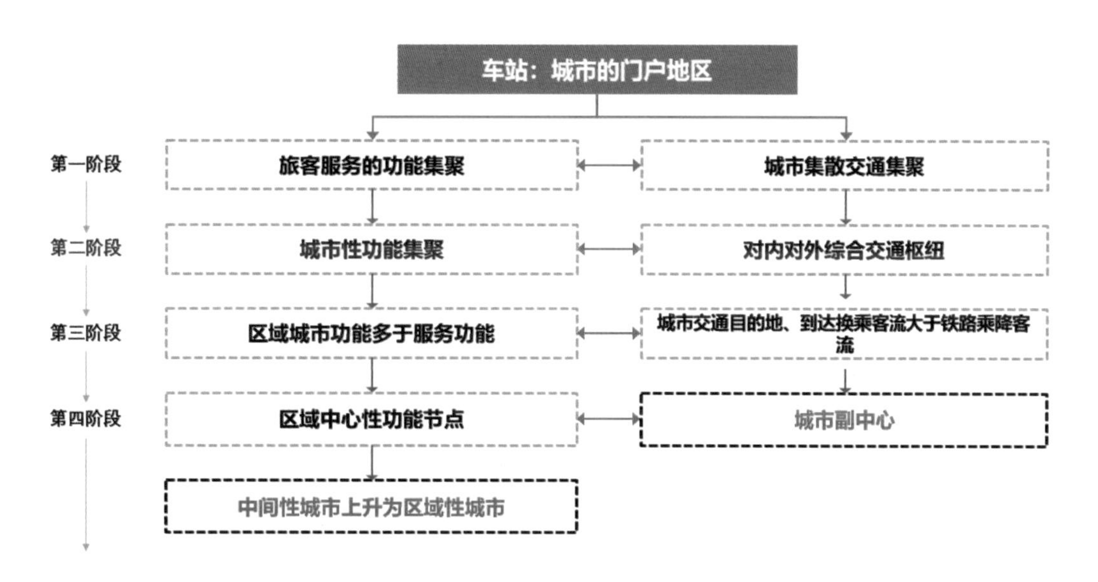

图 3-32　区域性功能主导的站城地区发展的阶段特征

第一阶段为高铁站建成初期，这时的车站仅发挥了城市的门户功能，随着基础设施建设的不断完善，城市多种交通方式在站城地区集聚，从而引发站城地区旅客服务功能集聚，嘉兴南站目前正处于这一阶段。第二阶段为站城融合的起步阶段，随着车站区域性交通功能的不断提升，车站成为对内对外的交通枢纽。这一阶段由于区域性车站的交通地位和客流量不断提升，使大量城市型功能开始集聚，车站周边会出现部分地产开发和商务商业设施，这一阶段由于站城地区尚未产生一定的地区声誉，开发建设完善度较低，因此站城地区活力不足，处于站城融合的初级阶段。第三阶段为站城地区区域型功能培育阶段，由于多元功能集聚，城市交通目的客群、达到换乘客群开始大于铁路乘降客流，在此阶段，站城地区区域性功能开始多于服务性功能。第四阶段为站城融合快速发展阶段，这一时期通过区域定位和分析，寻找站城地区优势，补足区域短板，发展特色区域功能，使站城地区成为城市的副中心、区域性的功能节点。以嘉兴南站为例，结合整个长三角地区产业发展特征和车站地区业态分布规律，应从区域功能培育角度出发，聚集区域科研与创新、区域企业总部、区域贸易展览、区域会议交往、区域商业休闲等功能，并且关注生态环境、历史文化、双城就业/居住，以及公共服务设施，创新服务等方面内容，从而进一步推动嘉兴市由长三角中间性城市上升为区域性城市，实现站城融合的高质量发展。

3.3.3 城市门户功能主导的站城地区：北京南站、上海站

以城市门户功能主导的站城地区主要位于城市老城区，车站周边建成环境比例较高，土地增量空间较少，用地权属复杂，站城融合面临多重挑战，北京南站、上海站属于此类型站城地区代表。

1. 北京南站：建站至今，建成环境无明显增量且业态较为低端，10 年几乎无变化

北京南站站位于东城、丰台、西城三区交汇处，南二、三环之间，高铁线路从市区穿过，站房主体建筑面积25.2万m^2，站场与北京市正南正北的城市格局形成42° 夹角。作为北京铁路枢纽的主要客运站之一，在改造完成后，成为京津城际轨道交通的起点站，集高速铁路、普速铁路、城市轨道交通与公共交通、出租、市郊铁路等交通设施于一体。

通过梳理北京南站高铁通车至今10年内的用地变化，可以看出站城地区的发展主要有以下几个方面的特点（图3-33）。

图 3-33 北京南站开发现状特征

1）区位价值未能得到发掘，站城核心区成为价值洼地

根据调研统计，北京南站的每年到发客流总量已经超过1亿人次，但到站之后将车站周边作为城市目的地的客群不足5%，由于车站周边地区设施老旧、交通集散能力较弱、功能业态较为低端，绝大多数客群到站即走。北京南站站域核心空间本应是最具有活力的空间，但现实是庞大的站房和毫无活力的交通广场，站城地区活力不足。目前北京南站所在地区仅仅将车站作为一个重要的交通枢纽，而放弃了车站本身区位优势和综合发展的可能。

2）用地几乎无变化，站城地区更新进程缓慢

截至2021年3月，北京南站周边用地开发比例已经达到82%，相比于2010年高铁站建成时期的77.5%，10年内平均每年用地增长0.5%，同时除去公共生态空间、河流水系等非建设空间，所剩建设用地寥寥无几。10年时间内用地功能改变的主要原因多为植入社区型商业设施，如万达广场

（10万m^2）、合生广场（8万m^2）等商业综合体建设，服务客群以周边居住小区居民为主，未能对到站客群产生吸引（表3-16、图3-34）。

北京南站近15年开发情况统计　　表3-16

铁路车站	实际观察时间	已开发用地面积（km^2）	已开发用地面积占观察范围比例（%）	年均开发用地面积（km^2）	年均开发用地面积占观察范围比例（%）	开发用地平均净容积率
北京南站	15	10.3	84	0.5	0.4	2.5

北京南站 2009年

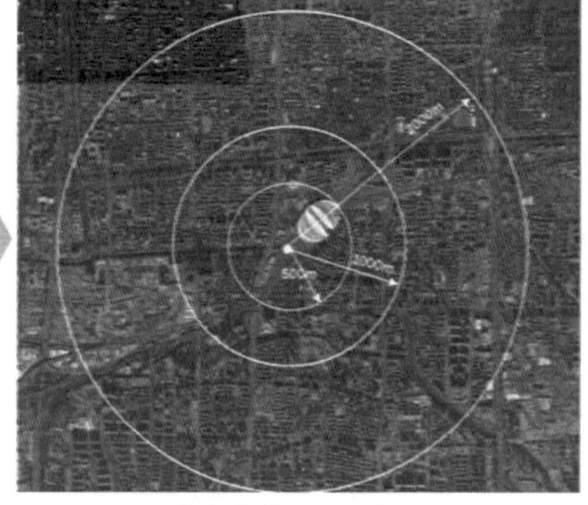

北京南站 2015年

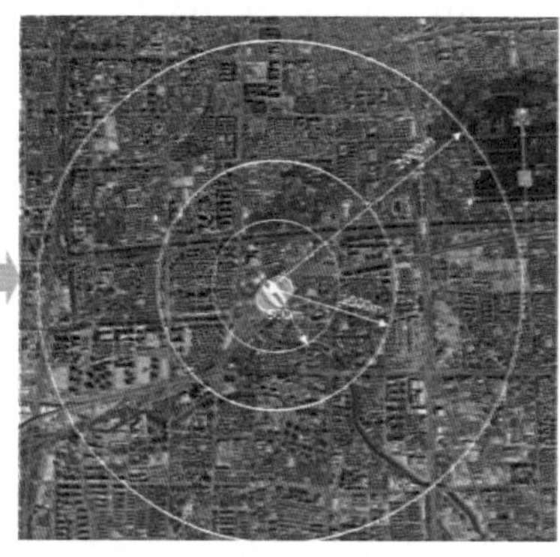

北京南站 2021年

图 3-34　北京南站近 15 年开发情况对比

3）车站未能有效带动周边区域更新，更多表现为交通节点

2008年高铁站建成后的产业增长趋势仍然同2008年以前一样，核心区域产业与车站关联度较低，未能充分利用该区域便利的交通优势带动周边产业发展。虽然北京南站位于南二环与南三环之间即北京市区的中心范围，但周围1000m区域基本上以老旧小区为主，挤占了大量交通系统发展空间。受制于城市历史发展限制，车站周边主要功能以服务于居住小区为主，服务能级较低，而服务于车站中高端客流的公共服务设施及商业商务设施较少，在一定程度上削弱了综合交通枢纽与周边区域的互

图 3-35　北京站站域空间现状

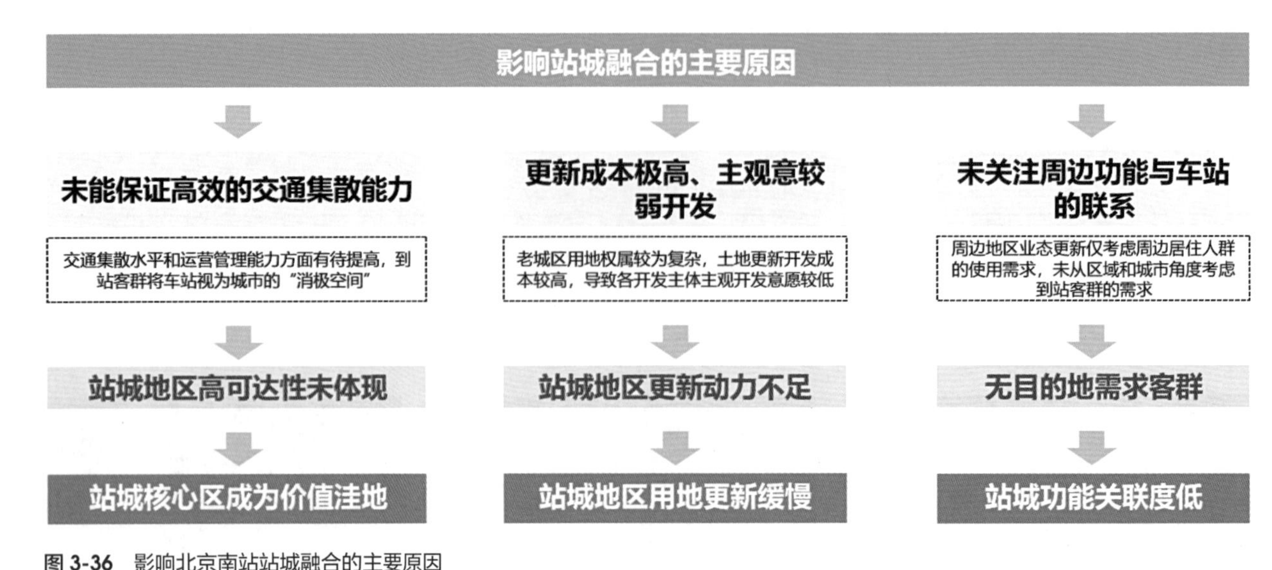

图 3-36 影响北京南站站城融合的主要原因

动联系，建站10年并未出现站城融合趋势，车站目前仅发挥自身的交通节点功能（图3-35）。

北京南站建成10余年时间里，未出现明显的站城融合趋势，车站周边作为高价值地区，未能得到有效的开发和更新，站城联系较弱，主要体现在以下几方面的原因（图3-36）。

1）未能保证高效的交通集散能力，站城地区高可达性未体现

目前，北京南站在交通集散水平和运营管理能力方面还有待提高，高峰时段经常出现出租车、网约车乘客等待时间过长和私家车滞留的状况；同时，由于监管力度较弱，常会出现“黑车横行堵塞交通”“正规出租车变身黑车”等现象，大大降低车站地区的交通集散水平和地区声誉。到站客群将车站视为城市的“消极空间”，“北京南站”成为“北京难站”，站城矛盾日益突出，低效的交通集散能力成为制约站城地区发展的重要因素。

2）未关注周边功能与车站的关联，无目的地需求客群

在2008年车站建成后，周边地区业态更新仅考虑周边居住人群的使用需求，未从区域和城市角度考虑到站客群的需求，使站城地区缺乏地区声誉和影响力。由于没有良好的城市基础条件和产业条件，对于周边地区城市的发展带动作用并不明显，车站未能与周边城市空间形成协同发展。

3）开发主观意较弱，站城地区开发更新动力不足

北京南站发展受制于旧的城市发展模式，现存街区挤占了现存交通系统的发展空间，周边基础设施的发展受限。同时，由于老城区用地权属较为复杂，土地更新开发成本较高，导致各开发主体主观开发意愿较低，站城地区更新动力不足，局部性的地块更新不能解决站城地区割裂的实际问题，从而制约了站城地区的发展。

2. 上海站：城区型车站，政府意愿成为副中心，缺少区域化趋势，仅形成一定规模旅客服务功能的集聚

上海站位于闸北区苏州河北岸，毗邻上海长途客运总站，是上海铁路枢纽的重要组成部分，其开发建设属于“先有城后有站”的开发模式，站与城的发展关系主要经历了以下三个阶段（图3-37）。

第一阶段（1973—1986年）为新客站时期。1973年编制规划明确了新客站选址在共和新路以

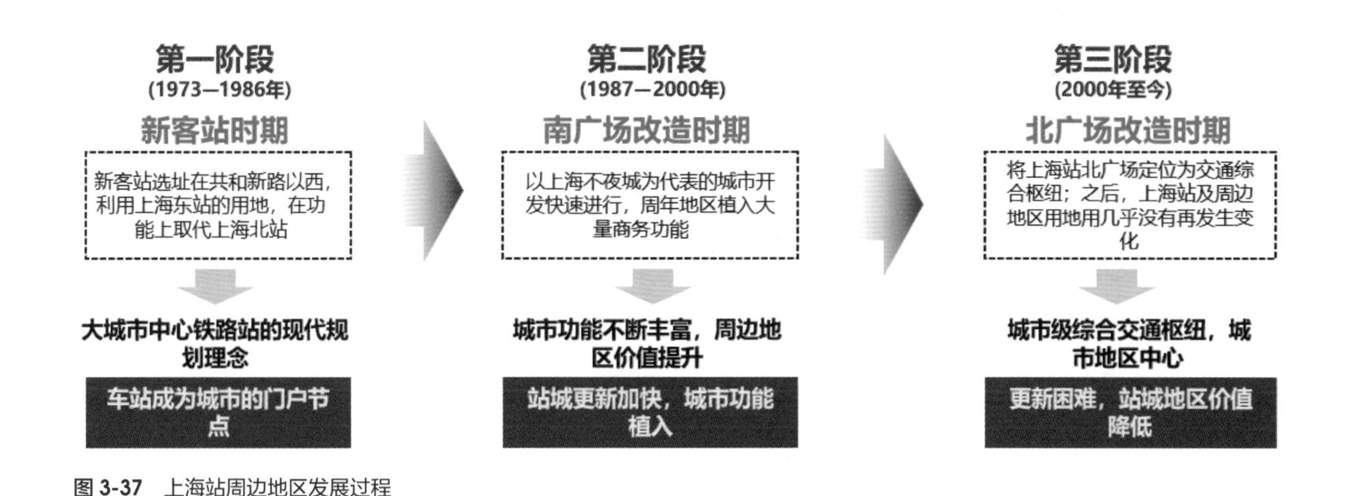

图 3-37　上海站周边地区发展过程

西，利用上海东站的用地，在功能上取代上海北站。同时明确体现大城市中心铁路站的现代规划理念，即与轨道交通的结合、与周边城市功能互动整合。这一阶段作为城市的中心型车站，周边地区主要承担传统的旅客集散、零售商业等服务性功能，车站成为城市的门户节点。

第二阶段（1987—2000年）为南广场改造时期。这一阶段以上海不夜城为代表的城市开发快速进行。上海站不夜城地区作为上海市规划的五大商圈之一备受瞩目，陆续建成了名品商厦、环龙商厦、新亚长城大酒店、嘉里不夜城等大型商业、办公项目以及上海市青年文化活动中心（现上海市青少年活动中心）等服务设施也在该地区内建成。但由于开发强度过高、建筑密度过大，使站城地区显得十分拥挤，为后来城市更新带来巨大困难。值得注意的是，这一时期的开发建设采用土地批租引入外资的方式，作为成形的拥有固定所有权法人的不动产，由于缺乏完善的退出机制，无论是功能提升还是建筑改造，交易成本都非常高，大大增加了站城地区更新的困难。

第三阶段（2000年至今）为北广场改造时期。2006年开始，规划部门将上海站北广场定位为交通综合枢纽，通过整体地下开发解决机动车和旅客换乘问题，实现地面广场零机动车。北广场改造之后，上海站及周边地区用地几乎没有再发生变化。紧邻上海站南侧地块混合性较强，包括以“不夜城”休闲广场为代表的小型零售、餐饮及专业批发业态为主；由于天目西路、恒丰路的分隔作用，车站南侧距离车站1km范围内集聚了大型商务办公和商业功能，但由于建筑时间较长，周边空间品质较低，入驻的公司企业能级较低，多以中小型创业企业为主，站区活力不足。

根据上海站的总体开发现状特征来看，车站周边地区并没有根据车站本身的交通功能升级而发生变化，一直保持传统车站周边低端零售为主导的业态运营模式，仅有一定规模旅客服务功能的集聚，使车站周边地区成为中心城区的价值洼地。基于上海站用地开发历程，可以发现影响上海站周边地区发展的主客观原因主要有以下几个方面。

1）缺少区域视角的整体谋划，周边功能与车站关联度较低

上海站的开发建设属于在原有城市中心区车站基础上进行改造，体现出政府一定的开发建设意愿，期望通过车站升级提升周边地区城市能级，打造城市副中心。《闸北不夜城详细规划》意在“调整产业结构，将该地区改建成夜间有彩灯照耀、体现24小时运转的、以‘不夜城’命名的城市公共活动中心”。但在建设实施的过程中，由于未从区域视角进行站城地区功能谋划，城市转型升级进程较为

缓慢。作为上海市规划的五大商圈之一，虽然一定程度上提升了车站周边地区的业态水平，但由于与车站的关联度较低，业态引入较为混杂，类型较为低端，且建设空间较为局促，使得建成使用10年后的上海站周边显得老旧与拥挤，整个站城地区由于空间品质较差，成为城市核心区的价值说洼地，站城融合趋势不明显。

2）建筑产权复杂性影响，车站周边地区更新面临巨大阻力

由于周边地区建筑产权的复杂性，导致上海站周边地区的建筑更新成本较高，且更新时间存在严重的滞后性。因此，从政府至各级开发平台、建筑产权所有者等开发主体，更新动力不足，使周边地区更新进程缓慢，建成环境整体显得老旧和拥挤，站城地区整体空间品质较低。

3）缺少有目的地需求的客群支撑

根据调研统计，在2010年之前，上海站的主要列车类型以中长途普速列车为主，约占线路总数的44%，这类列车客群多以进城务工人员为主，当时车站周边的功能业态能够满足客群需求。2011以后，由于全市铁路线路布局发生调整、火车准点率提高、市内公共交通愈加便捷、公路客运班次加密等因素，客群结构发生了巨大变化。根据统计，客群整体在上海站的停留时间已经呈现降低的趋势，60%的旅客候车时间在30min以下，长时间候车者大多为中转换乘客群，由于周边城市型的功能较少，90%的客群随到随走，短暂停留的客群需求仅限于餐饮、零售、旅行通信服务等基础服务领域，对车站周边地区功能诉求较低。

4）集散能力有待提高，高可达地区价值优势未显现

在上海南站周边地区运营的公交线路有43条，其中32条以上海站作为首末站来布置，初衷为方便铁路客流对公交的无缝衔接，但导致以南候车室入口为圆心300~800m的范围内成为“通勤盲区”，大大降低了车站客群与周边功能板块的衔接，从而进一步加剧站城割裂程度。

3.3.4 其他类型的站城地区：济南西站

1. 站城发展规律特征：城郊型车站，政府主观意愿明显，但开发存在盲目性，站城融合处于起步期

济南西站位于腊山新区的中心区，连接华北与华东、东部与中西部，位于国家铁路网“四纵四横”中京沪线和胶济线的交汇口，是中国重要的国家级铁路枢纽之一。根据统计，济南西站位于城市近郊距离城市中心约10km，目前周边地区2km范围内建成环境比例为43%（由于车站西侧城镇开发边界限制，可建设用地范围内开发比例已达到70%）（表3-17）。

自高铁开通至今，站城地区变化明显，经历了不同阶段的发展历程，主要归纳为以下几个阶段（图3-38）。

济南西站历年用地拓展情况　　表3-17

铁路车站	实际观察时间（年）	已开发用地面积（km^2）	已开发用地面积占观察范围比例（%）	年均开发用地面积（m^2）	年均开发用地面积占观察范围比例（%）	开发用地平均净容积率
济南西站	11	5.31	43	0.32	2.6	2.0

图 3-38　济南西站地区站城融合的发展逻辑

1）站城融合机遇阶段

济南西站地区在高铁开通、“第十届国际艺术节”等大事件推动下，政府以打造高水平新城为目标给予较高期望，开发意愿强烈。2011年京沪高铁开通后，政府紧抓时间机遇，希望借此机会带动相对落后的西部地区发展，因此济南西站高铁新城提出成为以总部经济、金融、会展业为主导，以城市居住服务为基础、以商贸休闲服务为辅助的现代化城市新区，规划人口约25万人。与此同时，受到“第十届国际艺术节”等重大文化事件推动，济南西站片区被给予高度的期望。因此，在政府强烈的开发意愿推动下，仅2011—2012年两年时间内，济南西站片区共有26个建设用地项目启动，站城地区开发进入起步阶段。

2）站城融合迷惘阶段

这一阶段济南西站周边地区以地产开发为主导，区域和城市功能支撑不足，缺少“烟火气”，站城关联度低。济南西站片区前期开发采用地产主导的开发模式，2011—2014年济南西站片区累计新增居住用地189.45hm^2（其中安置区21.74hm^2），居住用地比例从2011年的16.02%提升至2014年的73.77%，南北两大居住片区初步形成，促使该地区成为济南市规模最大的房地产交易市场。但由于基础设施服务能力较弱，同时“十艺节”等文化赛事结束缺少区域性功能植入，以至于站区活力不足，到了夜晚的济南西站虽然灯火通明，却是人烟稀少，“空城”“没人住”“空置率高”也成为这个时期济南西站的关键词。居住地产销售只能以“房价低、区位优”吸引青年人，因此客群结构单一，以低收入、年轻群体、外来创业群体为主。由此可以看出，这一阶段处于站城融合阶段的“迷惘期”，虽然周边开发建设力度较大，但站城关联度较低，站城融合处于低水平的初级阶段。

3）站城融合趋势开始显现阶段

通过控规修编，补足城市功能短板，提升站城地区活力，打造西部片区重要城市功能板块。根据济南西站的开发态势，政府进行了控规调整修编，随着《济南市西客站片区控制性详细规划》（2015）的完成（图3-39），济南市西客站片区在城市定位和空间功能方面做出来很多重大调整，规划该片区为未来济南西部地区的重要城市中心和增长极，承担城市级的公共服务功能。控规调整之后，给以往一些有投资意向的重大功能项目带来入驻机会，投资近40亿元的济南西部会展中心、近10亿元的山东省科技馆新馆全面启动；齐鲁之门、华谊兄弟（济南）影视城等大型城市配套设施也在有序建设；济南报业大厦、大尧盛景广场等重要商务商业设施也不断完善，面向城市的服务功能设施水平不断提升，越来越多交通客群达到站区后愿意“留下来”，这一阶段济南西站周边地区活力开始提升，站城融合趋势开始显现。

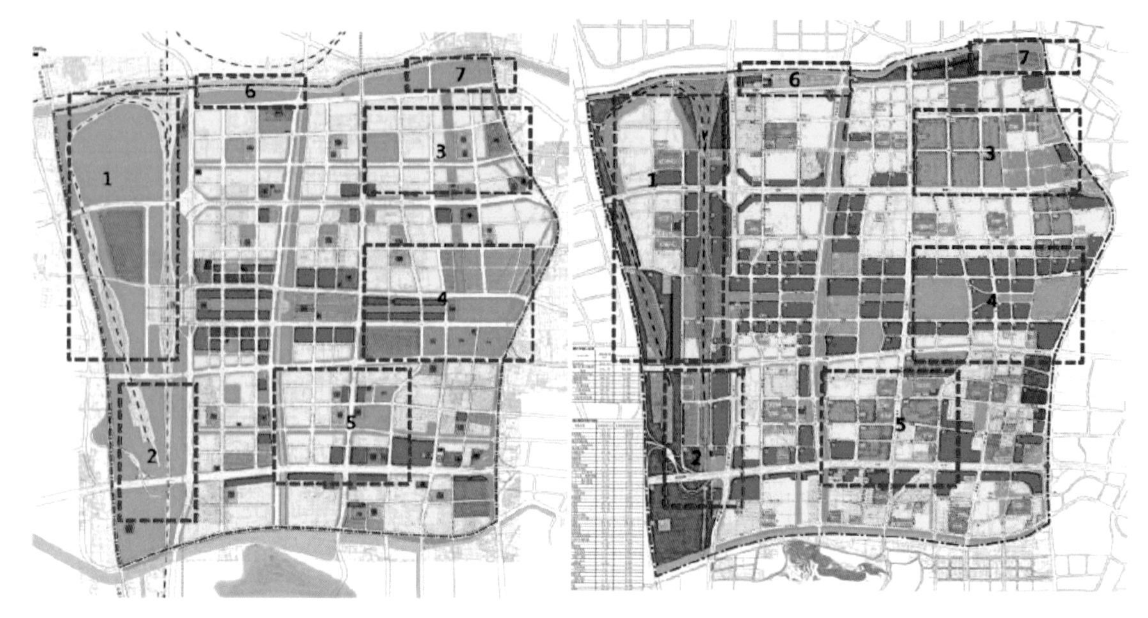

图 3-39 2007 版济南市西客站片区控规与 2015 版济南市西客站片区控规变化对比

4）站城融合进程放缓阶段

随着城市东西发展战略方向调整，济南西站周边地区建设力度有所下降。2018年，政府根据东部地区的发展态势，在原有总体规划"东拓、西进、南控、北跨、中疏"的发展战略方针基础上，东部地区由"东拓"变为"东强"，战略发展重点向东部转移。由此对济南西站所在的西部地区带来一定影响，投资力度有所减弱。从济南西站用地增长速率可以看出，2012—2017年增长速率较快，2017—2020年济南西站空间速度有所放缓，3年时间内济南西站片区用地结构无明显变化（图3-40）。

5）站城融合面临多种选择

2020年之后，济南西站进行交通设施全面升级，提升地区可达性，为未来寻求区域机会创造可能。由于济南是"泉城"，特殊的地理限制要素导致近10年地铁等轨道交通建设缓慢，但综合考略济南西部片区建设条件，2019年政府决定在济南西站率先引入R1轻轨以带动西部地区发展，由此给济南西站带来更多发展机会。根据规划，未来济南西站将有3条轨道线路穿片区而过，且有BRT线路、

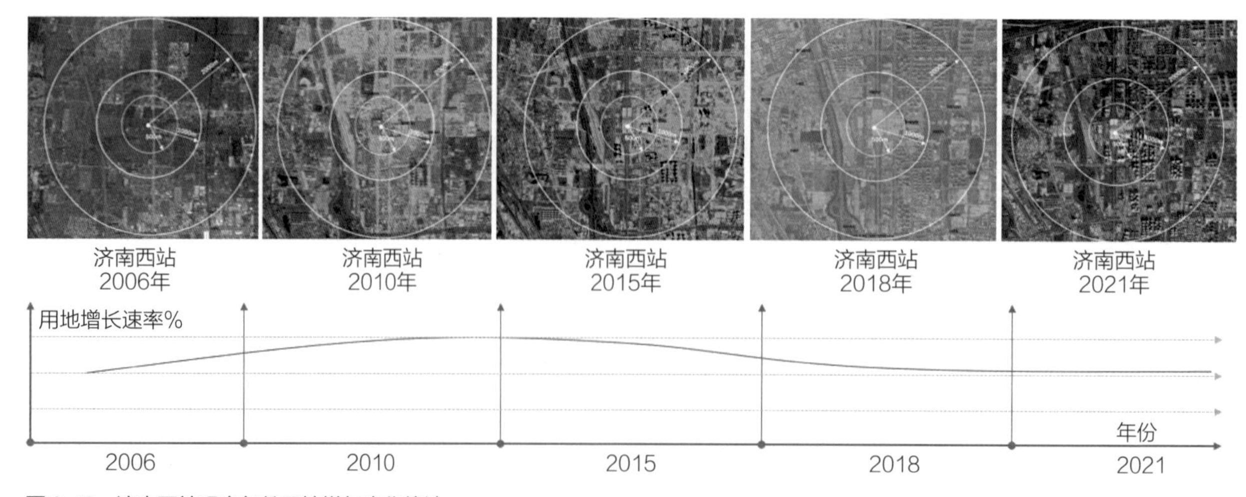

图 3-40 济南西站观察年份用地增长变化统计

高架等多种交通方式补充，地区可达性将进一步提高。在此背景下，客群规模的增加、站区设施的完善、区域能级的提升能否给济南西站周边地区带来更多的发展机遇和站城融合可能是未来地区发展需要重点关注的问题。

2. 影响站城融合发展的主客观原因

基于济南西站用地开发历程，可以发现影响济南西站周边地区发展的原因主要有以下几个方面。

1）建设初期发展方向较模糊，开发存在盲目性，未能引导和谋划为区域功能节点

济南西站在开发建设初期，以地产开发为导向，居住用地规模增长迅速，恒大、绿地、中建等一线地产在此区域均有楼盘销售，地产市场火热但城市功能不足，不利于站城融合的发展。目前，济南西站高铁新城包含商业商贸、商务会展、交通枢纽、居住、文娱旅游和预留用地等六大功能用地板块，虽各类功能已经开始初具规模，但尚未形成集聚效应，建筑空置率较高，达到规划预期还需要相当长的一段时间。

2）未能充分把握开发的黄金时期，受城市战略调整影响，站城融合进程放缓

由于规划新区规模较大，其功能成熟需要一定的发展空间和时间来培育，因此需要政府的长期关注和政策引导。济南西站开发建设之初，济南制定了“西拓”的城市发展战略，但过后几年，济南的城市格局发生了一定的变化，城市的主导发展方向变为向东拓展，导致济南西站所在区域的投资建设力度明显下降，大大制约西站周边站城融合的发展。

3）关注城市功能集聚，但站城功能联系有待提升，站城融合尚处于初级阶段

济南西站是以商务、会展和文化为中心的城市副中心，近期规划26km^2，远期达55km^2，片面追求城市服务功能，未能充分考虑周边功能业态与车站的关系，同时忽视了周边地区的产业支撑功能，导致有城无产。虽然近期在政府的大力扶持和房地产业快速发展下得到了一定的改善，但是从长远看其造血功能不足，站城地区可持续运营能力较弱。

3.4 站城融合的发展条件

高水平的站城融合往往具备4个特征：以高区域及城市可达性的车站为核心节点、以较高比例的中高频目的地型旅客为核心人群、以面向区域服务的站城功能为核心功能、与车站便捷联系的活力站城地区为核心空间。由于站城融合是多因素共同作用的结果，仅靠单一因素难以实现，所以实现高水平站城融合，需要具备区域、铁路、城市多方面的发展条件（图3-41）。

图3-41　高水平站城融合的发展条件

1. 区域发展呈现明显的一体化态势

站城融合的核心人群是面向区域的人群、核心功能是面向区域的功能，核心的节点是面向区域的车站，而正是区域一体化催生了面向区域的客流、功能和节点。区域一体化产生了大量的区域流动，带来了大规模的城际客流。同时，它也促进了一体化，促进了更多面向区域服务的功能产生，以及多类服务城际出行的轨道设施发展。并且区域一体化下最高效的方式是以站（区域节点）和城（区域功能）融合服务区域客流。因此必须具备区域一体化的整体态势，这样才能带来高水平站城融合的根本需求。

2. 区域分工中城市在某些方面中具有优势或潜力

区域一体化促进了更多面向区域服务的多类功能的产生。如面向区域的生产组织和服务，包括产业内总部—研发—生产—销售各个环节在区域层面分工、产业上下游在区域层面关联、企业面向区域提供服务等。再如面向区域的旅游休闲功能，这主要是通过稀缺的自然资源、文化资源发挥服务区域的作用。又如面向区域的文化活动功能，包括会议会展、文艺演出、运动赛事等。这些面向区域的功能往往构成站城的核心功能。这就需要城市在整个区域发展中能够找准自己在某个或某些方面中的优势或者潜力，进而在站城地区形成既符合一体化趋势，又契合自身特点的区域功能。

3. 高可达的铁路系统

高水平的站城融合需要的是符合“中短距、高频次”特征、有着“出门即可进站、到站即到目的地”需求的铁路客流。而这就需要高可达性的铁路系统支撑。高可达的铁路网络和车站，意味着更高水平的铁路服务，人们可以更便捷地进入车站，并直接达到出行目的地。这样才能把铁路进一步拉近人们的日常生活，满足当前城际出行人群的需求。

4. 车站是单线或多线上的主要停靠站点

高水平的站城融合需要具备一定规模的客流。从铁路运行的角度看，这就需要车站成为一条或者多条线路上的主要停靠站点，从而在一对方向或多对方向上具备停靠更多的车次、出售更多车票的条件。假若车站有线路引入，但并非主要停靠站点、难以停靠足够的车次，那么即使该车站周边布局较大规模的功能，也很难进一步出现站城融合。在既有线路不具备增加停靠车次的条件下，需要主动引入新的线路，增加面向其他方向、其他层次的线路，并且通过合理站距、合理选址，保障车站在相关线路上的功能实现线路上的主要停靠站点。

5. 车站具有较好的集散设施

高效的集散设施支撑车站交通门户作用以及站城地区作为城市中心作用的发挥。这些集散设施使车站周边地区同样成为面向城市的高可达节点。对于高速铁路车站来说，这些集散设施包括城际铁路、市域（郊）铁路、城市轨道等轨道交通方式，以及地面公交、个体机动与非机动交通、步行等。

6. 城市具备足够的发展动力

不管是既有车站还是新建车站、周边高度建成的车站还是周边尚未建设的车站，实现高水平的站城融合都需要城市具备充足的发展动力。对于处于高度建成地区的车站，充足的城市发展动力能给站城发展提供更新机遇和动力、促进车站周边的再开发再利用，实现站城功能跃升、进一步优化站城关系。对于周边尚未建设的车站，充足的城市发展动力能够支持在车站周边培育新的城市功能地区，通过拉近车站与城市的距离，为进一步实现站城融合减少阻力。

7. 城市赋予站城地区较高声誉和长期支持

高水平的站城融合也需要赋予站城较高声誉，尤其是站城地区在城市中的定位与承载的功能。当前国内外较为成功的站城往往都承担着城市或者地区中心的角色，承载着城市未来新兴的功能。

同时站城融合发展往往需要较长的培育时间，因为需要城市提供长期的支持，包括资金、土地、政策、机制等。站城融合发展需要大量的基础设施建设，因而需要较多的启动资金。站城融合也需要空间承载，有限城市用地增长机遇和指标，需要适度向站城地区倾斜。同时，还要通过定制的政策与机制，凝聚各级相关部门主体的共识，形成合力。

8. 站城地区与车站之间便捷的联系

站城融合发展最终表现为车站与站城地区功能上的密切联系、人的密切往来，因而两者之间需要便捷的交通联系。尤其是代表未来发展方向的以步行、非机动车、公共交通为主的绿色交通方式。优先通过这些方式克服站城之间的铁路和高等级道路等设施阻隔、河流等自然阻隔，以及交通衔接不畅等问题。

9. 具有人性化的站城空间

站城地区是代表未来先进理念的生活工作休闲方式、展示美好生活的重点地区。站城融合最终也希望能够形成具有活力的人的活动空间，而不是大型建筑的展示空间、小汽车巡游的空间。因而站城空间应该是以人的尺度进行设计的，并关注人的感受与体验。

站城融合发展具有多因素影响性。从京沪高铁站点的分析中看，单一因素均很难在统计上与站城地区用地的开发表现出相关性。结合铁路对站城融合影响的分析，以及典型站城发展案例剖析，也都反映了站城融合发展是受铁路、区域、城市等多个因素影响。这就决定了高水平的站城融合需要具备多方面的发展条件。

此外，站城融合发展还具有过程性和阶段性。从本章的案例中可以看到，站城地区的功能形成在站城融合过程中经历了多个阶段，不同阶段集聚不同类型的功能，同时这些功能是可以不断演进的。这些特征决定了站城融合并不是每个车站的必然结果，也不存在唯一的路径和形式，车站应该结合自身特点探索差异化的发展路径。

3.5
小结：站城融合具有过程性，多元化的发展条件决定差异化的站城融合

站城融合发展具有过程性、趋势性和非必然性特点。在车站及周边地区发展过程中，整个地区开发具有一定时序性，在站城地区开发会经历不同阶段，每一阶段的建设模式、运营方式都根据每个阶段发展特点各有不同。例如在高铁发展初期，京沪线设置24个车站，均希望通过高速铁路加快要素流动，缩短要素之间的时空距离，从而带动新片区崛起。经历了十多年的发展，目前已经基本完成站城地区的基础设施和功能设施建设，但随着区域一体化发展，京沪沿线的站城地区又面临新的区域挑战，需要在区域寻求新的发展机遇和发展动力才能实现更高水平的站城融合。

此外，车站及其周边地区的站城融合发展具有非必然性，是否需要站城融合还取决于车站周边在区域背景下是否有充分的发展诉求。因此，针对有站城融合需求的车站，需要探索必然趋势下的差异化发展战路径，能否找到适合车站及周边区域的城市定位和功能是站城融合地区发展的关键。

第 4 章 站城融合面临的问题

站城融合的理念和实践发展在国内兴起时间较短，经验积累尚且不足，但围绕高铁站点进行开发建设的政府意愿和开发诉求近年来愈发高涨。总体来看国内较为成功的案例不多，而对站城地区的开发的误区分析和反思声音也开始出现。站城融合发展面临着一系列的问题与挑战，具体包括站城关系的基本认识模糊、站城开发的盲目性、站城交通组织衔接不畅、站城空间人文关切不足和站城开发的协调机制缺乏等方面，特别是缺少对站城地区的人群需求和特征的系统研究和研判。本章将从站城融合理念视角剖析现状遇到的主要问题和挑战，对典型案例进行分析，为后续站城融合发展的策略与路径提供现实基础。

4.1
站城关系认识模糊，缺少系统性思考

4.1.1 城市规划和铁路枢纽总图规划缺乏协同

纵观国内外站城融合的要素，首先在于规划层面将城市和铁路规划融合统筹考虑，从而指导后续开发建设。而在国内多数站点地区两个规划往往缺少协同。从以往的情况来看，城市在制定规划决策时往往以城市视角来研究确定城市重大交通枢纽选址和站城地区的发展方向，而铁路枢纽总图规划是铁路部门站在铁路系统最优效率维度来制定铁路枢纽的选址和铁路廊道的选线。两者出发维度不同，同时又缺乏规划协同机制，造成城市在诸多站点选址时会存在争执，也影响站城地区未来发展。如何协调平衡铁路枢纽总图规划和城市规划两种价值导向也愈发显得重要。如上海虹桥站在上海铁路枢纽总图中（图4-1），“京沪高铁”作为国家第一条高铁工程计划，2004年铁道部在上海选址高铁站。除京沪高速铁路外，上海将构建含沪杭甬客运专线、沪宁沪杭城际铁路、沪乍（乍浦）铁路、沪通（南通）铁路、沪镇（镇江）铁路5个方向9条干线，并建设浦东铁路，形成以京沪、沪杭方向为主轴向外扇形辐射的特大型环形铁路枢纽格局。上海城市总体规划原来确定的3个主客站，构成上海铁路客运综合枢纽的大格局，由于浦东铁路和浦东客站布局发生了变化，上海站和上海南站不足以承担大枢纽的职能，必须重新选择合适的高铁站址。从铁路部门自身角度出发，在第一轮高铁站选址中确定为闵行区七宝镇，但从当时上海实际发展情况和上海

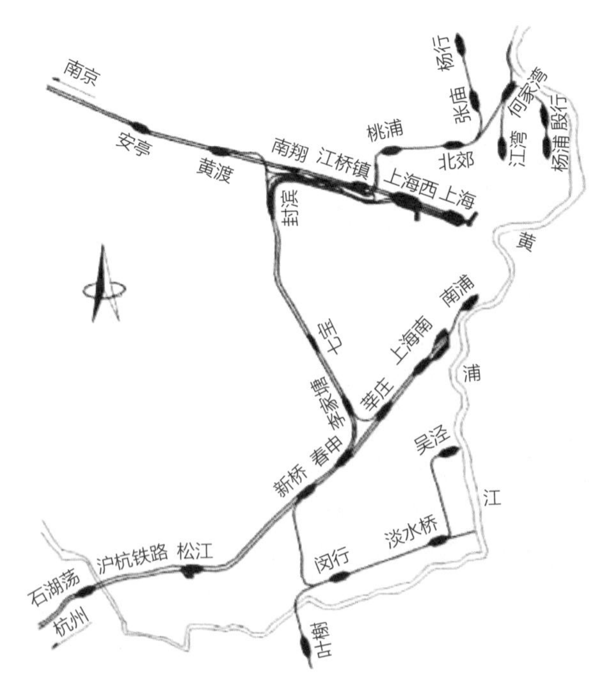

图 4-1 上海铁路枢纽总图规划

总规确定的功能布局来看该选址难以带动上海西部的发展，后经中国城市规划设计研究院及其他研究机构与上海市政府、铁路部门共同商议决策，并结合虹桥机场扩建，最终选址在虹桥机场西侧，而后续虹桥站的发展也印证了只有两者充分协同才能更好地推动站城融合发展。

在南京高铁和城际交通枢纽与城市发展协调过程中，早在20世纪80年代就进行了规划研究，当时在城市总体规划中确立了南线方案，但20世纪90年代初按照铁道部与省市协商情况，把高铁调整到城市北面，并通过总体规划和专项规划予以落实。但到了2003年，铁道部因为配合西部大开发实施沪汉蓉铁路东西通道的需要，也从铁路运行发展规律要求，提出重新回到南线规划设计方案，并把杭州、武汉、安庆等方向若干条铁路并到南站，这一调整对南京市区南部空间和功能发展产生极大影响，城市规划被动接受了铁路规划调整，在这一过程造成了很多因为规划调整而产生不必要的重复建设和资源浪费。

4.1.2　站城关系中对交通核心功能认知不足

站城融合中的功能组织安排上，政府期望依托铁路站点带来的客流、信息流等资源来发展诸如商务、会展、总部经济等功能，但却忽视了站城地区的交通功能才是整个站城地区组织的核心，站城地区首先要解决的是枢纽本身的对外交通和快速集散功能。

但在国内很多站城地区规划未充分考虑交通功能保障，存在周边功能开发影响交通功能、进出站流线互相干扰以及缺少拓展空间预留等问题，而这些问题大多集中体现在枢纽站点本身。以上海虹桥站为例，2018年虹桥枢纽客流量已达到设计客流（日均110万人）的90%（图4-2），接近饱和，进一步分析客流内部构成，可以看到城市集散交通量超出到发交通量，而虹桥枢纽客流量的日均分布也呈现出早晚高峰特征，集散交通量超过设计容量是造成虹桥枢纽交通负荷问题的核心原因。而集散交通的大幅增加是由于枢纽周边的虹桥商务区的商务、会展功能大规模开发和增长，而商务区整体的交通设施供给不足，造成日常就业生活交通、会展集散交通等本地交通需求过度依赖虹桥枢纽，导致整个站城地区的交通拥堵问题。

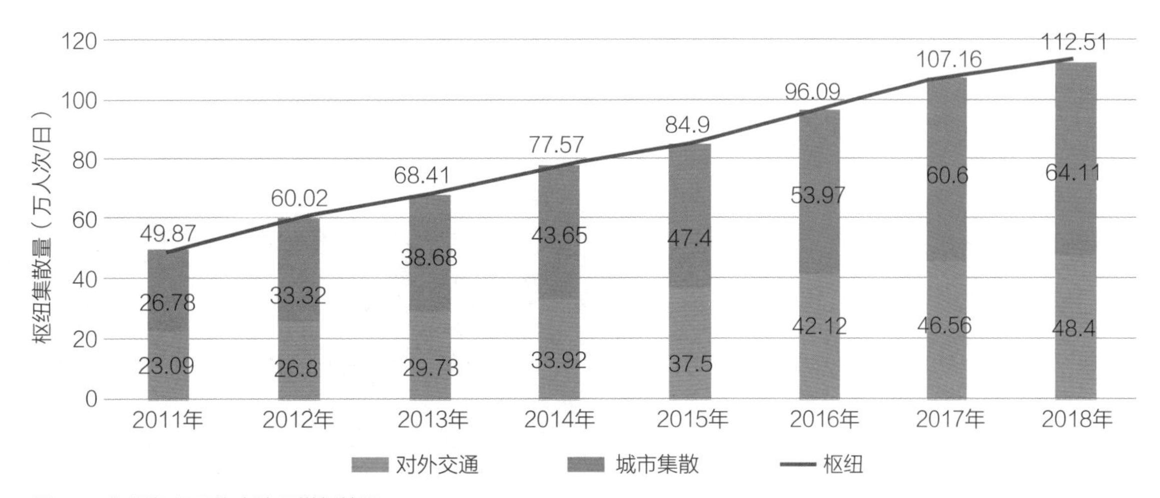

图 4-2　虹桥枢纽日均客流量增长情况

另一方面出于对城市功能开发的过度重视，而对交通功能的保障空间缺少预留现象也较为突出。部分高铁站在设计阶段缺乏对高铁站客流量的准确预估，未能合理预留未来扩容的动车场站、公交停保场等用地，导致后续运营不善。如重庆北站建成运营后南广场便超负荷运转，历经了新建售票大厅、改建第一候车厅出口、增设第二售票处、新建动车组第二候车室、增建临时5站台、新建第三候车厅等一系列“弥补性工程”，运营后的长期改扩建施工影响客站的正常使用。

4.1.3 新建车站的开发缺少对客群特征研究

站城地区的开发需要综合的思考，从城市、交通、客群人流等方面综合统筹和部署，而非简单的单线思维。在国内部分高铁站区新建过程中，缺乏以站城融合为导向的系统性研究，特别是对客群人流的系统性判断，规划意图与铁路站点的客群体征及城市发展需求不匹配，其结果往往是站城地区的开发缺少可持续性。

目前我国的铁路客群正发生着较大变化，特别在区域一体化的新时期出现了高频短距的区域性功能客群。正如前文所提到的客流出行中的高频商务、跨城通勤、异城休闲等各类客群，带来了多元复合的差异化需求。而我国大部分新建车站的开发更多聚焦在站点客流规模考量，但对于旅游人群、商务人群等多元化人群的需求考虑不足，制约了高铁站从单一交通空间向具有舒适性、体验性、归属感、标识性的复合化场所转型。以苏州北站为例，建成后出现大量与上海的双城通勤人群，以及苏州北站商务区的互联网等创新企业与周边区域发生联系的商务人群，这部分人群在空间的使用和功能配套上的需求不同于常规交通人群，而在规划时对这些需求考虑不足。

4.1.4 既有车站的功能更新与提升缺乏动力

依托原有车站更新改造的车站多位于老城中心，受建成环境的影响，站城融合度普遍较低。而从实际需求来看，由于车站周边已集聚大量城市功能和常住人口，对于车站的更新需求也在日益上升，但受限于区位带来的高昂的更新成本，开发建设动力严重不足。综上两方面，更新的紧迫性与实际动力缺乏矛盾制约了该类车站地区的发展。

以上海火车站为例（图4-3），上海火车站是最靠近市中心的铁路客运站，年客流量约4600万人，车场规模7台15线，站房面积约10万m^2，是中国第一个在地面铁路上采用高架候车方式的客运站，并在南北两侧站前广场组织了不同客流的交通集散，传统的交通节点功能突出。从周边地区现状开发程度来看已超过90%，属于典型的存量地区。在20世纪90年代，上海市闸北区政府开始启动更新，以“不夜城”

图 4-3　上海火车站周边实景

项目为带动，以期塑造全新的现代化城市大型公共活动中心，但实际情况来看以不夜城为代表的城市综合体业态仍以低水平零售、餐饮服务为主，同时由于建成区更新阻力大，南广场地区推进较好，但北广场地区至今仍难以推动进一步更新提升，上海火车站并未发挥车站地区区域性功能节点的价值。未来在国家明确城市更新的大导向背景下，既有车站地区能否借助新的更新机制和政策来进行功能提升也愈加关键。

4.2
站城开发逢站必城，缺少“人本需求”把握

4.2.1　政府对站城地区重开发而轻需求

在国家加大基础设施和高铁投资建设的大背景下，高铁车站地方政府竞相争夺的重要资源。但对于铁路车站到底能给地方带来怎样的有利效应，地方政府往往缺少冷静的思考分析和判断研究，对于车站地区的开发大多抱有很高的期待，大部分车站地区往往被政府冠以“高铁新城”等称谓，以期形成带动城市发展的“引擎”。以京沪线为例，沿线24个站点有12个定位为城市副中心和新城区，占到50%，功能雷同化和过高的发展定位也造成后续发展途径狭窄。从实际建设情况来看，这12个车站的发展大多并未达到当时预期（表4-1）。

京沪高铁沿线主要城市高铁片区（包括高铁新城、新区）基本情况　　表4-1

城市	规划面积（km^2）	开发定位	与城市中心区距离（km）	建设情况
德州市	35	现代工业产业、综合公共服务与配套居住	9	新建站
济南市	26	城市新中心，以金融、会展、总部经济为主导，以商贸、休闲、服务业为辅助，以房地产业为基础的现代化新城区	10	新建站
泰安市	4	以商服、居住、公共服务为主的城市综合组团，新的交通枢纽与商住服务中心	5.6	新建站
曲阜市	35	以居住、高新技术产业、商贸业、服务业等为主导	10	新建站
滕州市	40	高端服务和研发新高地、生态和宜居城市	9	新建站
枣庄市	30	以行政办公、商务会展、文化娱乐、体育等为主导功能的市级城市中心，与居住区有机结合，形成现代化新城区	3.6	新建站

预期过高也反映在高铁新城普遍存在规划面积偏大的情况，如山东聊城高铁新城规划面积186km^2，其中核心区城市设计范围约21km^2，控制性详细规划范围约30km^2。京沪沿线城市高铁新城或新区规划面积普遍在30km^2以上，有的接近了中心城区的一半，如滕州市达到了40km^2，宿州达到了50km^2。

在嘉兴南站中（图4-4），市政府对于地区的开发期望值很高，从国际商务区到城市副中心，政府通过反复规划研究不断将定位提升，但从近年来实际开发中，却并没有看到城市副中心或者区域公共性职能出现，只有北大青鸟和少数物流项目，政府预期与实际建设开发差别落差过大，如何科学合理

明确定位成为嘉兴南站新一轮需要破解的难题。

而进一步反思逢站必城的原因，其核心还是在于对于车站所带来的人本需求把握不充分和过高预计，很多车站无论从客流规模还是客流特征上来看，都不足以支撑政府如此大规模的功能开发。纵观国内较为成功的虹桥枢纽地区的站城定位和开发，其背后是虹桥枢纽日均超过110万人/天的客流规模支撑和大量以虹桥为目的地的商务客群，因而站城地区的开发首先必须准确把握枢纽的客群规模和特征。

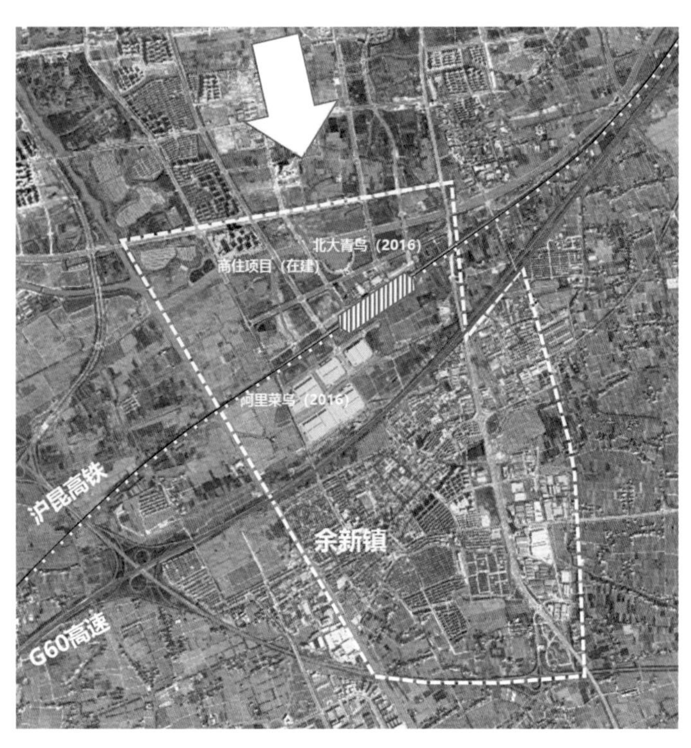

图 4-4　嘉兴南站周边现状开发项目

4.2.2　功能配置上相互矛盾和不切实际

铁路站点周边地区的功能组织和布局是促进站城融合的关键要素，而近年来从站城地区实际开发来看，房地产倾向化明显，甚至是作为炒作噱头以开发房地产项目，所谓“高铁盘”比比皆是。从京沪沿线车站周边功能来看，大部分车站周边业态功能仍以单一的客运集散及少量餐饮零售服务为主，与铁路的交通功能联系并不紧密，同时其他功能业态、空间资源配置失当，严重制约站城融合的效率（图4-5）。

2018年5月7日，国家发展改革委、自然资源部、住房和城乡建设部、中国铁路总公司联合发布《关于推进高铁站周边区域合理开发建设的指导意见》（发改基础〔2018〕514号，以下简称《意见》），为高铁站选址及周边开发提出了“量力而行，有序建设”等四项原则并明确，坚决防控单纯房地产化倾向。《意见》提出，目前，我国高铁车站周边区域整体开发建设仍处于起步阶段，各方面对高铁建设和城镇化融合发展研究还不深入，个别地方高铁车站周边开发建设不同程度存在初期规模过大、功能定位偏高、发展模式较单一、综合配套不完善等问题，对人口和产业吸引力不够，持续健康发展的基础不够牢固，潜藏着一定的社会经济风险。未来如何构建合理的功能布局模式，《意见》也指出构建枢

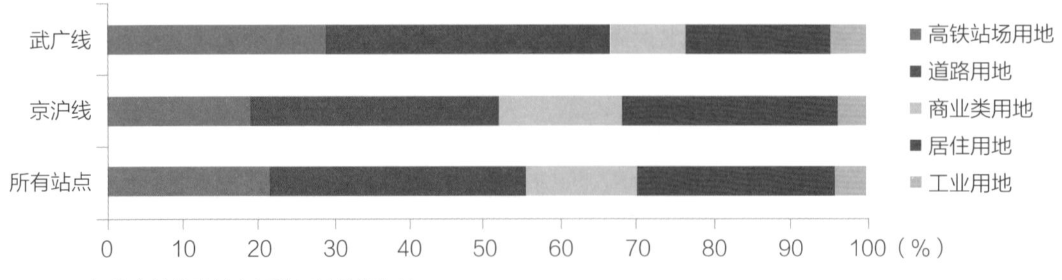

图 4-5　部分高铁线路站点周边用地结构比较

纽偏好型产业体系，避免沿线临近站点形成无序竞争、相互制约的局面。对于大城市，《意见》给出的思路是有序发展高端服务业、商贸物流、商务会展等产业功能；而提及中、小城市时，《意见》认为，在这些地方，高铁车站应合理布局周边产业，稳妥发展商业零售、酒店、餐饮等产业功能。

反观国外车站往往将高度复合化的城市功能聚集在交通便利的车站周边，将乘客的步行距离尽量缩短，使得商务办公和购物娱乐活动变得更为便利，也进一步拓展站点周边的空间多样性。日本横滨站未来港21街区的发展规划中，将横滨站定位为“连接世界与横滨的门户、充满服务热情的横滨面孔”，站点东侧的港口地区、南幸地区、高岛地区分别定位为“以艺术与设计为主题的功能复合的中心居住地”“可以享受商业、文化、娱乐之城”“具有新的城市功能、风景和环境优美的综合城市地区”。同时横滨在以横滨站为主的一系列车站开展“会跳舞的比卡丘活动”，将城市营造为由工业转型为创新文化的旅游城市，使得铁路站点成为城市活动展示的第一窗口。

4.2.3　高价值区块开发过快而低效利用

在高预期的发展冲动下，某些车站区域盲目追求开发进度，对紧邻车站周边的潜在高价值区块视作城市一般地区进行开发建设，地块开发与车站周边价值取向和人群特征并不匹配，追逐土地出让的短期收益现象明显。以济南西站为例，初期大量房地产开发项目启动，开发时序不尽合理，很多高价值地块被低估，经历10年的开发，大量商品房空置，未能实现车站周边用地综合效益和更高价值的体现。

而反观国际上的很多站点在开发时高度重视开发节奏，制定更为全面和明确的与时间相关的开发计划，为未来发展预留弹性。在日本很多车站地区均预留了一定比例的用地，作为未来城市功能的拓展空间，并在时间序列上逐步开发更新，让车站地区功能可以逐步更新和演进。如日本南町车站引入了临时商业功能，站前部分也设置了OUTLET商业设施。在这种不确定性较高的情况下，临时功能的设置能够为以后的需求转换以及未来发展预留各种变化的余地。

4.3
站城交通衔接不畅，缺少“客群差异”组织

4.3.1　铁路站点及周边未能融入城市空间结构

目前我国很多站城地区发展未能在城市空间结构层面处理好高铁站与中心城区及其他组团之间的关系。站城片区作为独立组团发展，与外界联系较少、呈现边缘化发展的态势，忽视了与其他功能组团之间的交通关联，甚至与其他组团之间的关联仍需借助中心城区进行转换。既不利于高铁站对全市的交通、功能辐射，使其自身发展受阻；也不利于支撑城市空间结构体系，统筹城市主城区、新城、组团、新区等功能单元的关系。

4.3.2 快速集散系统与城市交通网络衔接不足

站城地区的交通主要功能在于服务到发人群的快速集散，因而在车站紧密联系地区以高快速路网络与轨道交通为重点，服务于车站的快进快出客流。而城市交通组织是按照城市交通运行规律来合理组织交通设施资源配置。两者在各自的交通组织上出发点不同，均符合各自的交通特征和需求。但当这两张网结合起来，却容易较难衔接，产生诸多问题，主要表现在站城地区与城市的路网系统衔接缺少统筹。当前国内的主要做法是站城地区与中心城区之间通过一条或几条快速路、主干路相接，忽视了次干路、支路之间的贯通性。地区间的路网“割裂”发展，导致整体道路等级结构失调，路网密度偏低，路网衔接不畅，容易造成区域间的“蜂腰”及路网错位问题。路网衔接不畅引起的站区与城市连接效率低，站区城市交通和车站交通流线组织不清导致瓶颈和拥堵等情况。

如虹桥枢纽地区的道路交通建设上（图4-6），地面干道系统达标率仅为48%，造成路网密度低，连通性差，现状全路网密度仅4.0km/km^2。同时涉及跨区道路多，建设时序、建设标准不一。在道路设计上，虹桥火车站南北进入地下车库匝道与进入虹桥商务区的匝道设计共线，导致大量不同出发导向的车流拥堵在匝道，引起虹桥地区的交通不畅。

在广州东站周边的8.6km^{2}内地区内，主干道、次干道和支路网密度仅为6.2km/km^2，整体路网偏低，且内部断头路多，连通性不佳，较周边一般城市地区短板仍较为明显。

图 4-6　虹桥高铁站周边现状交通图

4.3.3 绿色慢行系统缺乏重视而导致建设不足

车站地区的交通组织在国内大部分地区均高度重视交通的快进快出，重视轨道交通和高快速路网的建设，但对于绿色慢行交通协同缺乏重视。车站周边的慢行交通设施规划缺少前瞻性，建设时序中也往往比较滞后。而从车站地区客流实际发展来看，越来越多的人群将车站地区视为目的地，特别在车站地区已经进行大规模的功能开发后，“车站即目的地”需要大量的慢行交通设施来支撑地区发展。

以上海火车站为例，随着上海站的南广场更新和北广场的更新起步，功能开始集聚，在上海站的客群中较多人群也逐渐将目的地作为车站周边地区。但在上海站周边地区的步行系统的建设中，存在连续性较差，车站与地铁间换乘不便等问题。火车站内步行系统与轨道交通站点、公交站及其他设施换乘连通性不佳，客流主要通过火车站广场和地面步行通道进行疏散，对步行空间需求较大。同时周边地区在人行道的设计、骑行道的组织上均缺乏系统化考虑，地上、地面和地下三个维度步行系统不连续，导致整个站城地区的慢行系统不畅，严重影响了上海火车站的交通效率。

反观国外很多站点非常重视慢行系统，除了保证步行空间的舒适性和安全性，一些地区更是利用枢纽核心空间进行步行系统组织完善，丰富站城地区的空间联系，提升城市活力。限制私人交通，鼓励绿色公共交通是国外车站在集散体系上核心倡导的价值理念。在阿姆斯特丹的中央车站集散交通设计中，将地铁、有轨电车、公交车、步行、自行车、轮渡为代表的公共交通布局在车站南北两侧从而保证较好的可达性，而个体交通仅在北侧进行接驳。2000年后，车站通过建设跨站的步行和自行车通道，配建立体化的自行车停车设施，不断优化改善非机动车与车站的链接，鼓励市民通过非机动车方式进入和离开车站。伦敦各大车站换乘系统鼓励公交优先，在车站接驳地区划出公交专用车道。日本多摩新城二子玉川站在内部空间组织上，在不同空间层面设置了不同体验的步行流线，一层为游客和摊贩设置了中庭自由广场和座椅，二层。充分利用平台与周边商业、写字楼、公寓进行有效连接，形成与周边城市节点无缝衔接的、完整的步行网络系统。

4.4 站城人文关切不足，缺少“人性尺度”设计

4.4.1 空间使用的客群体验不友好

我国早期设计的客运枢纽站普遍存在先建站后引入其他交通方式（如地铁、轻轨等）的问题，在借助站前广场，特别是立体化换乘广场进行换乘时，容易造成进出站乘客流线交叉。究其原因，一方面，在设计中没有通过建筑、室内设计的手段来增加换乘空间的可识别性和引导性；另一方面，客站的诱导标志设置不尽如人意，导致换乘距离被拉长的同时易造成混乱和拥堵。

如北京南站因进出站时间长、出租车接驳难、停车场较“闷”等问题受到舆论关注，主要原因在于标识设计和衔接缺乏统一规划、导向标识的信息量过大、方位性标识和流线引导标识部分不完整等

问题，容易出现因旅客等待和思考而产生的“停滞区”（图4-7），从而引发人流拥堵。直达和一次换乘可达的比例较低也会导致体验较差，如苏州北站，其分别仅为5.53%和44.98%。此外还存在设施管理不到位的问题，如广场没有地铁出入口、候车组织秩序乱、安检等待时间长、标志位置不合理、动态信息独立分散等。

核心原因还是在于站城地区的流线和标识设计对于人群使用的实际情况考虑较少，未从客群使用的角度来进行统筹布局。

图 4-7　北京南站“人群迷路区”识别

4.4.2　空间设计上未关注人性尺度

将铁路客站视为“城市大门”的观念，在我国铁路客站设计中曾经长期占据主导。铁路客站设计追求宏大的视觉形象，审美取向追求巨大尺度的开放空间系统（尤其是站前广场），难以形成站与城之间的有效连接，反而进一步扩大了站与城的分离。部分传统的车站站前广场往往受自身交通集散的功能限制及铁路运营的管理限制，并没有充分发挥城市客厅的功能，与城市的互动性也不强。

4.4.3　空间场所缺少地域个性营造

作为城市重要的公共空间节点，目前我国部分高铁站设计往往只重视交通需求，没有以人为本地考量具体空间感受和景观系统的完整性，乘客与场所空间的缺乏互动性，未能对地域文化表达的深入思考，导致“千站一面”，缺乏场所精神的营造。如在嘉兴高铁站周边，对于江南文化等地域要素挖掘不足，建筑、水系和环境等未能体现地域文化特色，缺少场所营造，使得城市特色在门户地区未得以体现。（图4-8）。

而国外的枢纽站点公共空间逐步引入艺术化、人文化和休闲化的功能，成为人群乐于集聚、体验和休闲的地区。公共空间质量和品质提升亦反过来促进枢纽地区的经济功能进一步提升和发展。通过特定空间的文化设计，空间营造展现城市的艺术人文氛围。在日本京都车站通过露天舞台、室町小路广场等具有日本浓厚人文的设计，将紧急避难的非常通道整合为市民的活动场所。屋顶花园“大空广场”是以《竹取物语》为主题设计而成。空中走廊更是车站观赏京都景观的重要场所，同时车站周边地区不断丰富具有强烈的地域文化特色与个性，成为京都新的文化地标。

图 4-8　嘉兴高铁站点周边现状

4.5 铁路与城市部门缺乏有效的协调机制

4.5.1　选址及规划设计阶段缺乏成熟的路地衔接机制

铁路主体的首要任务是完成线路建设、客货运输工程等国家年度计划，地方政府则更多考虑实现城市当前阶段经济和社会目标，两类规划关注的侧重点不同。由于铁路规划与城市规划目标的差异性、规划周期的不匹配及缺乏可操作的协调机制，往往产生规划脱节，并引发铁路割裂城市、站点远离城区等系列问题。

4.5.2　建设、运营和管理机制缺乏统筹和创新

铁路枢纽及站城地区的开发过程中，建设阶段的涉铁工程一律由铁路部门代建，地方政府则仅负责地方配套，双方缺乏沟通。地方政府对涉铁工程话语权不大且缺少有效的沟通机制。在后续的运营和管理中，也存在铁路部门和城市政府部门的事权空间存在较大割裂，难以实现功能方面的融合。这要求未来在站城融合的背景下需要在建设、运营、管理机制方面得有所创新。

国内较好的机制创新实例来自上海虹桥枢纽地区。上海是针对虹桥枢纽及其周边地区开发，成立了两套机构：一是2009年成立的虹桥商务区管理委员会，作为市政府的派出机构，协调铁路部门，全面指导建设；二是2012年成立了虹桥商务区开发建设指挥部，由副市长任总指挥，建立权威高效的开发建设推进平台保障了各方形成合力共同推进。此外，上海市人民政府颁发了《上海市虹桥商务区管理办法》（上海市人民政府令25号），明确授权虹桥管委会统筹开发和协调实施整个商务区的功能开发，并设立了虹桥商务区专项开发资金，支持商务区的开发建设和管理，在这一过程中充分衔接铁路部门和机场集团，也为虹桥枢纽地区迈向我国较为成功的站城融合典范奠定了重要基础。

第5章

站城融合规划设计方法

5.1 站城融合规划设计总体理念

5.1.1 突出“人本需求”导向

“人”是站城地区实现融合发展的关键，多元化人群的活动派生了站城地区的空间关系。因而，站城融合发展要在延续以往对站城空间关注的基础上，更加关注站城空间关系中“人”的要素。并且，对“人”的关注不应只停留在理念上，而应该体现在站城融合相关研究、规划设计的各个方面。

特别是对铁路客群的特征把握，铁路客群的构成、规模、出行频次、目的地及功能服务需求，在不同的城市、不同的车站有着巨大的差异，这决定了站城融合的需求和动力。在站城功能和空间布局上，不仅是关注功能能级、空间体量，更需要关注站城地区多元客群价值特征带来的影响，以及多元客群在站与城之间活动的相互促进。在站城交通组织上，要关注客群集散的时空分布规律，准确把握不同目的、不同方式客群的出行特征和诉求，进行差异化、流线化的交通集散。在站城建成环境设计方面，不仅是关注标志性与特色性，更要以“人的尺度、人的体验”为衡量标准，充分体现人本关怀。

5.1.2 保障“门户功能”优先

门户功能是站城地区最基本的功能，也是区别于城市其他地区的主要功能，因而在站城关系中需要得到优先保障。站城地区的首要功能应实现铁路车站客流的快速到达和疏散。作为城市与区域链接的门户，铁路车站往往在节点上形成大客流的聚集并要求在短时间内进行集散，只有且必须做到车站的交通组织有序和高效率，才能实现站城地区的高品质发展。

在这个基本判断的基础上，车站及其集疏运系统很大程度上决定了站城融合地区的主要结构，站城融合规划设计首先应处理好车站建筑的形式及进出界面、不同客流的流线组织、站城地区与周边城市功能地区的衔接关系，强化铁路客群与站区功能和规模的关系分析。特别是，站城周边地区的开发规模、产业业态不能影响或削弱车站的门户功能，避免在站城地区无节制过度开发，否则容易在车站节点、集散通道方面造成交通负荷不堪重负，进而影响铁路车站的正常运行。

5.1.3 贯彻“生态双碳”理念

“生态双碳”理念是推动站城地区由传统发展模式转向绿色、低碳、循环的生态化模式的核心。站城地区作为城市门户地区，是交通、产业、城市功能高度融合的区域，应当并且能够为城市低碳绿色发展作出表率作用。在“碳达峰、碳中和”的背景下，站城地区要通过科学布局、创新驱动、绿色导向发展和产业转型升级，实现碳强度持续快速下降、结构减排效应显著增强。

具体而言，铁路作为未来区域客运系统实现双碳发展的重要方式，应在站城地区规划设计中提升面向区域的便利性、功能性和建设品质，从而进一步促进铁路在城际出行中的高效使用。站城地区的功能空间、交通集散、建成环境要素规划和设计，须全面贯穿“生态双碳”理念，以降碳为重点战略方向，促进生产方式、生活方式、建设方式、管理模式和社会文化向绿色低碳化转型，从而建立共赢的站城融合新模式，实现城市经济社会与生态自然的和谐共生。

5.2
站城融合规划设计总体方法

5.2.1　基于“圈层与类型”的分析方法

车站对周边地区的影响势必会随着距离增长逐渐衰减，进而表现出比较明显的“圈层”特征成为国内外大量的研究分析的共识。从当前国内外诸多铁路客站的实际发展看，车站周边不同空间圈层的用地、功能、空间形态、交通设施都呈现出明显不同的特征。这些“圈层”并非严格的同心圆形式，受交通网络、用地条件的约束，并不是严格地均匀分布在车站的四周。在未来站城地区规划设计之中，也应体现出不同“圈层”内功能布局、空间形态、交通组织的侧重和差异等。

站城地区发展同样受“类型”影响，这些类型反映在站城的多个方面。从车站所在的线路类型看，有干线高铁车站和城市群城际高速铁路车站之分，它们所连接的空间层次有不同侧重。从车站所处城市及在城市中的位置看，有特大城市的车站和一般城市的车站、市级站与县级站、靠近城市中心的车站和远离城市中心的车站等，这会带来车站周边发展的不同条件、影响实现站城融合的难易程度。从车站的形式看，有高架线路车站、地面线路车站、地下车站，这会影响未来站城地区的交通集散模式、跨站线发展的难易程度等。从站城人群看，有本地、有外来，这些人的需求又不尽相同。因而在站城地区规划设计中，区分这些不同“类型”将有利于对车站周边的产业发展、功能布局、土地和空间利用、交通系统等有更加科学、合理的判断，为车站量身定制更为合理的发展路径。

5.2.2　站城圈层的划分

站城圈层划分目前尚无统一的绝对标准。本书重点基于不同尺度内人与车站最倡导的交通方式，考虑联系的便利性和时效性、结合既有站城地区既有的发展情况，将站城空间从车站向外大致分为紧密站城地区、功能拓展地区以及辐射影响地区三个圈层（表5-1、图5-1）。其中，需要说明的是，一定语境下的站城地区较大程度上指代的是紧密站城地区和功能拓展地区。

高铁站城面向城市的三个空间圈层　　表5-1

	紧密站城地区	功能拓展地区	辐射影响地区
与车站间最倡导的联系方式	步行	非机动车、公共交通	公共交通
时间距离	10min	10～15min	站城地区视角：地面公交30min
空间距离	约600m	约1.5km	—
空间范围	不超过$2km^2$	$10km^2$左右	站城地区视角：数十平方千米

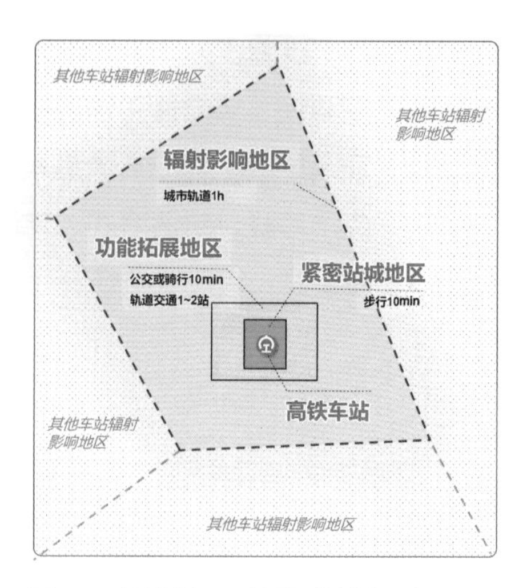

图 5-1　站城空间三个圈层的划分示意

1. 紧密站城地区

紧密站城地区并非每个车站都具有，它的出现代表着车站不再是一个单纯的交通门户，已开始对城市结构产生实质性影响。它是重点车站在紧邻车站的周边地区，形成与车站联系最为密切、站城客流最为集中、站城功能最集聚、最彰显未来生活工作新方式的地区。因此，紧密站城地区与车站的联系最为倡导的方式是步行，以出站后步行10min、半径距离约600m为尺度进行划定，覆盖的空间范围一般不超过$2km^2$。

同时该地区也是站城范围土地价值最高、空间最集约、设施最集中的地区。它一直是站城开发的核心区域和先行启动区，国外高水平站城项目的核心范围也基本上在这个空间范围内（表5-2）。因此，该地区是站城功能、站城交通、站城环境规划设计关注的重点。

国际高水平站城项目的核心区范围　　表5-2

站城名称	面积（km^2）	建设起始年代	站城名称	面积（km^2）	建设起始年代
阿姆斯特丹南站	2	20世纪90年代	巴黎拉德芳斯	1.6	20世纪50年代
柏林中央火车站	0.6	21世纪10年代	东京站丸之内	1.2	20世纪50年代
伦敦国王十字	0.27	20世纪90年代			

2. 功能拓展地区

功能拓展地区，在空间上紧邻车站与紧密站城地区，范围内布局与车站和紧密站城密切相关的功能。与紧密站城地区相比，功能拓展区中的功能业态（公服设施、企业机构）等对用地规模的需求更大，对土地租金的承受能力稍弱，因而更适宜布局落位在该地区。但仍然是作为车站旅客和紧密站城地区人群工作业务往来的目的地或者居住地，与车站和紧密站城地区均有较强的客流往来。

功能拓展地区与车站之间具有一定的空间距离，倡导通过骑行、公共交通进行联系。因此以骑行或公共交通10～15min的尺度进行划定，半径约1.5km，面积约8～$10km^2$。有城市轨道的铁路车站，其功能拓展地区一般可以向外延伸1～2个轨道站点。例如上海虹桥的国家会展中心、阿姆斯特丹南站的阿姆斯特丹RAI展览中心，基本可以看作处于车站的功能拓展地区。

3. 辐射影响地区

辐射影响地区可以从多个角度理解。随着部分车站站城地区的形成，从站城地区的角度来看，辐射影响地区是站城地区功能的潜在使用人群分布范围。这个范围内生活工作的人群，会使用站城地区的城市服务功能，满足日常消费休闲需求。

从车站的角度来看，辐射影响地区是车站能够吸引的潜在旅客范围。这个范围内的旅客会认为这是他最方便到达的火车站，会优先选择到该站乘车。车站视角的辐射影响地区是每个车站都具备的地区。

辐射影响地区的尺度受铁路车站、城市中心数量和整体布局的影响，不同车站的差别较大。从站城地区的视角看，辐射影响范围相当于我国多数城市划定的高铁新城的范围，站城地区则成为高铁新从十几到几十平方千米不等。但从车站的视角看，高铁车站辐射影响区的范围更大，往往能够达到数百甚至数千平方千米。因此辐射影响地区与车站的联系更多是依靠公共及个体的机动交通。从居民出行的便捷性上看，未来应将站城地区视角下的辐射影响区的尺度尽量控制在地面公交半小时，而车站视角下的辐射影响区范围尽量控制在轨道交通出行的一小时范围以内。

5.3 站城融合规划设计要点内容

5.3.1　站城目标定位应突出区域功能

在区域一体化发展背景下，站城地区的发展应在区域视角下统筹规划布局，结合车站所在城市的区域位置、车站能级、客群特征和需求、车站周边未来城市发展政策倾向等多方面因素，谋求契合自身实际情况的功能定位与发展目标，培育区域功能节点。因此，在考虑站城地区价值定位过程中，应重点关注站城地区发展目标与功能布局是否契合区域一体化的发展方向。

5.3.2　站城关注对象应突出铁路客群

站城地区聚集有大量的人群，包括铁路客站的到发旅客、生活工作在站城地区的人群以及站城地区的访客游客，以及非铁路方式的换乘客流与过境客流。

三类人群对站城地区的使用频率不同、与站城地区功能的联系程度不同，因而对站城地区需求有很大差异。站城地区首要聚焦的人群是铁路客群，尤其是不仅使用铁路车站，而且是与紧密站城地区、功能拓展地区集聚的功能存在密切联系的客群。这部分客群对站城地区的使用最为频繁，也是触发站城融合的最核心人群，这类人群对车站和站城地区，以及各类设施系统和服务都有很高的期待和需求。其他生活工作在站城地区，但不使用铁路的人群则更加关注站城地区本身，而与车站部分的关联较小。也有不少铁路旅客，他们的出行起始地和目的地并不在站城地区，以及非铁路方式的换乘客流与过境客流，更多使用的是车站、站城地区的交通设施，更加关注站城地区交通状况、换乘设施和空间，实现快速换乘和过境。未来站城地区规划设计要关注到不同人群的需求差异。

5.3.3 站城交通应突出绿色交通体系

在“2030实现年前碳达峰、2060年前实现碳中和”的时代背景下，城市交通系统应推动持续减碳，逐步迈向低碳、近零碳。站城交通更应该突出绿色交通体系，成为践行双碳目标的地区交通系统示范。一方面，站城交通体系具有良好的条件。站城交通体系中铁路及城市轨道最核心的交通方式，同时还集中有大量地面公交系统，均具有巨大的节能减排优势。以铁路及城市轨道为支撑的客运交通体系，能够有效降低交通运输能耗和碳排放总量，成为促进双碳目标如期实现的重要支撑。另一方面站城地区作为城市发展的中心地区、新兴地区，站城交通体系应当成为绿色转型的标杆。除了公交体系，未来站城地区的个体机动交通也应率先推进新能源汽车对传统燃油汽车的替代，利用科技智慧手段引导各类出行群体向低碳、共享生活方式转型。

5.3.4 站城开发应突出集约混合

车站及其周边地区用地开发受到多方面利益主体和建设因素影响，其中包括政府主导下的城市形态管控、开发主体运营角度下的开发强度管控、多元市场主体参与的城市运营权责协调等。在站城地区的土地配置过程中，能否通过合理的土地资源配置模式和弹性开发时序调整，处理好城市社会效益和经济效益的平衡，是近年来站城地区开发的重点和难点。单纯通过房地产开发的运作模式不一定会给站城地区带来持续性效益，很容易出现盲目开发导致周边地块价值被低估的现象。

5.3.5 站城形态应突出人性尺度

车站地区城市空间形态与周边功能组织息息相关，通过人性化空间设计，构建多元活力的城市空间氛围是推动未来站城区域发展的重要动力因素。但在实际开发建设的过程中，常常会出现过于追求宏大空间场景而丧失人性化空间尺度等现象。因此，在站城地区空间形态塑造过程中，既要考虑站城区域整体空间风貌协调，也应注重人性化、便捷化的公共空间设计，塑造舒适宜人的城市空间以满足使用客群的需求。

5.3.6 站城环境应注重生态和减碳

站城环境与自然生态共生是建立在保护、适应、优化和补偿生态环境的基础上，对自然生态系统进行科学优化，实现人（主体）、城市（人工环境）、自然（自然环境和自然环境）之间的和谐发展。

自然生态共生营造的基本要点包括：保护原有的绿色生态空间格局，延续或创造更加契合的生态空间肌理，增强城市韧性，提高生态效能；同时，适当限定开发、建设边界，促进站城功能空间的精致集约发展，探索站城空间与自然和谐相处、互促共生的发展模式。

站城地区内自然生态共生营造的设计要素体现在绿色景观塑造、碳汇空间保障以及生态过程优化等方面。其中，绿色景观塑造需要对原始自然生态景观加以保护和恢复，通过适当人工干预引导绿地等生态系统的合理布局，增强自然生态与人文空间的有机融合，为人们提供优质的生态活动空间。碳汇空间保障要求站城地区划定基本的碳汇范围，保护主要碳汇类型，充分利用绿色植物、植被的光合作用吸收二氧化碳，实现站城地区碳排放总量平稳下降。生态过程优化是对站城地区的自然生态资源加以完善整合，科学研究绿地、水体、能量、物质之间的循环过程，提升绿色生态系统的碳汇能力和碳汇稳定性。

在目前全球绿色低碳的趋势背景下，站城地区功能布局应强化对绿色低碳技术的推广和应用，重点聚焦站城地区空间集约组织和建筑低碳技术推广两个方面。通过站城地区科学合理的交通流线、空间形态、用地功能布局，提高使用客群时间效率，从整体上降低碳排放；在站城地区开发建设、城市运营和监管维护等发展阶段，应重点关注节能降噪等新技术的应用，通过新材料、新能源的推广，进一步降低能源消耗，实现站城地区绿色低碳节能的高质量发展目标。

第6章

站城功能识别与布局规划

站城地区功能选择对于未来发展具有重要意义。本章从站城地区客群需求出发，聚焦紧密站城地区，通过对城际商务客群、城市功能客群、交通换乘客群和城市其他衍生功能客群的行为特征识别，探究基于客群需求的站城地区功能布局规律。结合站城地区功能布局特点，根据不同车站的区域区位价值、客群流量需求、政府决策意愿以及市场开发动力等方面影响因素，总结高强度开发、中强度开发，以及低强度开发三种不同站城地区开发的规律特征，并从多方协同的角度，探究站城地区开发的运营机制。

6.1 客群行为特征及需求识别

时空距离影响下不同客群的时间价值成本不同，时间敏感度不同。从普速铁路时代到区际高速铁路时代，再到多层次轨道网络融合时代，出行人群对时间敏感性发生巨大变化，对高品质场所空间、高品质服务功能提出更高要求（表6-1）。未来站城地区应更加强调人的活动集聚，而非车辆的集聚。因此，站城空间应更加注重人性化的功能组织和空间设计，打造契合多元人群需求特征的公共复合活动圈。

不同时间敏感度客群划分　　表6-1

客群类型	时间敏感度	站城地区需求	出站常用交通方式	单位时间价值	通勤经济成本承担能力	突发风险承担能力（线路延误、取消）
城际商务客群	高	城市功能与交通的高品质对接	出租车、私家车、轨道交通	高	较强	很弱
城市功能客群	中	安全快捷，快速到达目的地	轨道交通、公共巴士、出租车	中	一般	强
交通换乘客群	中	多种交通方式之间快速换乘	高速铁路、轨道交通、公共巴士、出租车	中	一般	较弱
衍生功能客群	低	以游览为主，有期待和惊喜的公共空间	公共巴士、轨道交通、私家车、出租车	较低	较弱	较强

6.1.1 城际商务客群：高时间敏感度

城际商务客群出行频率极高，以中短途乘距为主，当日往返居多，站区停留时间较短，时间价值成本较高，主要目的地为车站及紧密站城地区（表6-2）。城际商务客群依赖高速铁路出行的准时性，要求尽可能做到随到随走、站台直接候车等简化模式。对车站及周边地区的空间品质和服务要求也相对较高，能够承担较高的交通成本。此类客群依赖高速铁路出的准时性，对通勤过程中的经济成本承担能力较强。但由于时间价值较高，应对突发风险能力较弱。

城际商务客群出行特征识别　　表6-2

目的	活动路径	活动区域	人群特征
城际商务客群	其他城市—市域商务区—站区商务区—其他城市	高铁客运站、城市交通设施、办公区、商务区、餐饮区、短期住宿、城市公共空间	目的性强、站区停留时间较短、途外附属时间敏感、站区商务功能敏感、站区环境品质敏感、可能参与站区各种餐饮娱乐休闲功能

6.1.2　城市功能客群：注重时间价值和经济成本平衡

城市功能客群单位时间价值相对较高，交通经济成本承担能力一般，因此更加注重时间成本和交通经济成本之间的平衡，能承担的步行可达距离相对较远，常选择换乘交通方式主要有轨道交通、公共巴士、出租车。由于“中时间敏感度”客群主要以城市功能地区为主要目的地，因此对车站与周边地区的可达性要求较高，更加关注能否快捷到达工作生活目的地（表6-3）。

城市功能客群出行特征识别　　表6-3

目的	活动路径	活动区域	人群特征
城市功能客群（周边生活、工作客群）	市域居住地—站区商务区—车站周边市域居住地	城市交通设施、站区办公区、商务区、周边居住区、城市公共空间	站区停留时间较短、站区办公功能敏感、站区商务功能敏感、居住区可达性敏感、交通换乘便捷敏感、城市交通品质敏感、交通标识系统清晰度敏感、站区餐饮娱乐休闲功能使用频繁

6.1.3　交通换乘客群：注重换乘时间效率及交通成本

交通换乘客群以交通功能使用为主要目的，注重换乘的时间效率和步行距离。站区停留的时间根据换乘时间决定，对紧密站城地区商业休闲、临时性购物功能有一定使用诉求，并对车站换乘空间舒适度及交通流线清晰度要求较高（表6-4）。

交通换乘客群出行特征识别　　表6-4

目的	活动路径	活动区域	人群特征
交通换乘客群	其他交通方式或城市—站区—其他交通方式或城市	高铁客运站商业、餐饮区休闲、娱乐区城市公共空间	站区停留时间根据换乘时间决定、交通换乘便捷敏感、站区环境品质敏感、站区餐饮娱乐休闲、衍生功能使用可能较大

6.1.4　城市衍生功能客群：时间成本价值较低

其他城市衍生功能客群时间自由度较高，单位时间价值较低，更加关注交通经济成本，可以承受由于突发情况而带来的班次延误、取消等意外状况（表6-5）。这类客群在站城地区停留时间由站区的吸引力决定，对紧密站城地区商业休闲环境和公共空间品质较为敏感（表6-6）。

城市衍生功能客群出行特征识别　　表6-5

目的	活动路径	活动区域	人群特征
城市衍生功能客群（如主题游乐、购物、餐饮休闲、功能使用者）	市域某地或外地城市—站区商业、休闲区—市域某地或外地城市	城市交通设施、站区商业区、站区餐饮区、站区休闲区、站区娱乐区、城市公共空间	站区停留时间根据站城地区影响力决定、站区商业环境敏感、站区可达性敏感、交通换乘便捷敏感、交通标识系统清晰度敏感、站区购物餐饮娱乐休闲功能使用为主

不同客群站城地区需求距离及出站常用交通方式统计　　表6-6

时间敏感度	站城地区需求	出站常用交通方式	主要功能使用区
城际商务客群	城市功能与交通的高效对接	出租车、私家车、轨道交通	紧密站城地区
城市功能客群	安全快捷到达目的地	轨道交通、公共巴士、出租车	紧密站城地区、功能拓展地区
交通换乘客群	多种交通方式之间快速换乘	高速铁路、轨道交通、公共巴士、出租车	紧密站城地区
衍生功能客群	以游览为主，有期待和惊喜的公共空间	公共巴士、轨道交通、私家车、出租车	紧密站城地区、功能拓展地区、辐射影响地区

6.2 基于需求的功能类型及分布特征

6.2.1 城际商务客群：营造高品质商务目的地和服务地

商务客群需要车站提供“车站即目的地”的商业商务空间，并在周边地区提供相关咨询、金融网点等便利性服务设施。同时车站及周边地区也应考虑满足高效商务客群的消费需求，植入高端品牌、轻奢品牌、旗舰店等业态，并辅助艺术画廊、小型展馆等功能。

商务客群关注时空距离压缩后的时间效益。在站城融合的核心区域应本着“高质量、高效率和高价值”的站区开发运营理念，将最具有吸引力和服务力的功能业态布置在紧密站城地区，其余一般性城市功能向功能拓展区延伸布置，着重提高紧密站城地区高品质服务能力（表6-7）。

城际商务客群功能需求及布局特征 表6-7

主要客群	功能活动圈层特征	价值导向	活动圈主要功能	功能示例	功能主要分布圈层	活动圈辅助功能
城际商务客群	出行频次较高，以交通目的中短途乘距为主，对车站要求随到随走，站区停留时间较短，对时间价值十分敏感，对场所的空间品质和服务要求也相对较高	快速的城市交通系统，多元商务服务地+目的地	换乘交通系统	GTC换乘中心，立体停车楼	紧密站城地区	艺术画廊，小型展馆
			高端商务	商务会议，总部	紧密站城地区	
			时尚商业	高端品牌/轻奢品牌/专业店，旗舰店，品牌店	紧密站城地区	
			金融广告等咨询服务	面向区域服务，信息平台共享度高	紧密站城地区	
			酒店住宿	高星级酒店，高端酒店式时租公寓	紧密站城地区、功能拓展地区	
			餐饮	米其林，品牌餐厅，品牌咖啡	紧密站城地区	
			商业	地域特产店，品牌店	紧密站城地区	
			餐饮、娱乐、休闲产业	地方特色餐饮	紧密站城地区、功能拓展地区	

6.2.2 城市功能客群：打造公共服务主导的多元价值门户地

针对城市功能客群，紧密站城地区应提供高效的换乘设施、停车设施、咨询服务中心、餐饮、娱乐休闲等功能，以多元业态混合的功能组织形式为主，构建兼具公共性和复合性的城市生活圈，打造公共服务主导的多元价值门户地（表6-8）。

城市功能客群功能需求及布局特征 表6-8

主要客群	功能活动圈层特征	价值导向	活动圈主要功能	功能示例	功能主要分布圈层	活动圈辅助功能
城市功能客群（周边生活、工作客群）	对车站的停留时间较为敏感，对车站与周边地区的可达性要求较高，能够迅速达到车站核心区以外的城市目的地	公共服务主导的多元价值门户地，功能高度复合	换乘系统，停车设施	立体停车楼	紧密站城地区	广场、公园绿地，居住社区
			一般商务办公功能	适应大中小各类企业的SOHO	紧密站城地区、功能拓展地区	
			商业	零售、百货、便利店，地域特产店，品牌店	紧密站城地区、功能拓展地区	
			餐饮	一般性大众餐饮，快餐	紧密站城地区、功能拓展地区	
			餐饮、娱乐、休闲产业	地方特色餐饮	紧密站城地区、功能拓展地区	

6.2.3 交通换乘客群：营造高效便捷的集散体系

针对交通换乘客群，需构建高效便捷的换乘体系，并提供清晰明确的换乘流线指引标志。在车站内部空间及紧密站城地区布局过程中，注重不同交通方式之间的衔接，同时提供引导服务中心方便乘客咨询（表6-9）。

交通换乘客群功能需求及布局特征 表6-9

主要客群	功能活动圈层特征	价值导向	活动圈主要功能	功能示例	功能主要分布圈层	活动圈辅助功能
交通换乘客群	以铁路周转换乘和不同交通方式换乘为主，主要活动区域为紧密站城地区	清晰便捷的换乘枢纽空间及高效的集疏运体系	便捷城市交通系统	GTC换乘中心、立体停车楼	紧密站城地区	酒店、休闲餐饮、时尚购物

6.2.4 城市衍生功能客群：引入“文化 + 创意 + 景观”衍生功能

其他城市衍生功能客群，一方面要求能够便捷接入到达市域主要功能性目的地的交通换乘节点，对标识系统清晰度要求较高（表6-10）。此外，城市衍生功能客群重视车站周边地区环境景观性，要求车站及周边地区具有多元、活力、可游性强的公共空间。同时应提供具有特色的餐饮店和地域特产专卖店，满足客群休闲消费需求。

城市衍生功能客群功能需求及布局特征 表6-10

主要客群	功能活动圈层特征	价值导向	活动圈主要功能	功能示例	功能主要分布圈层	活动圈辅助功能
城市衍生功能客群	多以站区购物、旅游等为主，更加注重站区功能空间的实际体验，对站城融合地区的空间品质和空间特色要求较高	门户地变目的地，引入文化+创意+景观激活站区	便捷城市交通系统	长时间停车场、换乘中心	紧密站城地区	酒店、广场公园绿地
			公共服务引导	旅游集散中心、旅游综合服务中心	紧密站城地区	
			度假、旅游风景区功能	主题乐园、特色小镇接驳中心	紧密站城地区、功能拓展地区、辐射影响地区	
			商业、特色消费	地域特产店，品牌店	紧密站城地区、功能拓展地区、辐射影响地区	
			餐饮、娱乐、休闲产业	地方特色餐饮	紧密站城地区、功能拓展地区、辐射影响地区	

6.3 站城地区开发类型分析

6.3.1 多维度要素对站城地区开发模式的影响

1. 客群需求对站城地区开发模式的影响

不同客群对时间敏感度不同，对站城地区功能需求不同，城际商务客群比例较高车站周边商务商业需求量较大，站城地区有较高的商务开发诉求；一般中小城市的站点，很多中小城市站点，周边以城市功能和交通服务功能为主，注重服务设施水平，对建筑开发强度要求较低。基于不同类型的客群行为特征和需求，总结对站城地区开发诉求的一般规律如表6-11所示。

站城地区开发诉求总结　　表6-11

客群类型	站城地区需求	站城地区空间类型	主要功能使用区	站城地区开发指引
城际商务客群	城市功能与交通的高品质对接	站前多元、高效、高品质的商务商业空间	紧密站城地区	建议较大规模的商务商业开发满足使用诉求
城市功能客群	安全快捷，快速到达目的地	多元功能混合，包括居住、商业、文体设施等	紧密站城地区、功能拓展地区	建议考虑整体站城地区风貌，根据居住人口和客流规模匹配建设总量
交通换乘客群	多种交通方式之间快速换乘	高效边界的交通集散空间	紧密站城地区	建议优先保证交通服务设施用地，提高服务水平
衍生功能客群	以游览为主，有期待和惊喜的公共空间	公共服务、商业休闲、文化体验类空间	紧密站城地区、功能拓展地区、辐射影响地区	营造低强度、高品质的环境场所，注重公共空间文化性塑造

2. 城市需求对站城地区开发模式的影响

基于对国内外典型站城地区的案例研究，站城地区的开发规模和开发模式，二者与城市能级以及车站在城市中的区位有很大关系。基于城市能级，人口规模越大、经济体量越高的城市，交通需求较高，车站本身的规模相应越大。但另一方面车站周边地区的开发的规模，不仅仅受到城市能级的影响，与车站的城市区位也有很大的关系，位于城市中心的车站，周边地区开发往往已经接近饱和，用地开发以用途性质变更和城市更新为主。城郊型车站周边开发比例较低，开发规模受到开发意愿、开发需求等其他因素影响，弹性波动区间较大。以天津为例，目前天津西站和天津南站都属于京沪高铁上的重要车站，但受制于城市区位开发限制，天津西站位于城市中心地区，周边开发比例已经超过70%，而天津南站位于城市近郊区域，周边开发比例不足40%。

城市视角下，城市能级、车站区位是影响车站周边地区开发规模的客观因素，虽然实际开发规模还受到其他因素的影响，但应把城市能级和车站区位要素纳入判断站城地区开发规模的基础条件。

3. 建成环境约束下的站城地区开发模式探讨

站城地区在实际开发过程中，会受到很多方面因素的制约，通过全国主要车站调研，发现影响车站地区开发的主要建成环境因素包括城市工程建设环境限制和城市风貌管控要求限制两个方面。

在城市工程建设环境方面，部分车站地区处于特殊功能区域和辐射影响区，开发建设过程中，受到工程条件限制，不能进行大规模开发，因此开发强度较低。主要限制因素包括航空飞行限高控制、蓄滞洪区地下空间开发限制、城市主要通风走廊控制、高压走廊干扰限制等。如上海虹桥站受到航空飞行高度限制制约，建筑高度均未超过10层；宁波栎社枢纽地区由于受航空飞行限制和蓄滞洪区双重影响，周边地区建筑高度不得超过45m。

在城市风貌限制方面，很多站城地区的空间形态需要与周边地区建筑风貌相协调，主要包括城市天际线控制、建筑高度协调、建筑外立面和建筑色彩协调等方面。尤其是很多车站位于城市重要历史保护街区，周边地区开发受到严格的管控要求，如青岛站、苏州站等，同时车站站房本身的建筑形态也应考虑与周边地区和谐统一，保证车站地区门户形象展示功能。

4. 主观开发意愿影响下的站城地区开发模式探讨

政府对站城地区开发的主观意愿是影响站城地区开发状态的重要因素。由于我国站城地区开发建设体制影响，目前我国站城地区开发主要采用政府主导、成立开发建设指挥部或管委会的形式，联合多家平台运营公司共同开发。因此，政府对车站周边地区的价值期待将会直接影响地区的战略投资力度和开发建设时序。政府期待较高的地区，前期公共基础设施投入力度较大，使车站周边地区影响力和吸引力快速提升，大大促进了站城地区的开发进程。

在站城地区实际开发建设过程中，以上维度对站城地区的开发规模、功能布局、空间形态、交通组织等方面会产生直接影响，但最终站城地区的空间形态并不是由单一要素决定，而是受到各个因素复合叠加的综合作用。因此，站城地区的规划设计应从多个维度出发，根据不同开发类型采用因地制宜的策略，才能有效促进站城地区融合发展。

6.3.2 站城地区主要开发类型

基于对站城地区功能开发影响要素的分析，本次研究主要划分三类站城地区开发类型，分别为高强度开发类型、中强度开发类型和低强度开发类型，每种类型具有不同的开发特点（表6-12）。

不同站城地区开发类型要素特征　　表6-12

站城地区类型	区域区位价值	客群需求	政府决策意愿	市场开发动力	综合评价
高强度开发类型	区位价值较高，区域影响力较大	客流量大，客群类型多元	政府开发意愿较强，期望较高	市场开发动力强，迫切开发	拥有较好的建设基础和发展条件
中强度开发类型	区位处于受限制地段，具有一定门户功能	客流量一般啊，客群结构较为简单	政府开发意愿一般	市场开发需根据时间窗口决定	有一定建设基础，开发较为理性
低强度开发类型	处于城市边缘区域，以交通功能为主	客流量较少，客群结构单一	政府开发意愿较弱，缺少政策支持	市场开发动力不足	基础较为薄弱，谋求特色化发展

1. 高强度开发：拥有较好建设本底和地区声誉，需提高用地集约度，强化既有优势

强度较大的超高程度开发型站城地区，多位于特大城市及区域性节点城市，所在城市区域能级较高，站点周边商业商务需求量较大，它的形成往往由于选址地点土地资源紧缺、客流量大、各项设施较完善等综合区位条件决定。

这类站城地区发展条件较为优越，已具有或有望形成一定的地区声誉，得益于高速铁路，以及多种交通方式接入的影响，成为城市的高可达地区。因此，这类站城地区未来应以进一步挖掘城市用地潜能为主，通过提高用地开发强度、更新业态功能、优化交通流线等路径，强化既有优势，进一步推动车站及周边地区站城融合。

2. 中强度开发：有建设基础与潜力，开发预期较为理性或受到特殊条件制约

开发强度适中的站城地区多位于城市中心边缘地区或老城中心区，主要分为两种类型。 其一是根据站城地区周边客群需求分析，选择强度适中的开发模式，有利于控制建筑高度与风貌，促进紧密站城地区与周边地区协调发展；其二是由于机场航空高度管控、历史街区保护约束等特殊建设条件限制，站城地区不允许高强度开发，因此选择中等强度的开发模式，通过提高城市空间品质来提升站城空间活力。

3. 低强度开发：开发基础薄弱，需等待时间机会窗口，谋求区域差异化、特色化发展

低强度开发的站城地区一般位于城市中心区边缘或远郊地区，建设基础较为薄弱。这类地区距离城市中心区较远，区位优势不足，受到城市核心区影响辐射能力有限。但由于高铁站区落位，车站及周边地区交通方式更加多元，如城市轨道交通、中运量交通、公共巴士等线路引入，提升了车站及周边地区的可达性，为地区未来发展提供有力支撑。

因此，这类站城地区应等待开发的时间机会窗口，客观看待城市发展阶段，适时启动周边新区建设；同时，在周边地区功能选择方面，应从区域视角出发，谋求区域差异化、特色化发展。

6.4 高强度开发类型站城地区规划要点

6.4.1 开发建设条件

区位条件优越，适合吸引多元人群，培育地区高声誉。超高程度开发型站城地区多位于特大城市及区域性节点城市，城市能级较高，站点周边商业商务需求量较大，其功能布局模式的形成主要是由其选址地点条件决定。

高强度开发类型站城地区，城区站与城郊站也有一定的差异。其中，特大城市和大城市的城区

站，地处城市建成环境比例较高区域，用地规模有限，应聚焦现有地块的强度提升和功能结构优化，如通过上盖物业、建设城市综合体等方式，进一步提高用地强度和集约度；城市中心区边缘的城郊站处于开发建设的发展阶段，有较为充足的建设用地，其功能发展受现状影响较小，承载着空间拓展的发展任务，是城市重要的增长极。在开发过程中，车站周边地区的开发不应重复之前的粗放型发展方式，而应该提倡精明增长、紧凑节约、高强度开发的土地使用策略。借鉴中国香港、日本东京等人多地少地区的站域空间开发经验，站点地区一般用地规模适中，但是开发强度极高，整个站点周边地区连接成一个有机整体，提高了土地利用效率。

此外，应注重高强度开发站区注重对多元人群的吸引，将站城地区培育成为城市高声誉目的地。基于高强度开发所带来的巨大经济效益和社会效益，未来高强度开发站城地区将成为地区的门户节点和城市重要服务核心。借鉴国内外先进地区的案例经验，如日本东京涩谷站、英国国王十字站，高强度的站城地区开发模式使车站及周边地区成为活力度最高的城市区域之一。

6.4.2 高强度立体化开发，提高用地集约度

针对高强度开发类型站城地区，核心关注点在于如何在有效建设空间内，进一步提升空间利用效率，提高开发强度，使站城空间一体化发展。通过地上地下综合开发，加强综合客运枢纽与城市功能空间的有机结合，形成一体化的空间体系，实现客站与城市功能一体化布局。

紧密站城地区距离优势明显，站房及周边地区开发潜力大，是乘客与车站接触最为紧密、空间距离最短、进出站最为方便的区域，应作为重点开发区域，挖掘有限用地的开发潜力。目前，京沪线此类站点除了交通用地外，有较大空间可供开发，空间容积率普遍较低。在日本和中国香港的都市圈中，商业区的分布越来越结合客站密集地分布，形成了以客站为核心的集约化发展趋势，车站及周边地区容积率较高，大阪站周边地区开发强度达到8.0～8.9，东京站地区为8.7～10.5，香港九龙站地区更是高达12。因此，在有限的城市范围内容纳更多的城市活动，可以有效缩短旅客通行距离，并在步行范围内提供多种城市活动，减少人们对机动车的依赖，利于紧凑型城市结构的形成。而我国客站通常目前普遍容积率较低，一般为2.5左右，甚至更低，可见，我国紧密站城地区具有较大的用地效率提升潜力。

紧密站城地区地上地下一体化开发可以有效地连接车站与周边地区。其中，以车站建筑的地下空间为中心，以地下的步行通道为交通骨干，形成互相连通与便捷换乘的网络系统，加上繁华的商业设施和便利的地下停车设施，以及空中步行道的联系，从而可以缓解站城地区交通矛盾。国外铁路车站上盖物业开发和地下商业植入模式较为普遍，商业建筑面积最多可以达到总建筑面积的30%～40%。例如德国柏林中央火车站，采用立体开发的模式，地上地下总建筑面积46万m^2，其中总建筑面积的32.6%为商业设施面积，购物面积达1.5万m^2，共有80家商店组成“购物世界”，是集商场购物与车站候车于一体的现代化交通枢纽。这种综合发展的模式可以为我国站城融合的发展提供参考。

地上地下综合一体化开发虽然能有效解决站城地区用地紧张问题，提高用地功能复合程度，高效组织站区交通，但也存在一定的风险性。车站及周边地区多种交通线路汇集，各类交通线路往往不处于同一平面，对地下空间的工程技术要求较高，若不能有效解决施工技术问题，则有可能为未来车站线路调

整、补充和扩容埋下隐患。此外，站城地区地下空间主要承担交通疏解的作用，方便客群快进快出，因此在布局地下空间功能的过程中，应避免盲目性，避免由于功能混杂而带来对主要交通功能的干扰。

6.4.3　高复合功能多元，提高紧密站城地区活力

高密度、高强度开发可以容纳更高的客流量，具有较高的商业价值，促进城市站前高活力区的形成。但高强度开发站城地区，土地资源有限，需形成车站交通功能与城市功能区相互复合的发展模式。在传统枢纽布局中，枢纽交通功能与城市功能区分离，未充分体现站城融合的发展理念。因此，在紧密站城地区应打破站城空间封闭性，在一体化空间体系中进行等候、换乘、购物、娱乐、餐饮等旅客活动，形成功能高度复合的城市空间。

通过功能复合，丰富紧密站城地区的功能多样性，保持人群活动延时性，增加非办公时段地区人流量，从而提升紧密站城地区城市活力。如新横滨新城在产业形成之后，根据在新横滨市民对生活的诉求，在原有交通功能基础上，植入多元功能，改善居住环境，重视站点作为交通网络“节点”和城市“场所”的双重功能，通过复合功能业态、导入文化设施，营造充满活力的城区空间，实现从“工作在新横滨”到“生活在新横滨”的观念转变。

6.4.4　高水平交通集散能力支撑高强度站区开发

高强度开发的站城地区，在开发规模、开发强度、建筑空间形态组织等方面，要充分考虑与站区交通条件的匹配度，协调交通功能与城市功能的关系，保证车站周边地区交通条件能够很好支撑城市发展。以香港西九龙站为例，作为全世界最大的地下火车站之一，旅客可直达西九龙娱乐区，进入香港市中心。内部以多组电梯将各楼层按出境、入境人流路径连接，针对不同客流类型设计长途和短途站台，通过分层设计组织客流；车站外围提供多层多条行人天桥和隧道直通周边公交站、地铁站和的士站等；车站南端道路作下沉处理，上方建成广场并融入西九文化区。整体西九龙站的交通设计充分考虑了站区的城市功能与交通功能特征，做到交通功能与城市功能“能匹配、能支持、能分离”，高效应对各种车站地区交通组织问题，保证站城地区融合发展。

6.5
中等强度开发类型站城地区规划要点

6.5.1　开发建设条件

通过对车站所在城市经济发展水平、客群需求、区域地位等多方面因素分析，当站城周边地区实际需求不足以支撑较大规模开发量时，很多车站周边地区选择强度适中、尺度宜人的中等水平开发模

式。如在嘉兴南站和杭州西站城市设计方案中，结合车站所在城市的自然特征和实际使用需求，均采用中等水平的开发模式，紧密站城地区除标志性节点建筑外，建筑高度控制在60m以下，营造出“台田漫城”“一穗江南”的城市空间意向。

有时由于机场航空高度管控、历史街区保护约束等特殊建设条件限制，车站周边地区用地条件不允许进行高强度开发。因此，很多车站采取中等强度开发模式。以上海虹桥地区为例，受到空铁一体化开发建设要求以及航空飞行限制高度制约，紧密站城地区的建筑高度受到明确限制，不允许进行高强度开发；青岛站、苏州站均位于城市重要的历史文化地段，受到历史文化街区建设控制地带的保护要求制约，不允许进行大规模的城市开发和改造，要求严格保护现有城市历史风貌格局。因此，位于中心城区或特殊管制区域的站城地区，应充分结合站城地区周边的建成环境特征，通过挖掘地下空间、转变地区功能业态、提高空间利用效率等方式，协调紧密站城地区与周边地区城市风貌，适度均衡发展。

6.5.2 更新适度，保护利用现有站城地区肌理

部分中等开发程度站城地区位于城市中心城区，这类站城地区在更新改造和过程中，应注重保护现有城市空间肌理，延续城市场地文脉，尤其是区域范围内的河道水系、古树名木等自然要素和重要历史建筑、街巷等文化要素，突出老城文化底蕴，塑造站城地区场所精神。以青岛站为例，青岛站位于青岛老城区，毗邻栈桥、中山路历史文化区等重要文化景观要素，站城地区建筑通过控制建筑立面色彩、形态和风貌等方式，并且保留修复古钟楼等标志性景观建筑，同时注重主要城市通廊的管控，使车站与周边城市环境很好地融合，充分体现了青岛“红瓦绿树、碧海蓝天”城市风貌特色。

6.5.3 规模适度，结合实际城市需求理性开发

中等强度开发地区应合理确定发展规模，避免不切实际的跨越式发展。面临多种不确定的发展机会以及区域环境的高度开放等问题，应在充分认识站点区位条件以及自身城市能级的基础上，控制合理的发展规模，避免过于乐观地估计高铁催化效应，导致过度开发。

梳理京沪线现有的高铁新城规划，车站地区面积与城市的规模和经济体量并非成正比。部分中小城市新城车站地区规划面积盲目求大，如宿州北站规划区域达到30km^2。可以看出在规划高铁新城时，存在个别站城地区脱离城市经济实力与城市能级、片面追求“高、大、强”的现象，高铁及高铁新城被视为破解地方经济发展困局的抓手，夸大高铁效应，把新城变成了“空城”。因此，在站城规划建设过程中，应充分结合所在城市的发展水平与城市能级，同时，考虑客群的实际规模和使用需求，理性客观的确定开发强度与建设规模。

6.5.4 时序适度，弹性开发为机会功能预留空间

中等开发强度地区，应充分考虑未来城市发展的不确定性。在车站地区开发过程中，应根据地区

发展背景制定弹性发展策略，协调多因素的影响，发挥高铁枢纽对城市发展的持续带动作用。由于车站从建成通车到形成“高品质的高铁新城”之间有一段“ 时间差”，会给站城地区发展带来波动。为了减轻波动影响，需要明确不同时期的开发时序和预定目标。

提高土地利用率，为远期建设做好预留。在城市倡导低碳化发展的大背景下，不能仅仅考虑眼前的利益，应站在长远的角度整体考虑城市未来的发展，将近期建设与远期预控相结合。在建设前期，高铁站区往往需要占用较大的用地范围，高铁站枢纽的规划建设应注重土地的集约化利用，充分挖掘和利用土地资源的价值，一方面可通过立体化空间的建设，加强土地的开发强度，另一方面可通过提高土地功能的多元化，实现土地的高利用率。

6.6 低强度开发类型站城地区规划要点

6.6.1 开发建设条件

低强度开发类型站城地区多位于城市边缘区或近郊地区，交通功能主导的节点地区，发展基础较薄弱。这类地区距离城市中心区较远，区位优势不足，受到城市核心区影响辐射能力有限。但由于高铁站区设置，车站及周边地区交通方式更加多元，如城市轨道交通、中运量交通、公共巴士等线路引入，提升了车站及周边地区的可达性，为将来地区发展提供有力支撑。

因此，这类站城地区应等待开发的时间机会窗口，客观看待城市发展阶段适时启动周边新区建设；同时，在周边地区功能选择方面，应从区域视角出发，谋求区域差异化、特色化发展。

6.6.2 “小站点”抓“大机遇”，把握开发时间机会窗口

低强度开发的站城地区应理性客观看待城市发展阶段，寻找合适的机会窗口，适时启动站城地区开发建设。尽管这类地区比城市核心区的建设综合成本更低，但受制于自身经济实力，依然处于成本敏感的发展阶段。因此，在车站周边地区进行开发建设，需要深入研究，充分考虑站城融合的可行性。

此类站区应从区域一体化的发展理念出发，综合评估城市人口集聚情况、产业功能导向、城市发展动力、政府财政支持等多方面因素，寻找合适的开发建设时间节点。若城市人口有限、财力弱小、可承接的产业和功能转移机会较少且在老城经济能量尚不能充分发挥的情况下，不适宜建设外围站城地区。盲目建设新城，不仅造成短期内的公共资源的巨大浪费，更会对经济造成持久的伤害。

因此，站城地区开发建设是一个漫长的过程，建设之初应有针对性的研究，明确发展阶段目标，根据城市自身经济发展水平考虑对站城空间的需求，选择适宜的开发时机。

6.6.3 “低强度”塑“好品牌”，体现中小城市特色发展

高铁是一把双刃剑，可能为城市发展提供机遇，也有可能消耗城市大量投资。目前京沪沿线商务办公、商业、行政、文化休闲等产业已经成为“标配”，而仅靠“标配”不足以支撑新城的成功。中小城市在区域竞争中很多方面均处于弱势，更应集中发展优势产业，走发挥专业分工、突出特色的道路，减少虹吸效应对中小城市的负面影响。

借鉴中国台湾站城地区规划建设经验，在大区域协作体系中，台湾地区政府根据各城市地区的区位及资源差异，制定不同的发展方向，如新竹站发挥新竹县科技园产业优势，开发以通信为主导的高科技商务园区，实现新竹科学城跨越式发展；台中车站结合交通、周边产业及人力资源等优势，定位为高品质运转中心及新兴商业特区；嘉义站结合玉山国家公园、阿里山、瑞里、太平等风景区构成阿里山系统等生态环境，定位为无污染的观光休闲产业示范区，并融合精致农业技术与特有的乡土文化，开发以休闲功能为主导的观光游憩咨询中心；桃园站则发挥桃园国际机场的有利条件，开发以观光购物、休闲娱乐、国际交易、商务办公为主的复合式生活园；台南站结合台南都会区生活模式，规划为多样化的休闲、娱乐中心，并扩大组合观光游憩、消费购物、文化教育及旅游服务功能。不同主题特色的高铁新城错位竞争，共建区域分工协作网络体系。

因此，在低强度开发的站城地区，应从区域的视角出发，积极在区域中寻找自身发展潜力功能，通过差异化定位、聚焦自身特色优势等方式，提高站城地区在整个区域中的不可替代性。

6.7 站城地区开发建设体制

6.7.1 政府部门与铁路部门协同

建立地方政府与铁路部门衔接机制，城市规划与铁路规划协同推进。目前，由于我国铁路建设速度较快，铁路规划确定往往先于城市规划，造成高铁车站远离城市、高铁新城沦为空城、铁路分割城市等诸多问题。除此之外，铁路部门与城市规划部门有时缺乏协调，使站城地区开发建设未能有效统筹，带来很多空间使用和运营管理方面问题。

在站城地区建设过程中，建议城市规划部门与铁路部门建立衔接机制。各城市在制定城市总体规划时，应结合国家铁路网规划开展铁路线路以客运站场选址工作，结合城市特色和资源优势考虑铁路客站周边区域的开发利用，并及时与铁路相关主管部门协商。在详细规划层面，地方规划管理部门应在铁路客运枢纽建设前组织编制铁路站场及周边地区专项规划、站城融合规划，确定土地利用性质、区域开发范围、地区空间形态、地上地下空间利用、综合交通规划、枢纽核心区一体化建设等内容，并将相应内容纳入控制性详细规划。

6.7.2　政府部门与市场协同

政府主导联合多家运营主体，推动优质社会资本战略合作。高铁站区及周边城市空间运营涉及多元利益主体，相比其他国家，中国高铁网络建设和管理是政府主导调控模式，但在站城地区运营过程中，很多市场性主体拥有更多的城市运营经验。因此，应通过各类城市投资公司、运营平台以及社会性主体联合运营，引入优质社会资本，尤其是在站城周边地区开发的初级阶段，能够维持经济效益和社会效益的平衡，对整个站城地区开发起到至关重要的作用。

以重庆沙坪坝站为例，通过政府主导，协调中国铁路成都局集团有限公司（车站管理主体）、重庆城市综合交通枢纽开发投资有限公司（城市运营主体）、龙湖集团（开发投资主体）等多方的关系，成功打造了中国首例高铁车站上加盖城市综合体开发的站区、中国国内首座深入地下八层的铁路综合交通枢纽，同时也是土地集约利用的创新尝试。整个沙坪坝站区集铁路客运、城市轨道交通、城市地面交通系统为一体，对在复杂城市环境下的综合交通枢纽开发建设领域具有重要的探索实践价值和示范先导意义。

6.7.3　站区开发与城市发展协同

1. 合理控制站城功能类型和数量，强调区域性功能和旅客服务功能发展

站城地区应合理控制功能类型和数量，优先选择与车站关系密切的功能业态，同时，应避免由于功能组织不合理而带来人群的过度集聚，影响车站及周边地区运行效率。

因此，在功能选择和布局过程中，既考虑不同功能客群的活动特征，也应考虑站城地区发展的不确定性，对于车站及其周边地区的城市功能不宜进行严格的限制，但应充分结合站城区域的客群需求、功能特征，制定具有弹性的功能清单，保证站城融合区域的良性发展，其中主要包括做精核心功能的正面清单和明确禁入低端功能的负面清单。以上海虹桥枢纽为例，在正面清单中包括商务决策、贸易会展、创新和公共服务等四大维度功能，强调在中央商务区保障区域性功能和旅客服务功能规模，提升站城地区服务能级和区域影响力。

2. 建立有序开发的持续性建设运营机制，实现近远期发展收益的有效分配

站城地区建设涉及多方工程主体，涵盖规划、建筑、交通、水电、环境等专业以及拆迁、客流量预测等多方面问题。如果铁路建设和周边站点开发不能在时间上协调一致，将无法保证站城融合开发的社会及经济效益。

因此在站城地区开发建设的过程中，应建立持续开发的运营理念，在站城地区开发建设初期选取具有区域影响力和辐射力的靶向项目作为引爆点，通过公共基础设施完善、居住人口导入、商业氛围营造等方式，为站城地区后期持续建设和监管运营提供基础保障，进而带动站城地区土地价值提升，实现区域社会效益和经济效益最大化。与此同时，站城地区应建立起良性的开发利益协调机制，在开发近期和远期协调地方政府、铁路部门和开发运营主体利益关系，做好土地收益统筹和分配，实现站城地区高效良性运营。

3. 弹性发展控制，预留区域功能承载空间

站城地区功能发展与整个区域发展方向息息相关，区域性战略调整、区域性新功能节点引入都会给站城区域发展带来更多可能性。因此，在站城地区开发过程中，应充分结合车站及周边地区用地布局情况，为城市未来新兴功能植入提供一定弹性空间，以便适应区域性功能发展需要。

以上海虹桥枢纽为例，未来区域性功能发展仍具有较大不确定性。因此，在虹桥地区划定一定规模备用地，作为未来区域功能承载空间。同时，针对会展中心周边配套功能需求，研究通过空间更新机制提高服务能力，以便支撑区域功能进一步发展。

第7章 站城交通一体化规划

站城地区区域交通流和城市交通流高度集中，其面向区域和城市的双重高可达性吸引了各类工作居住休闲功能高度集聚。站城交通规划设计工作的核心是统筹区域、城际与城市的交通系统，并处理好各个系统的衔接关系，包括多层次的铁路系统、城市轨道系统、地面公交系统、步行和自行车系统、小汽车系统、停车系统、街道网络系统等。

做好这项工作，除了关注绿色低碳便捷的宏观导向外，还必须树立多元客流特征的人本导向，认识到设施背后车站旅客和站城客流需求特征的多样性和差异性，尤其是进出站特征、时空分布、集散方式等方面。同时，结合现阶段站城交通的主要矛盾，站城交通规划设计应该在紧密站城地区、功能拓展地区、辐射影响地区三个不同圈层的地区各有侧重。

7.1 站城交通的多元客群特征与诉求

高铁站城的多元客流特征与诉求将促使站城交通规划设计发生从“小汽车优先的主导模式”转向“绿色交通优先的主导模式”，从“枢纽单点集中”转向“保障枢纽、兼顾站城”，从“强调设施建设”转向“优化服务与体验”等一系列转变。

高铁站城的客流主要包括三种类型。第一类是铁路客站的到发旅客。随着多网融合时代的到来，高铁站可能会同时包含干线区际及城市群城际高铁场、都市圈城际场、市域（郊）场多种类型，因而包含多个铁路场的到发旅客。这些到发旅客会形成一定规模的不同铁路场间的换乘客流，以及通过轨道、地面公交、长途汽车、出租车、小汽车、步行和自行车等多种其他非铁路系统形成不同方式的铁路集散客流；这些到发旅客往来于紧密站城地区、功能拓展地区或者辐射影响地区，甚至车站内部。第二类是以紧密站城地区、功能拓展地区集聚的各类区域和城市功能为出行起讫点的客流，包括生活居住在该地区的人群以及访客游客。从方式上看他们之中部分是铁路到发旅客，部分是非铁路方式的客流。第一类、第二类客流的交集部分是通过铁路车站与紧密站城地区、功能拓展地区发生联系的客流，这也是促进站城融合最核心的客流。第三类是非铁路方式的换乘客流与过境客流，站城地区除了铁路设施还集聚了大量的非铁路交通设施，包括城市轨道、地面公交、长途汽车、出租车、小汽车、步行和自行车等，这些不同方式之间以及同一方式不同线路之间的换乘客流，以及过境客流也会使用站城地区范围的交通设施。

7.1.1 绿色交通主导的方式结构

未来站城地区的交通系统，包括车站客流的集散系统与站城地区生活工作人群的出行系统，总体来看，均将向以“公共交通及步行与非机动交通为主的绿色交通”为主导的方向发展，并可以预见个体机动交通中共享交通的比例将逐步超过私人机动化交通。

一方面，绿色交通更加适应未来铁路旅客的客流特征。随着铁路网络规模的扩大和层次的丰富，未来铁路旅客规模将会发生呈数量级的增长，其中以“中短途、高频次、高时间价值”特征的常旅客比重和客流量也会不断增长，带来更多的“到站即到目的地、出门即可进站”的需求，这将更加依赖绿色交通体系。同时这也符合未来铁路客站集散方式的发展方向。从国际大型高铁车站的方式结构来看，欧洲车站绿色交通集散比例基本不低于50%，而日本部分车站绿色交通集散比例甚至接近90%[①]（表7-1）。同时从国内既有高铁车站集散结构来看，接入城市轨道线路的高铁车站，绿色交通的集散比例逐渐超过个体机动交通，占比超过50%[②~⑤]（表7-2）。

国际典型车站的交通方式结构　　表7-1

车站	绿色交通（轨道交通、公共汽车）	小汽车	出租车	慢行
法国汉斯中央车站	41%	35%	5%	19%
法国瓦朗斯火车站	32%	46%	4%	18%
法国斯特拉斯堡车站	36%	47%	4%	13%
日本京都站	83%	2%	8%	7%
日本新大阪站	83%	4%	6%	7%
日本新神户站	66%	8%	13%	13%

国内典型车站的交通方式结构　　表7-2

车站	绿色交通（轨道交通、公共汽车）	小汽车	出租车	慢行
上海虹桥枢纽	55%	28%	15%	—
杭州东站	68%	10%	18%	<4%
上海站	60%	13%	25%	<2%
南京站	59.3%	15%	23.7%	2%
深圳北站	61.3%	10.9%	19.2%	—
苏州园区站	54.5%	21%	22%	2.5%

另一方面，绿色交通方式更加适应未来站城地区生活和工作人群的新需求。紧密站城地区、功能拓展地区在有限的范围内往往集聚大量面向区域和城市的功能，带来了高密度的居住人群和工作岗位。同时站城地区作为城市一定范围的中心，往往也集聚了大量的高品质的城市公共交通资源，并且还普遍承担着展示未来生活方式的发展愿景，因此更应该体现出绿色交通优先主导。当前在碳中和、碳达峰的双重目标下，国务院印发的《2030年前碳达峰行动方案》（国发〔2021〕23号）[⑥]提出：“到2030年，城区常住人口100万以上的城市绿色出行比例不低于70%。”作为城市发展的重点地区，站城地区的绿色出行比例更加不宜低于城市的平均水平，以起到示范引领作用。

① 何小洲，过秀成，张小辉．高铁枢纽集疏运模式及发展策略 [J]．城市交通，2014，12（1）：41-47.
② 赖旭，郭彬杰．基于客流特征分析的高铁枢纽接驳交通改善研究 [J]. 交通与运输，2021，34（S1）：220-224.
③ 张小辉，过秀成，杜小川，何明．城际铁路客运枢纽旅客出行特征及接驳交通体系分析 [J]．现代城市研究，2015（6）：2-7.
④ 谢仲磊．高铁枢纽与城市路网的衔接分析 [J]．交通与运输，2018，34（4）：12-14.
⑤ 上海交通指挥中心．【专报】上海门户，枢纽传说——虹桥枢纽十年运行数据解析（下篇）[EB/OL]. 2019-11-01. https://mp.weixin.qq.com/s/C7dxNZbmXpoUwfJJoucUGA.
⑥ 国务院．国务院关于印发 2030 年前碳达峰行动方案（国发〔2021〕23 号）[EB/OL]．中国政府网，（2021-10-24）．［2021-10-26］. http://www.gov.cn/zhengce/content/2021-10/26/content_5644984.htm.

7.1.2 车站旅客的进出站特征

1. 多尺度的集散特征

铁路到发旅客的在城市内部的集散范围是多尺度的，分布在紧密站城地区、功能拓展地区、辐射影响地区多个空间层次。不同空间层次，未来侧重通过不同的交通方式集散旅客。多网融合时代高水平的站城融合，希望实现更多旅客分布在更加靠近铁路车站的紧密站城地区和功能拓展地区，并更加倡导绿色交通集散体系。未来紧密站城地区的旅客，则更加倡导其通过步行方式集散；功能拓展地区的旅客，则更加倡导其通过非机动车和公共交通；未来每个车站的辐射影响地区的范围会逐渐变小，则更加倡导其以公交交通为主的机动化集散方式。

2. 便捷化进出站和乘候车诉求

铁路到发旅客普遍追求更便捷的进出站，并且多数旅客携带有行李，需要更多的无障碍化设计。同时，随着中短途高频率城际人群的增加，未来铁路旅客的便捷化乘候车的诉求会更加强烈。旅客更加希望减少提前到站的时间，逐步从"站厅长时间候车"转向"站台短时间候车"，同时可以在铁路上享受到类似城市轨道的便捷服务，简化乘车手续、实现刷卡买票即走，不用过于担心错过列车。

近几年来，除了铁路系统专项规划，国家层面还出台多个涉及铁路车站及站城地区交通发展的相关政策文件。这些相关规划及政策文件对站城交通的便捷性尤其关注，并提出了涉及集散换乘、服务便捷化的目标和指引性指标（表7-3）。

国家层面相关文件中的指引性目标　　表7-3

类型	指标	要求
车站集散换乘	主要客运枢纽间换乘时间	超大城市：不超过1h，不超过2次； 特大城市：不超过45min； 大城市：不超过30min
	综合枢纽内换乘时间	一般不超过3min
	不同站场旅客出入口间换乘距离	以不超过200m为宜
服务体验	实时换乘信息可获得性	换乘轨道、地面公交、出租车等各类交通方式的指引标识和换乘信息服务清晰、准确、便捷
	一体化、多元化票制	推行城际铁路、地铁、轻轨、常规公交的一卡互通；面对多元化出行需求推行通勤月票、旅游联票等多元化票制
	安检互认度	铁路与城市轨道实现安检互认

3. 灵活化的进出站选择

同时还必须注意的是，经常使用车站的常旅客与不经常使用车站的旅客，他们对于车站集散设施的使用要求存在一定的差别。不经常使用车站的旅客对于车站及周边地区不熟悉，更多会按照提示就近前往指定的区域进行换乘。因此换乘路径、标志系统需要十分简洁清晰，方便旅客辨别方位、快速找到换乘设施。但是经常使用车站的旅客，由于对车站、紧密站城的环境和集散设施布局很熟悉，为避免长时间等候换乘和拥挤的换乘环境，往往会通过自主定制方式的到站离站，如步行到临近车站的集散设施再换乘等。在上海虹桥站，部分私家车会选择在相邻的相对宽裕的虹桥机场停车场等候接客，部分铁路旅客出站后会选择步行至虹桥天地再打车到市区，尤其是春运期间还有部分铁路旅客出站后，会步行至虹桥机场地铁站再乘地铁前往市区。

因此未来，一方面要不断加强优化车站内的换乘设施布局及车站内的换乘引导系统，方便旅客快速便捷地找到换乘设施并完成换乘。另一方面，随着铁路出行频次的不断提升，整体客流量和常旅客的比重都在不断增加，更加需要考虑车站与站城地区交通设施的共享使用，尤其是高峰时期，为经常使用车站的常旅客提供更多灵活换乘的选择。

7.1.3　站城客群高峰时空分布特征

车站与站城地区的客流高峰特征有较为明显的差异。目前我国高速铁路旅客客流更多地表现出季节性高峰特征，[①] 节假日效应明显，尤其是国庆、五一、春运和暑假等节假日高峰时段客流明显高于平日。根据《上海市交通运行监测年报》数据，2019年上海虹桥站十一期间到发量最高，平均日到发量47.3万、高峰日到发量52.6万，五一、端午、春运的高峰日到发量分别为46.9万、47.2万、41.3万，均远高于全年日均到发量37.6万。[②] 铁路车站每日到发旅客分布与车站列车时刻表紧密相关，从目前典型大型高铁站的发车班次分布来看（图7-1～图7-3），日间各时段分布有一定的峰谷变化但相对均衡，因此车站日间到发客流的高峰时间不像站城地区那样高度集中。但未来随着跨城人群的增加，都市圈城际场、市域（郊）铁路场的接入高铁站，高频中短距出行客流的比重会增大，高铁站客流有可能会呈现出比当前更为明显的早晚高峰特征。

站城地区较多的职住人群，受城市通勤等刚性出行的影响，一天当中有明显的城市早晚高峰特征

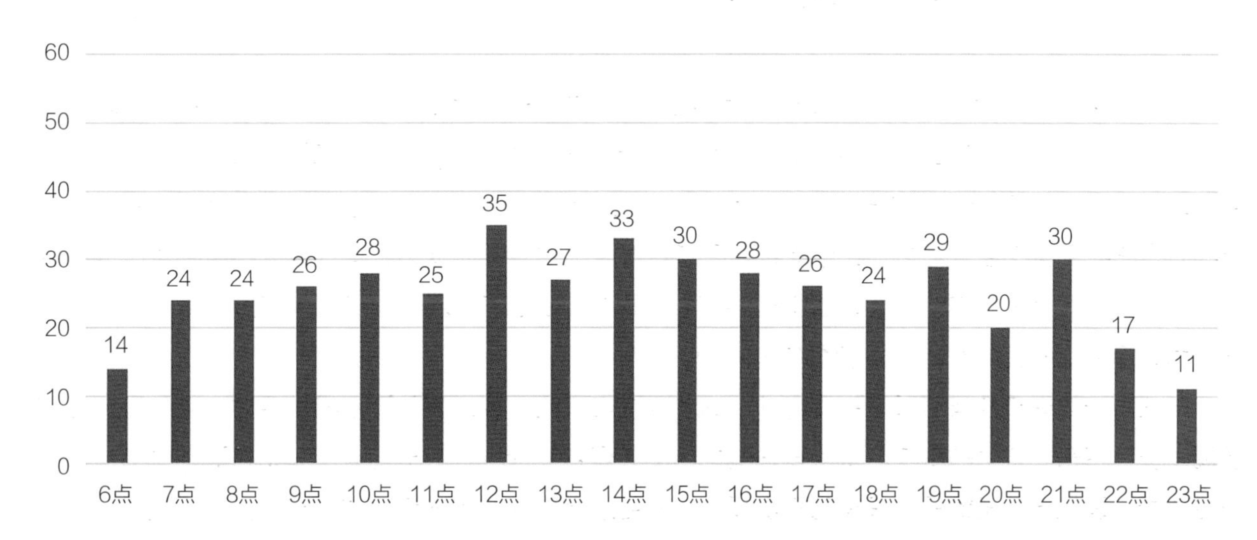

图 7-1　北京南站一日发车班次分布（2021 年 11 月 16 日）

① 郑健，沈中伟，蔡申夫．中国当代铁路客站设计理论探索 [M]．北京：人民交通出版社，2009.

② 上海市交通委员会．2019 年上海市交通运行监测年报 [EB/OL]. 上海市交通委员会，（2020-5-14）．http://jtw.sh.gov.cn/xydt/20200514e815c562c36a491ba741d576a9bcac1f.html.

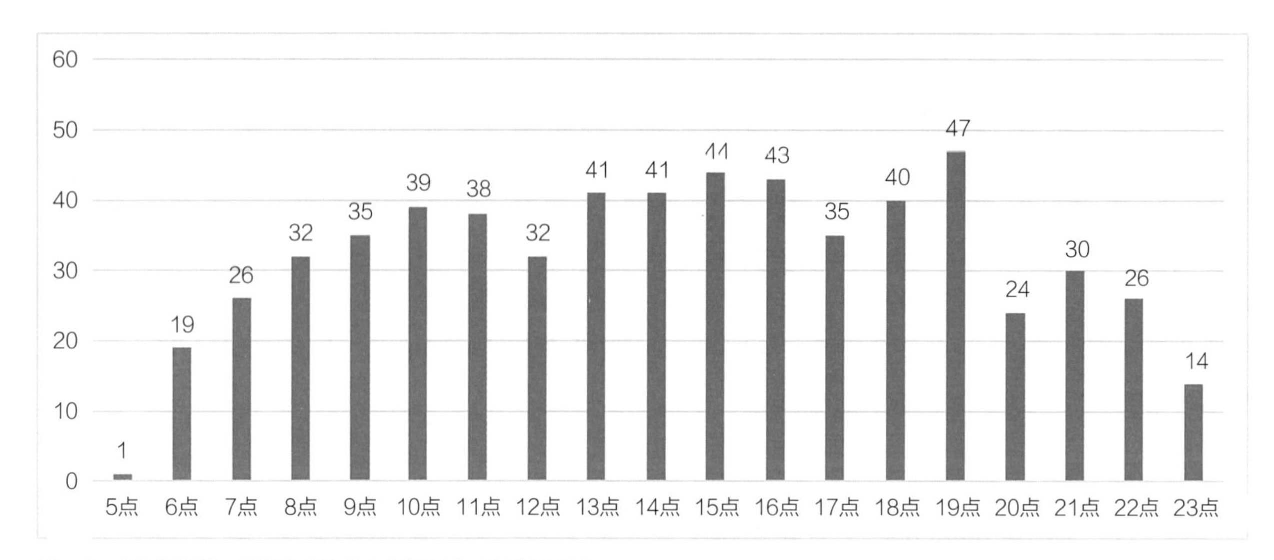

图 7-2 上海虹桥站一日发车班次分布（2021 年 11 月 16 日）

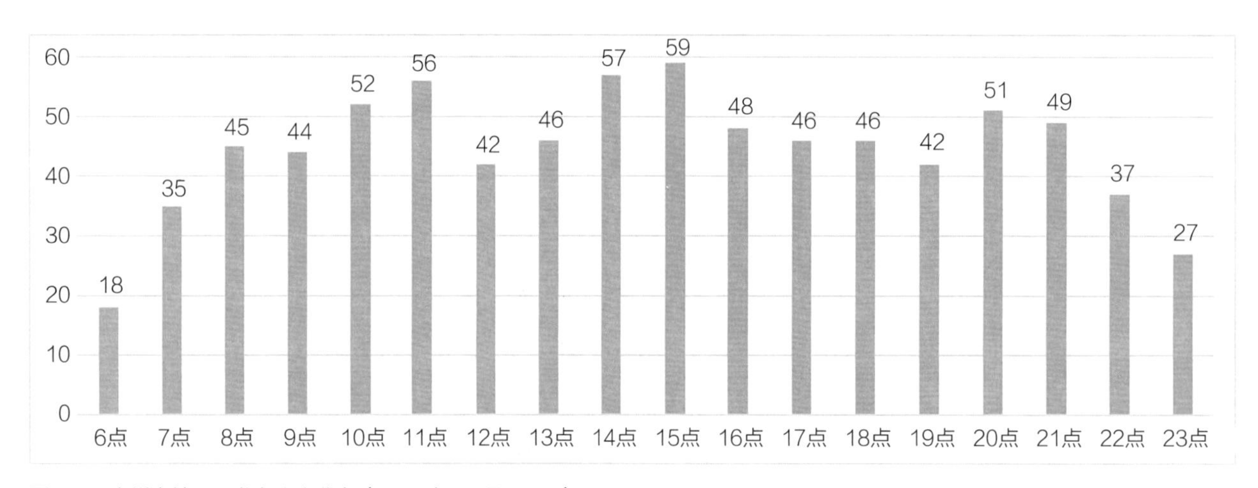

图 7-3 广州南站一日发车班次分布（2021 年 11 月 16 日）

和时段。目前特大城市早晚高峰一般都会持续近2个小时，并且会伴有明显的潮汐。紧密站城地区作为就业主导更加集中的地区，一般早高峰为到达客流、晚高峰为离开客流。如同时服务上海虹桥商务区和虹桥枢纽的虹桥火车站地铁站，2019年日均进出站客流23.5万，已仅次于人民广场站，成为上海344个地铁站中客流第二大站。受虹桥商务区通勤客流影响，该地铁站已呈现较为明显的早晚高峰特征，并且在早高峰7：00—9：00的时段，日均早高峰出站客流（26 181人，排名9/344）明显高于日均早高峰进站客流（8721人，排名37/344）。①

车站客流的季节性与节假日高峰特征、站城开发带来的早晚高峰与潮汐特征会对未来站城地区交通规划设计带来比较大的影响。未来在站城地区交通规划设计上，应提前考虑车站客流的季节性与节假日高峰以及站城开发的早晚高峰与潮汐需求，避免双高峰同时出现带来的交通压力过度重叠，在设施布局、路径选择上均应该提前留有规划设计应对。

① 赖旭，郭彬杰. 基于客流特征分析的高铁枢纽接驳交通改善研究 [J]. 交通与运输，2021，34（S1）：220-224.

7.1.4　站城客群集散方式特征

不管是铁路到发旅客，还是站城地区的职住人群和访客，都是依靠城市公共交通系统、出租车和小汽车等个体机动交通、步行和自行车系统进行集散的。不同集散方式的客流特征对车站和站城地区交通规划设计同样会产生影响。

1. 公共交通集散系统特征

车站与站城地区的城市公共交通集散系统包括城市轨道以及地面公交系统，包含地铁、轻轨、有轨电车和BRT、地面公交多种形式。它的集散服务范围可以，涵盖紧密站城地区、功能拓展地区、辐射影响区。相比个体机动交通，公交集散系统的客流呈现出大量客流集中到达或离开、人均集散用地占地小的特点。

车站的公交集散系统，总体来看，应该尽可能缩短公共交通与铁路车站的换乘距离，减少大规模人流在车站前的聚集和交织。对于轨道系统，往往是保障独立路权的“管道化”接入模式，轨道站点自身进出口之间十分接近，同时一般距离铁路车站进出站口较近，因此需要通过良好的轨道站点进出口流线组织、优化地铁进站安检的方法，以减少客流在进出站口的小范围瞬时集聚与各个方向客流相互干扰。对于地面公交系统，由于采用地面组织，公交通道和停车场地与小汽车设施的布局之间会存在一定的冲突与取舍。此外，在大型车站往往在车站不同方向设置多个公交集散设施，因此需要通过清晰简洁的流线设计和完善的标识系统，以及合理的公交线路组织，方便旅客换乘。

同时，车站及站城地区还必须注意到公共交通系统两个共性特点，其一是不同线路之间存在较大的换乘客流，尤其是轨道交通，站点间的换乘量甚至超过站点进出流量，因而需要重视车站内城市公交换乘客流与进出站客流的过度叠加问题；其二是基于线路和站点提供服务的公共交通系统，线路数存在总量上限，并且因为需要满足运送速度而有设站间距要求。尤其是城市轨道交通系统，城市轨道普线平均站距一般不小于500m、轨道快线一般不小于2km，站点设置在一定范围内有排他性，因而需要在车站、紧密站城、功能拓展地区内统筹协调布局。此外，由于站城地区的空间范围远大于车站，因此应当在间距合理的情况下，适度分散布局公交设施。

2. 个体机动交通集散特征

车站与站城地区的个体机动交通集散系统主要包括私人小汽车、出租车、网约车等方式。它的集散客流特征与公共交通客流相反，呈现个体连续到达且人均集散用地占地大的特点。个体机动交通的集散服务范围同样也能覆盖紧密站城地区、功能拓展地区、辐射影响区。

公共交通集散系统与个体机动交通集散系统是当前国内高铁车站最重要的两大集散系统，同时在服务范围和设施布局上都存在较为明显“竞争关系”，两者如何协调与取舍是当前站城地区集散系统规划设计要解决的核心问题之一。服务个体机动交通集散的高等级道路尤其是城市高速公路、城市快速路、局部高架形式的干路，在形式上也属于“管道化”的模式，它采用高架或者地下接入车站时，需要与同为管道化的轨道交通统筹协调以减少彼此的干扰。

同时“服务小汽车旅客快速进站的专用匝道直联候车厅”的形式是当前我国线上站房类车站的标

配形式，但未来随着高架线路、地下线路更多采用线下站房、地下站房的形式，以及集散方式结构的进一步变化，这种形式的必要性和接入站城的位置也将发生变化。此外，个体机动交通的进站送客区、出站接客区、停车场占地面积大，一般也是分散立体设置，不仅需要通过良好标志指引系统和运营管理方便旅客使用，也需要处理好与地面公交系统换乘设施的关系。

3. 步行与非机动交通集散特征

步行与非机动车系统，也是车站与站城地区集散系统重要的环节。它重点服务近距离的集散，包括车站、紧密站城、功能拓展区内部，以及彼此之间的联系。步行和自行车集散系统人均集散设施占地小、灵活性高、有益健康、对环境影响最小且能够形成良好的氛围，非常适合大量客流的短距离集散，有助于实现站城融合，但同时容易受到机动交通集散系统的干扰。

欧洲国家以及日本的城市铁路旅客的步行和非机动车衔接比例较高，也非常重视车站和周边地区的步行和自行车系统。当前国内车站的紧密站城和功能拓展区内部一般都规划有较好的步行和自行车系统，但对于跨越车站和铁路线路的步行和自行车系统，以及连接车站与紧密站城地区、功能拓展区之间的步行与自行车系统往往考虑不足，这也是未来站城交通规划设计的重点问题之一。

7.2 紧密站城地区的绿色交通主导集散

车站与紧密站城地区是站城地区客流最为集中、联系最紧密、最彰显未来生活工作新方式的地区。相比个体机动交通，以“公共交通及步行与非机动交通”为主的绿色交通是更加适合应对大规模客流、可靠性更高、更具活力的集散方式。未来车站与紧密站城地区，在集散设施布局、站城街道设计上均应该体现绿色交通优先主导。

高铁车站的集散设施布局主要受车站形式的影响。铁路车站形式一般包括地面线路车站、高架线路车站和地下线路车站，对应的站房形式、道路衔接以及集散设施布局均会有所差异，故对不同铁路接入形式的车站分别讨论绿色集散设施的布局模式。除了在布局上保障车站绿色集散优先外，还需要关注提升换乘衔接的便利性。同时由于个体交通集散设施所需空间大、而车站用地有限，因此需要探讨如何更好地解决个体集散交通设施的布局问题。紧密站城地区各类交通系统最终由道路系统承载，因此最后重点讨论站城街道网络。

7.2.1 地面线路车站的集散组织模式

1. 车站的一般组织形式

当铁路线路从地面接入车站时，车站站房一般在线侧或线上二层进行组织（图7-4），如南京站、北京西站为线侧式，上海站、上海虹桥站为线上式等。当然也有少数地面车站采用线下站模式，如国

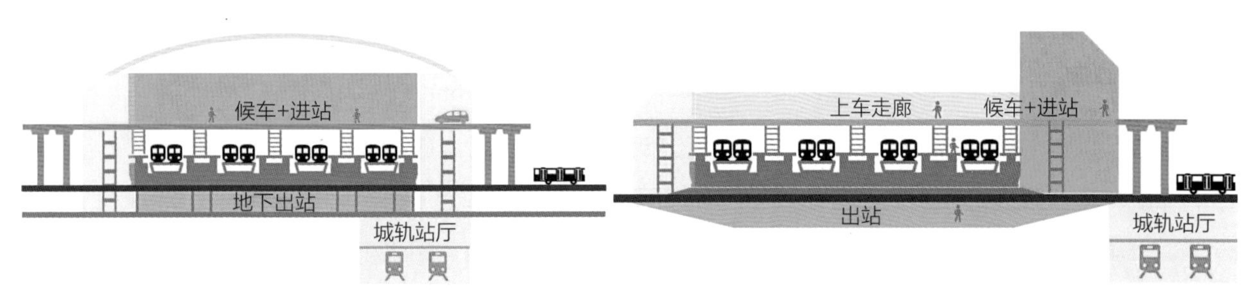

图 7-4　地面车站线上式（左）、线侧式（右）

内首个下沉式车站嘉兴火车站，采用地下进出站模式。相应地，站房的出入口一般布设在线侧地面层、线侧地上二层、线上二层和地下层。由于铁路设施占用地面空间，进出站的道路一般在车站端部的地面层、高架层和地下层进行衔接，也可布设在上跨铁路的腰部两侧，并与设在腰部的进站口衔接；而小汽车、公交枢纽等交通集散设施则以地面端部布局为主；城市轨道线路及站厅一般从地下接入，并临近铁路车站设置站点，满足站城地区客群的轨道换乘需求。

2. 集散设施布局优化模式

对于地面车站，未来绿色交通可达最优的集散设施优化模式重点体现在以下三方面：第一方面是保障绿色交通在车站端部双侧的高可达：第二方面是在车站端部两侧的站前空间分配上，相比个体机动交通设施，包括公交枢纽站、城市轨道站点出入口、自行车停车场等在内的绿色交通设施要更加靠近车站出入口，以缩短绿色交通方式与高铁车站的换乘距离；第三方面是对于线上二层候车的地面线路车站，可根据客流规模及快速路网组织条件，增设快速路衔接至二层候车层的快速进站专用匝道（图7-5）。

同为地面铁路车站的荷兰乌德勒支中央车站和日本京都站均体现出了这些布局特征。乌德勒支中

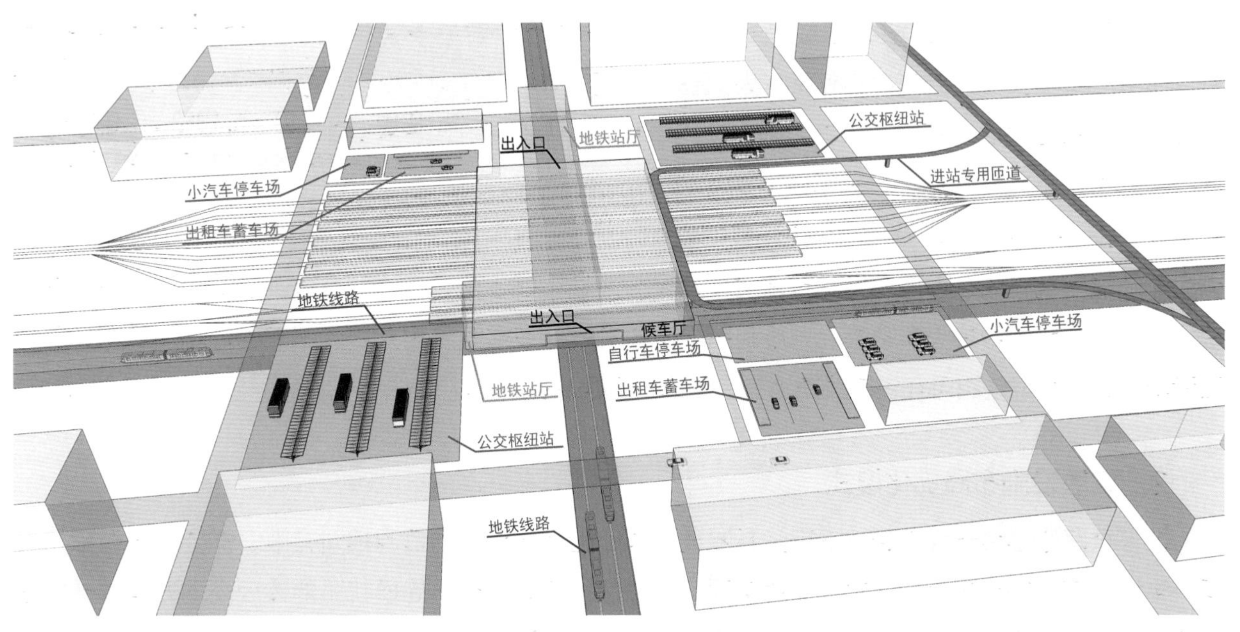

图 7-5　地面车站集散设施布局模式示意

央车站作为荷兰最大和最繁忙的火车站，车站站房采用线上式，出入口分设在铁路端部两侧的二层，公交、自行车、出租车和小汽车通过不同的竖向高差组织在车站的两侧（图7-6a）。地下自行车停车库、地面有轨电车公交站就近布设在二层出入口两侧广场的下方，既方便旅客换乘，也连通了上跨铁路的二层城市步行连廊和商业综合体。小汽车接/落客区和出租车上下客区则被安排在距离稍远的地下一层。日本京都站在车站南北侧广场设置有较多的地面集散设施，相比小汽车和出租车，地面公交设施距离车站出入口更近（图7-6）。

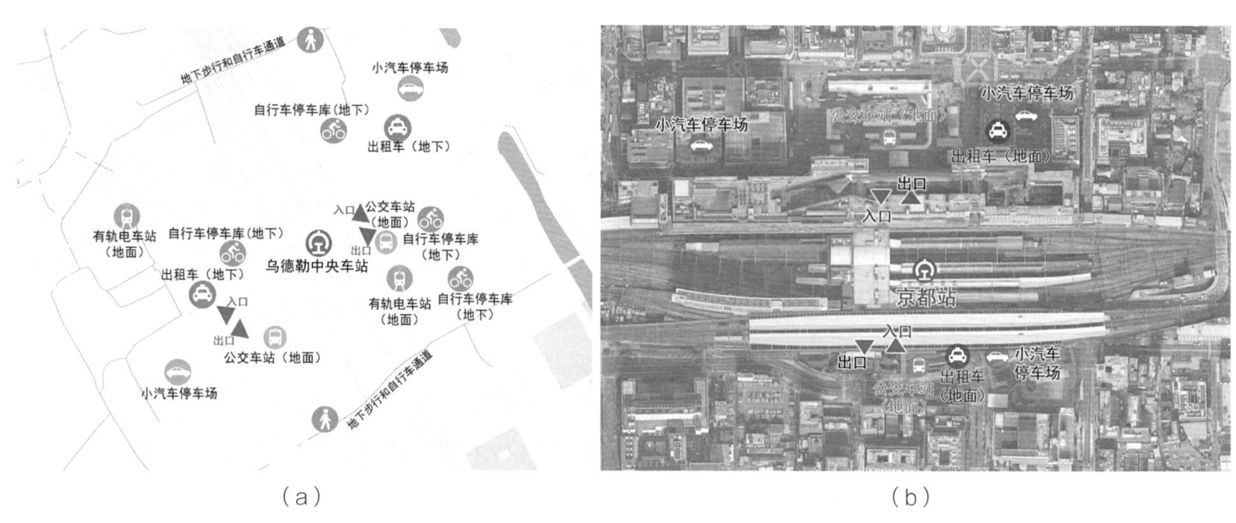

图 7-6　铁路车站突出绿色交通优先衔接
（a）荷兰乌德勒中央车站；（b）日本京都站

7.2.2　地下线路车站的集散组织模式

1. 车站的一般组织形式

当铁路线路深入城市核心区或既有开发较为成熟的地区，考虑到空间资源较为紧张及减少铁路对沿线既有开发的影响，则会采用地下接入形式。车站站房一般采用线上式（图7-7）。国内外地下铁路车站相对较少，包括国内的深圳福田高铁站、香港西九龙高铁站、天津滨海站和处于建设中的北京副中心站，以及美国宾夕法尼亚车站、纽约中央火车站等。一般利用地面或地下层设置站房出入口、组织进出站道路和布局集散设施。城市轨道线路可在铁路线路上方、下方及同层接入车站。

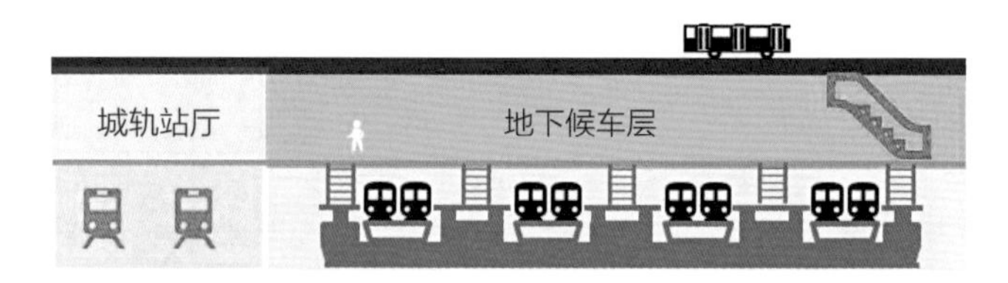

图 7-7　地下车站线上式

2. 集散设施布局优化模式

地下铁路车站由于考虑到地下空间开发成本高、地上周边空间资源相对有限，需要权衡有限的地面、半地下空间的优先分配问题。绿色交通可达最优的集散设施布局模式主要体现在两方面：一方面是将有限的地上空间、半地下空间资源优先分配给公共交通设施，以及共享式的个体机动交通；另一方面是私人个体机动交通的进出站需求可结合距离稍远的紧密站城地区开发地块的配建停车场、停车泊位解决（图7-8）。

地下车站以深圳福田高铁站和香港西九龙高铁车站为代表，均体现出了这些布局思路。深圳福田高铁站，将相邻的东西快速路地下空间用于城市轨道，车站上方有限的地面空间主要布局公交首末站，车辆路侧停靠后乘客通过扶梯进入铁路站厅层。虽然临近深南大道、新洲路等城市快速路，但未设置快速路直接接入车站的小汽车专用匝道。仅利用半地下广场设置了有限的出租车上下客区，私人小汽车的上下客均依靠两侧的商务楼宇地区解决（图7-9a）。香港西九龙高铁车站东西两侧紧邻西九龙、柯士甸两个地铁站，地面多个巴士站点组织在紧邻车站内外的地面层，出租车蓄车场、小汽车停车场则布局在了距离稍远的地下一层和地下二层（图7-9b）。

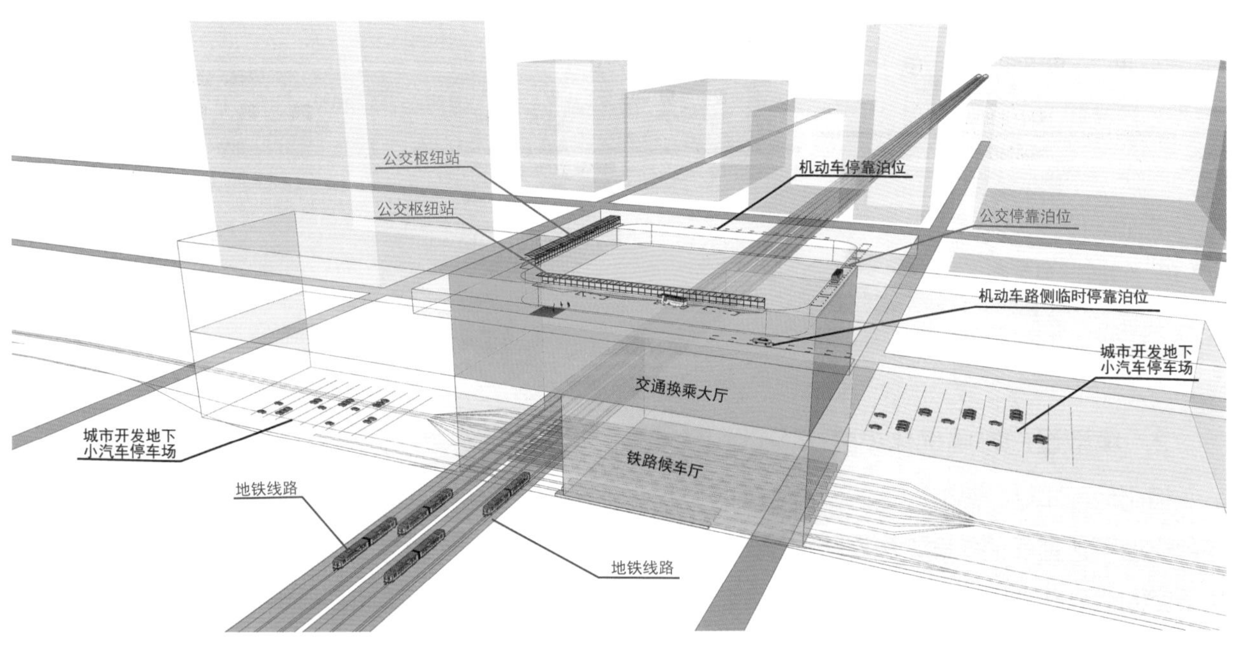

图 7-8　地下车站集散设施布局模式示意

（a）　　（b）

图 7-9　地下铁路车站集散设施布局案例

（a）深圳福田站地面层公交车首末站和出租车、小汽车临停泊位；（b）香港西九龙高铁站集散设施布局示意

7.2.3 高架线路车站的集散组织模式

1. 车站的一般形式

随着我国铁路网络进一步加密，为减少对耕地和已建地区的影响，出现了越来越多高架形式的铁路线路和车站。车站站房一般采用线下式、线侧下式和线上式三种（图7-10）。如线下式的佛山西站、线侧下式的福州南站和线上式的杭州西站。高架形式的铁路为站房出入口布设、进出站道路衔接带来了更多的可能。铁路端部和腰部空间均可考虑利用，并根据铁路高架桥下的富余空间大小组织站房出入口、进出站道路与铁路的竖向关系，而集散设施布局优先利用铁路桥下两侧的腰部空间，也可利用端部的站前广场空间。

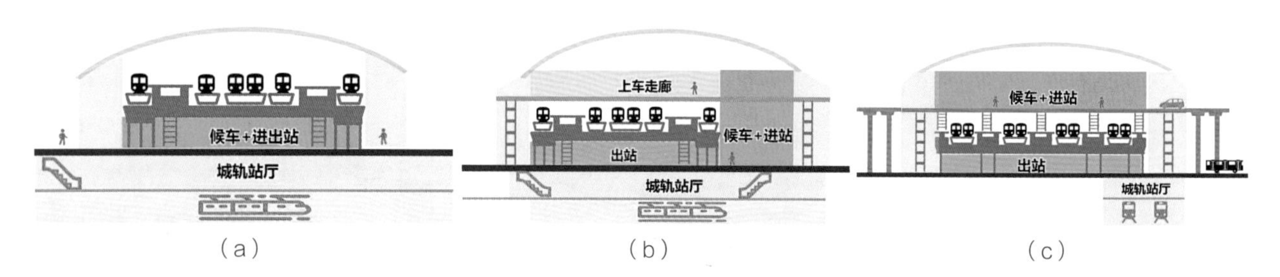

图7-10 车站的一般形式
（a）高架车站线正下式；（b）线侧下式；（c）线上式

2. 集散设施布局优化模式

相比地面车站，高架车站对城市空间的分割减小，同时铁路高架桥下空间存在更多利用的可能。绿色交通可达最优的集散设施模式主要体现在以下三方面：第一方面是当高架桥高度较小时，可利用桥下空间优先在地面层打通连接两侧的步行和自行车通道；第二方面是当高架桥下方达到约10m以上的可利用空间时，站房可采用线下式，桥下空间用于设置公共交通和个体机动交通换乘设施；第三方面是采用线下站时，打开站房腰部进出口，在腰部分别形成侧重公交和个体机动交通客流的进出站界面，同时为避免较大规模机动车流对车站地区的分割，机动车快速进站通道可衔接至紧密站城地区，兼顾服务车站与紧密站城，端部则更突出对车站两侧站前开发步行客流的服务（图7-11）。

荷兰阿姆斯特丹中央车站和中国广佛西部门户枢纽的佛山西站，均反映出利用铁路桥下空间差异化组织腰部与端部进出界面的意图。阿姆斯特丹中央车站由于铁路距离地面高度有限，在垂直铁路下方增设了多条步行与自行车的跨站通道，地铁、有轨电车、公共汽（电）车、步行、自行车和轮渡均组织在最靠近车站的端部两侧，而小汽车等个体机动交通仅设置在车站端部一侧。佛山西站是我国首座全线下式大型高铁车站，地下两侧为正在建设的佛山地铁3、4号线站台及站厅层，地面层候车，二层设出站夹层，三层为铁路站台层。集疏运组织上，主要利用铁路桥下空间（桥面标高距地面14.3m），东西两侧均布设公交车场、出租车场和社会车场，二层出站夹层直连出租车、网约车二层上客区，并通过设置连廊、楼梯等衔接地面集散设施（图7-12）。

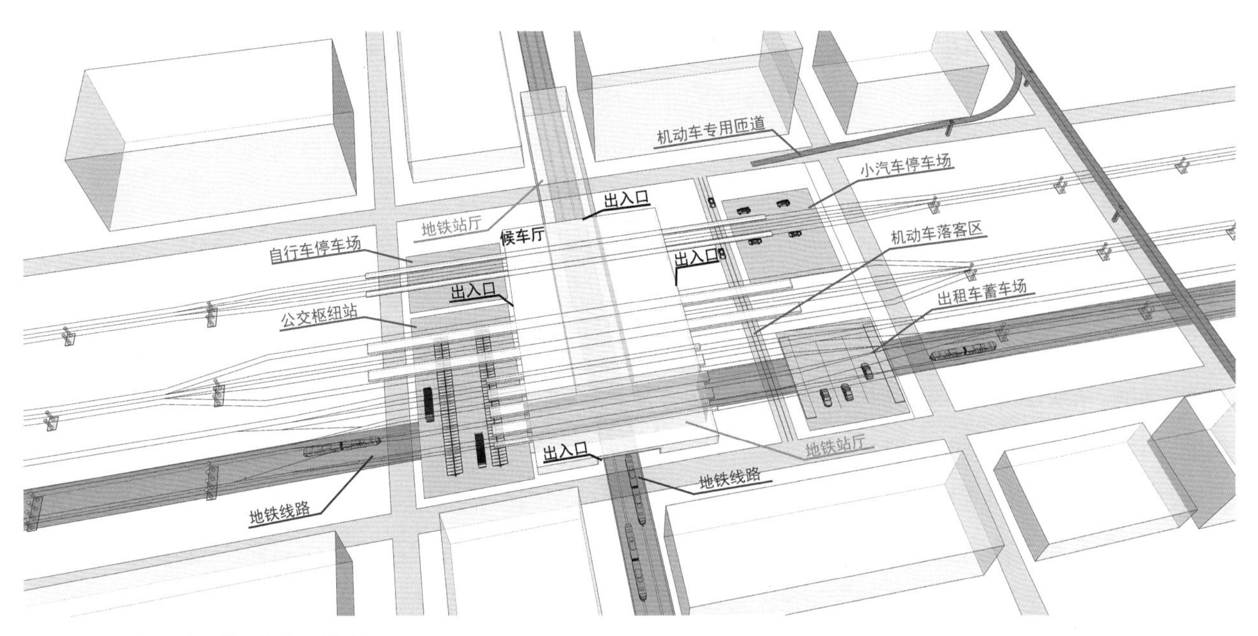

图 7-11　高架车站集散设施布局模式

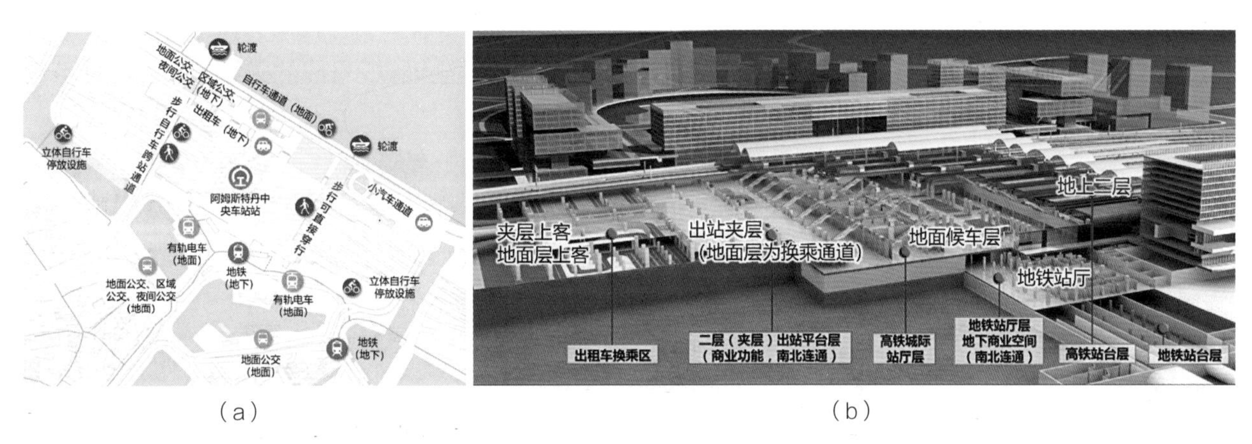

图 7-12　铁路车站集散设施布局优化模式案例
（a）阿姆斯特丹中央车站集散设施布局；（b）佛山西站分层布局示意图

7.2.4　推进站城高效衔接

在保障绿色交通集散设施优先布局的同时，结合不同交通集散方式的布局和服务特征，通过优化各类集散方式的换乘衔接环节，进一步提升换乘效率。考虑到公共交通集散系统往往集中于车站地区并带来短时大规模客流到达与离开，重点通过缩短换乘距离和推进安检互信提升铁路车站与公共交通的换乘便利度。而个体机动交通换乘往往占用较大的空间资源，车站内的空间往往无法完全满足换乘需求，可在空间资源更为充足的站城地区多点布局个体交通集散设施，推进共享集约利用。

1. 提升铁路与公共交通换乘体验

当前国内车站的交通集散组织普遍存在“重设施建设，轻服务与体验”的现象。为提升铁路车站绿色交通的服务与体验，主要从以下两点进行改善。

1）缩短公交换乘的步行距离，提供公交上下客区与铁路进出站区连续无障碍和避风避雨设施从日本岗山站、京都站来看，地面公交集散设施均组织在了临近车站主入口的位置，比出租车及小汽车停车场更靠近主入口，并且提供连续的遮阳避雨设施，提高换乘舒适度。我国苏州站将途径公交、始发终到的公交组织在车站的不同标高，既缩短了步行距离，也减少了客流的单点集中和交织，但未来应提供更好的无障碍设施，方便带行李的旅客（图7-13）。

2）通过推进铁路与轨道间安检互信提升换乘便捷性

自2019年10月交通运输部印发《城市轨道交通客运组织与服务管理办法》（交运规〔2019〕15号）以来，国内多个铁路车站开始了铁路与轨道安检互信的实践。其中一种方式是通过调整安检区域实现。如虹桥火车站通过调整到达层安检设备位置，实现了铁路到站客流换乘地铁的免安检环节，极大地改善了乘客换乘体验，节约了旅客出行总时耗（图7-14）。苏州站也对部分高铁站台到站旅客，设置与地铁2号线和4号线免安检的快速换乘通道。目前国内车站的诸多实践主要以铁路到达乘客与地铁的单向免安检换乘为主，未来应继续推进铁路与轨道间的双向安检互信，尤其对于服务城际间快速联系的城际铁路、市域（郊）铁路客流。这需要突破管理体制的壁垒，统一地铁与铁路的安检标准，提高集散效率，提升铁路出行换乘体验。

此外还有两种方式既可以实现换乘距离最短，又可以实现安检互信。一种是设置同台换乘，如成都犀浦站在全国率先实现铁路与地铁的安检互信、同台换乘，乘坐地铁2号线的乘客到达犀浦站后，

图 7-13　铁路与公共交通换乘案例

（a）日本冈山站的公交换乘长廊直联车站；（b）苏州站途径公交、始发终到公交线路在不同标高组织换乘

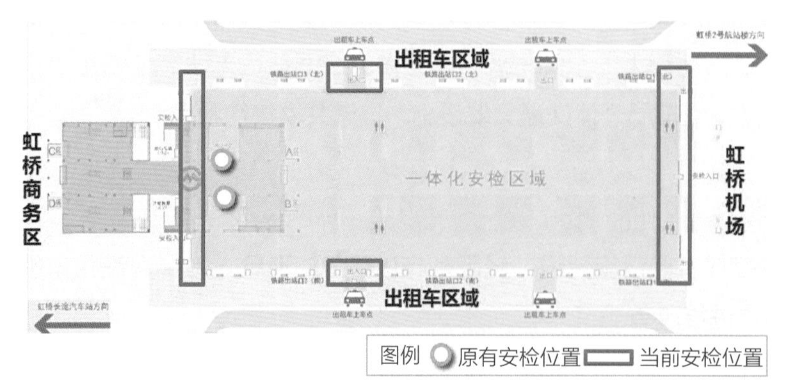

图 7-14　虹桥火车站安检设备位置调整前后对比

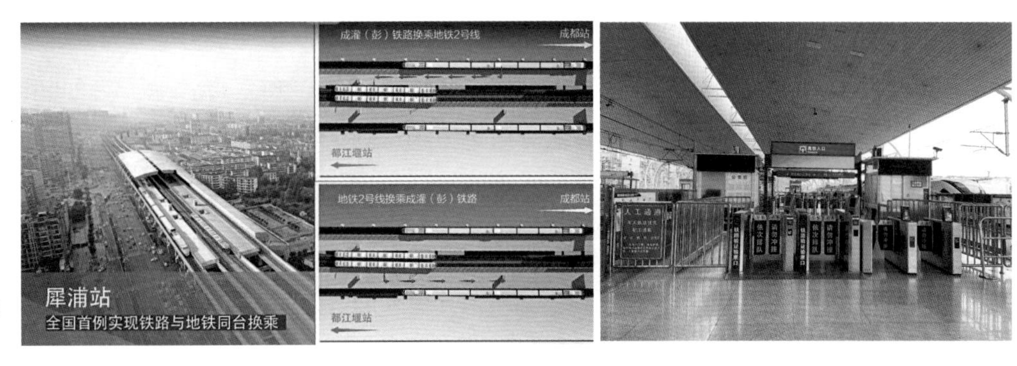

图 7-15　成都犀浦站轨道与铁路同台换乘

同站台通过铁路闸机进入动车站台，换乘开往都江堰、青城山、彭州等方向的动车，从而实现铁路、地铁的同台换乘，至少节约了10min的换乘时间（图7-15）；另一种是换乘客流站内换乘，更适用于未来同站不同场，以及不同站台的客流，比如无锡惠山站、苏州北站等，通过一体化的站房组织实现高铁、都市圈城际和城市轨道等不同站台的平面和立体换乘。

2. 站城共享的个体交通集散设施布局

个体机动交通集散设施往往结合紧密站城地区内的地块开发配套建设，并与站城地区道路网络良好衔接。而共享的个体非机动交通集散设施，则可以结合紧密站城地区内的建筑开发、绿地及广场等公共空间、非机动车道设置。

1）利用紧密站城地区共同承担铁路车站的个体机动交通接送客需求

日本东京站通过车站与北侧丸之内商务区高效融合共享的地下停车场系统，减少车站自身停车位设置，缓解车站周边道路压力。停车场出入口结合地区交通组织，在地块内设置出入口，并有提前预约功能，乘客可以根据行程提前预订停车位，避免高峰期间乘客为寻找停车位而浪费时间，减少道路上不必要的寻位车流。规划在建的北京城市副中心站也提出不单独配建枢纽小汽车停车场的停车供给模式，利用整个车站街区整体调控各分区停车资源供给，实现停车共享，促进泊位高效利用（图7-16）。

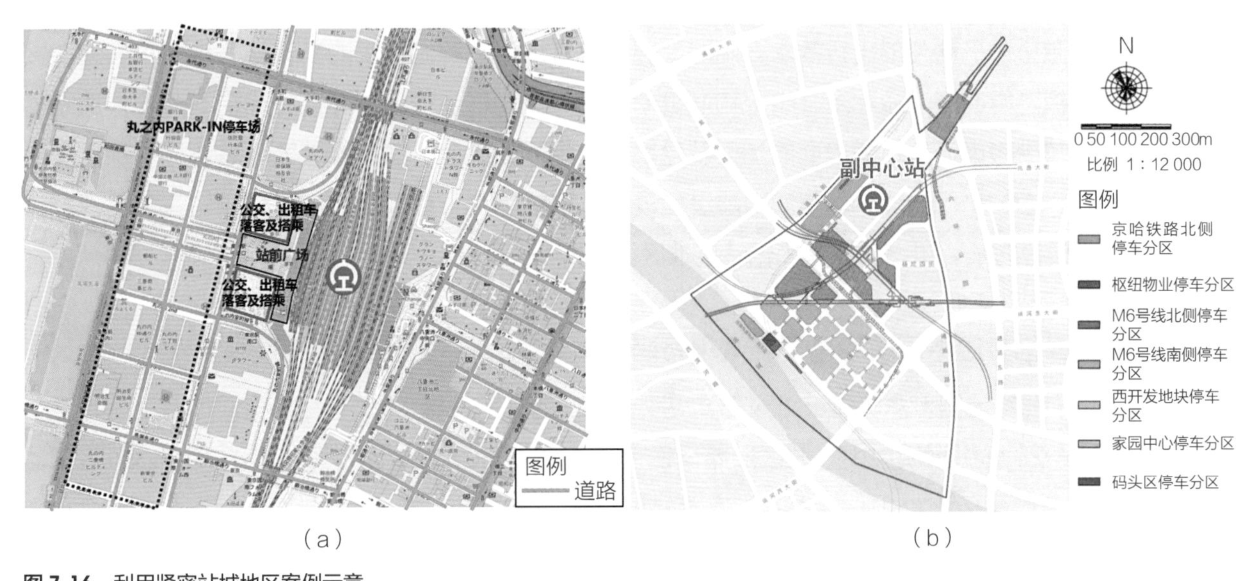

图 7-16　利用紧密站城地区案例示意

（a）东京站站前广场周边设施布局及路网；（b）北京副中心站0101街区地下停车分区示意图

2）利用站前的共享空间提供个体非机动交通衔接设施

阿姆斯特丹南站的站前广场是与周边商务区共享使用的交往广场，除了地面的自行车停放设施外，还设有大规模的地下自行车停车场。北侧广场下约3000 个停车位，车站南广场下有约2500个车位，同时配备有扶梯、管理人员、监控等，既服务车站旅客也服务站城地区的生活工作人群（图7-17）。荷兰乌德勒中央车站结合车站扩建，在车站站前广场下方地下三层新建可同时容纳12 500辆自行车停放的停车场，并配套监控设备、显示剩余车位的电子信息标识牌、自行车维修等完善的停车服务，为自行车停放提供了极大的便利。

图 7-17　阿姆斯特丹南站周边地下大规模的非机动车停放系统

7.2.5　构建步行友好的站城街道网络

除了绿色交通集散设施优先布局和优化换乘环节外，站城地区的街道网络组织同样需要体现绿色交通可达最优。当前国内铁路车站地区已普遍认识到需要配置与城市中心地区同等水平的高密度路网。但相比大容量的公共交通方式，个体机动化方式拥有更为灵活门到门的优势，高密度的车行路网势必进一步刺激个体机动化的出行需求。同时，国内站城地区在跨站跨线的步行与非机动车通道衔接上有明显的短板，街道空间分配上，步行和非机动车通行空间往往难以保障且分配空间有限；道路横断面设时一般较少考虑沿线街道界面的类型及建筑退界空间。因此，在站城地区需重点提升绿色交通系统路网密度、通过步行与非机动车通道建设促进跨站跨线融合，以及推进道路红线与建筑退界整合的街道横断面设计方法，进一步完善优化站城地区街道网络。

1. 实现绿色交通路网密度高于小汽车路网密度

站城地区的高客流强度意味着其路网密度应高于城市的一般地区。《城市综合交通体系规划标准》GB/T 51328—2018提出城市中心城区道路网密度不宜小于8km/km^2。作为城市新兴中心的站城地区，其路网密度应高于该水平。如河北雄安高铁站站区沿袭城市总体规划，采用小街区、密路网方式，将组团尺度限定在步行范围内，枢纽片区规划路网密度达10.5km/km^2。规划中的苏州南站位于长三角一体化示范区的核心区位，站前核心区（2～3km^2）路网组织上延续小镇路网尺度，规划路网

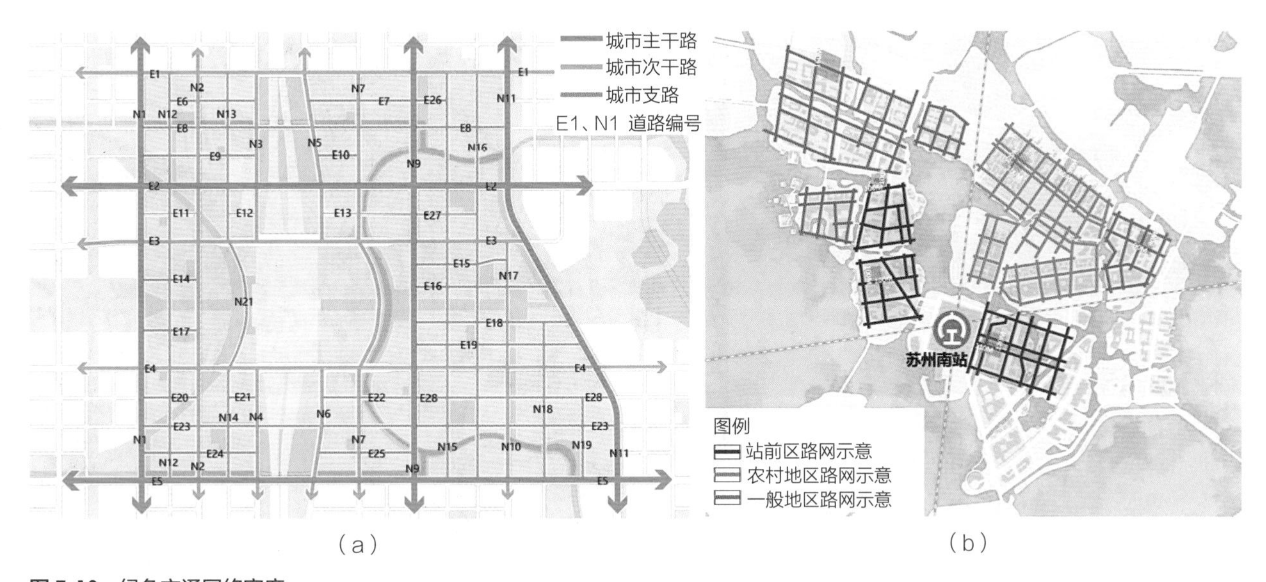

（a）　　　　（b）

图 7-18　绿色交通网络密度

（a）河北雄安新区雄安站枢纽片区道路系统规划图；（b）苏州南站站前核心地区路网组织示意

密度达13km/km²，其中小汽车网络密度10km/km²，平均街区尺度为200m×200m；步行与非机动车网络密度15km/km²，相当于平均街区尺度为133m×133m（图7-18）。

但必须认识到，在站城地区尤其是紧密站城地区，只有绿色交通的路网密度高于小汽车的路网密度，才能真正提升绿色交通出行的活力。东京丸之内地区1.2km²的范围内可供车行的路网密度达到了11.8km/km²。上海虹桥站站前1km²核心区内可供车行路网密度达到了11.1km/km²（图7-19）。同时两个紧密站城地区还设置了步行专用通道，提高步行路网密度。日本东京站前的丸之内仲路，作为丸之内地区的主要通道，设置行人专用道路时间段，每天11：00至15：00（周末及节假日至17：00）为行人专用步道，进一步提升了车站周边的慢行活力（图7-20）。

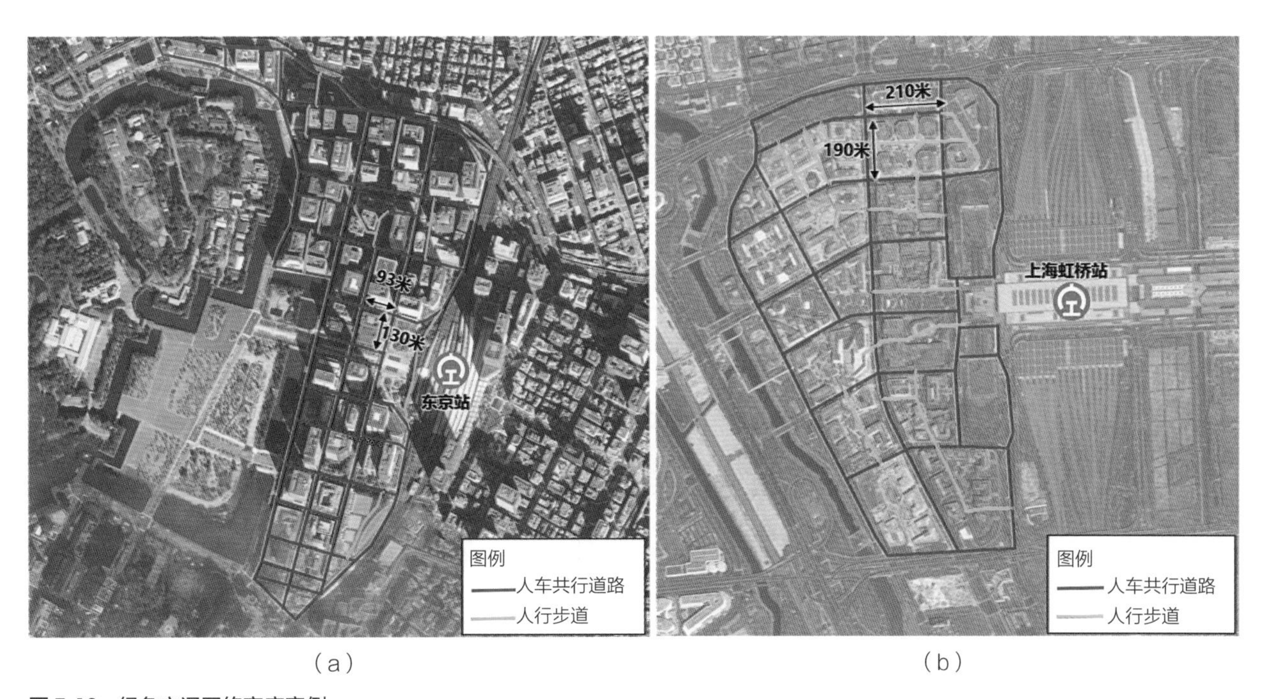

（a）　　　　（b）

图 7-19　绿色交通网络密度案例

（a）东京站丸之内地区路网；（b）上海虹桥站地区路网

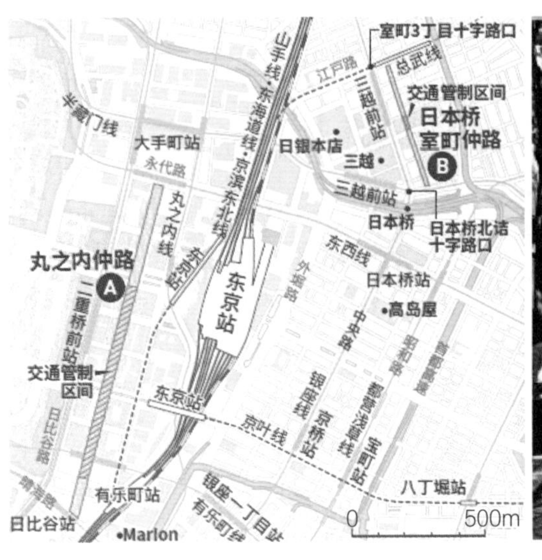

图 7-20　日本东京站站前的丸之内仲路行人专用道路

2. 以步行与非机动车网络促进站城跨线融合

当铁路设施进入城市，线路、车站及车辆段均会对城市空间造成一定的分隔，尤其是采用地面形式的通过型铁路线路，带来的分隔更加明显。

国内既有铁路车站普遍在跨线融合方面存在短板，尤其是地面车站。同时跨铁路联系的通道通常优先保障机动车通道的连通，机动车专用匝道也成为限制车站建筑与周边城市步行公共空间融合的障碍，导致跨铁路两侧的步行和自行车联系更加不便。以上海火车站为例，用地面尽端式进入城市中心，铁路线路本身对城市空间造成了一定的分隔。车站周边存在较多禁非道路，非机动车仅可以通过大统路地道通行，且步行通道品质不佳，基本为地道或天桥，天桥高度较高、步行耗时耗力，地道缺乏无障碍设施，步行通道的最大间距接近800m（图7-21、图7-22）。

从国际实践来看，高水平的站城地区普遍重视以步行与非机动车网络促进站城跨线融合。虽然高

图 7-21　上海站周边慢行及非机动车通道

（a）

（b）

图 7-22　上海站周边步行通道
（a）南北高架天桥；（b）大统路地道

架车站对城市空间的分隔影响相对较小，但依然十分重视地面层的跨站通道衔接。如日本高架铁路车站东京站，在地面层仍保留多条跨站通道（图7-23）。2000年以后荷兰多个铁路车站先后开始着手改善既有车站的跨站非机动车可达性，如阿姆斯特丹中央车站在2011年建设多条跨站的步行与自行车通道，包括跨运河步行桥、北侧连接码头的非机动车通道（图7-24）。鹿特丹中央车站在地面层增设多条穿越车站的步行和自行车通道（图7-25）。

1）利用接入的城市轨道线路，结合轨道站厅设置非付费的跨站衔接通道

早期的国内铁路车站一般没有对地下空间进行过多的开发和利用，而随着城市轨道交通站台和站厅层引入铁路车站，结合轨道站厅设置非付费的跨站通道成为实现车站两侧跨站衔接的一种高效简便做法，如无锡东站和上海火车站。无锡东站在建设之初，城市轨道2号线的站点与之同步建设，在地

图 7-23　新干线东京站的跨站步行通道

（a） （b）

图 7-24 阿姆斯特丹站跨站慢行通道
（a）步行与自行车通道；（b）跨运河步行桥

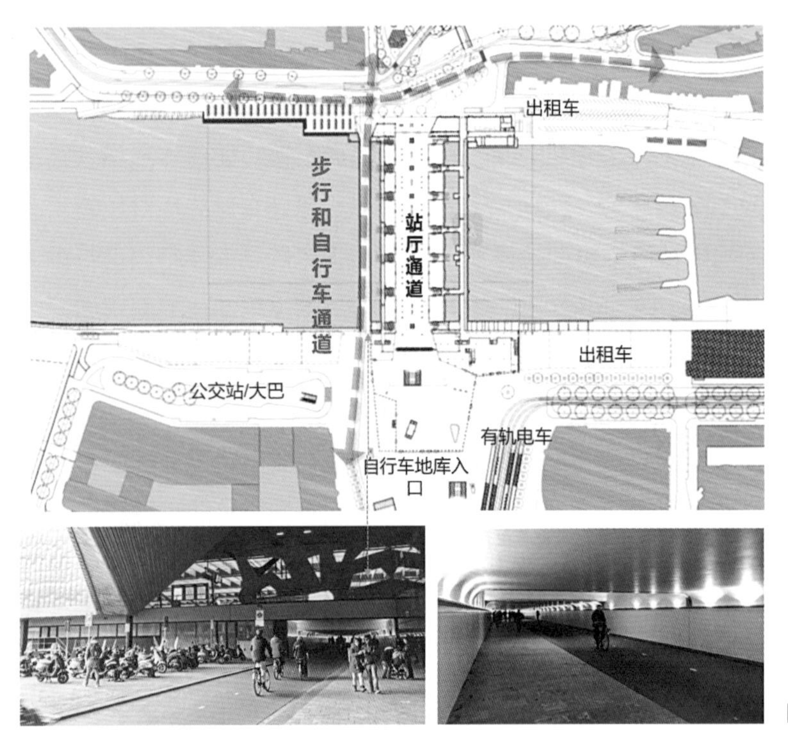

图 7-25 穿越鹿特丹火车站的步行和自行车通道

下一层设置轨道2号线的站厅层，地下二层为轨道2号线的站台层。利用地下的地铁站厅层同步配套建设小汽车停车场、出租车蓄车场和南北下沉广场，使得地下一层兼具客流换乘功能，实现南北两侧的跨站衔接（图7-26）。上海火车站地铁1号线与地铁3、4号线的地下换乘通道联系火车站的南北广场，实现南北广场的步行衔接。

2）构建跨线连通站城的高品质立体步行系统

立体分层布设的铁路车站结合商业开发等形成高品质的步行网络，可有效促进车站两侧功能的便捷联系。如日本客流排名第一位的新宿站，着力打造“通行更为顺畅的多层步行网络”。1967年前后建成了贯穿新宿车站东、西两侧商业区的“都会地下大步道”。到20世纪90年代，新宿站地下商业街总面积达11万m^2，全长约6790m，是世界上最长的地下商业街，与地面许多大厦都直接连通。此外，新宿站还在地上7m处设有高架步道系统，与周边建筑相连接。通过发达的地下通道系统，联系两侧商业和商务用地、轨道交通站点，地下通道最远可联系到约800m的新宿都厅（图7-27）。西九龙站与车站广场、

图 7-26　无锡东站地铁线路布局及地下一层

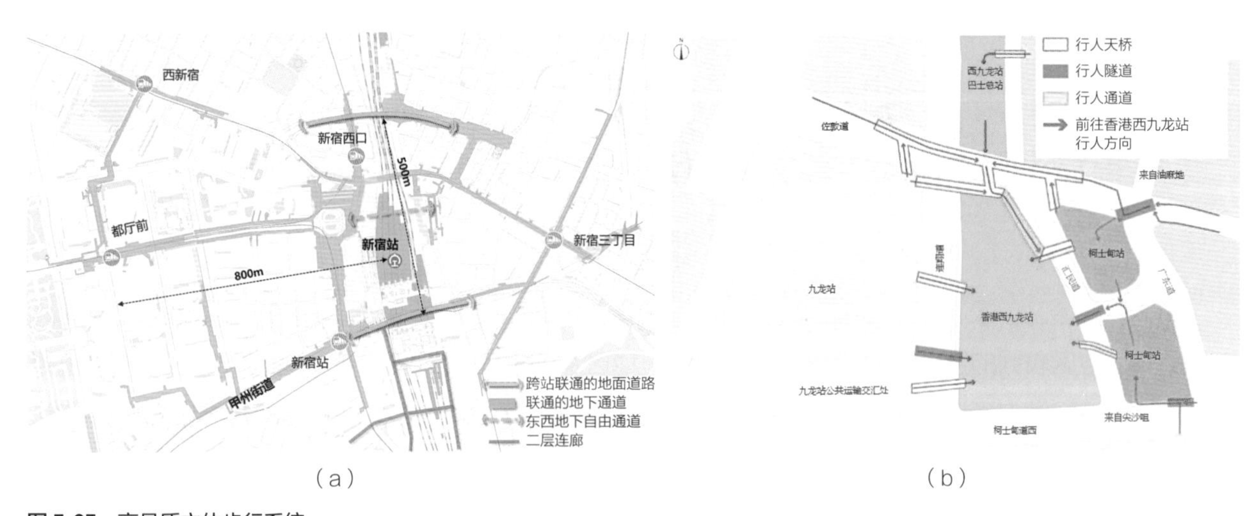

图 7-27　高品质立体步行系统
（a）日本新宿站立体步行通道联系区域；（b）香港西九龙高铁站立体步行组织

九龙站及柯士甸站上盖开发之间设置了连廊和天桥等多样化的立体人行系统，实现人车分离，方便各种交通模式的换乘，同时配合内向型商业活动，将人流集中在室内，降低恶劣天气的影响（图7-27）。

3. 道路红线与建筑退界整合的街道设计方法

基于通行量在道路红线范围内优先分布车行空间、再分配非机动车和步行空间的传统道路横断面设计方法，往往使得步行与非机动车的通行空间随道路等级降低而减少。站城地区大量的生活工作人群，不仅带来大量的步行与非机动车通行需求，还有较多的驻足活动需求，且更容易集中在车行等级较低的道路两侧。为避免低等级道路拥有更少的慢行空间，应当推进道路红线与建筑退界整合的街道设计方法，并根据街道界面类型确定建筑退界。在吸引人们驻足的商业型、休闲活动型等街道界面增加建筑退界距离并开放使用，并且把道路红线中的慢行空间与建筑退界整合设计，并且配合街道家具、绿化和交通稳静化设计，形成界面丰富、人性化尺度和速度的街道慢行空间。这也是当今世界上各大城市街道设计导则共同探讨和推荐的方法，在站城地区尤其需要大力推广。如新横滨站周边街道，当沿街建筑为咖啡厅这类沿街餐饮商铺时，结合建筑退界增设座椅等，并与人行道保持统一标高，没有空间阻隔，并用差异化铺装区分（图7-28）。

图 7-28 新横滨站周边街道界面组织

7.3 功能拓展地区的多方式优化组织

功能拓展地区，紧邻车站与紧密站城地区，布局与车站和紧密站城地区密切相关的功能，由此产生了与这些地区较强的客流往来需求。因此，这一地区交通系统的组织应与车站、紧密站城地区统筹组织，服务地区间的便捷联系需求。其中城市轨道站点应在车站、紧密站城地区、功能拓展地区多点布局，以缓解轨道换乘客流在车站的过度单点叠加，同时支撑站城地区的功能空间布局；构建功能拓展地区与紧密站城地区一体化的公交、骑行网络，保障绿色交通出行的效率与品质；道路组织上通过道路下穿、立体分层等多种方式，减少高等级的过境道路对站城地区交通的干扰（图7-29）。

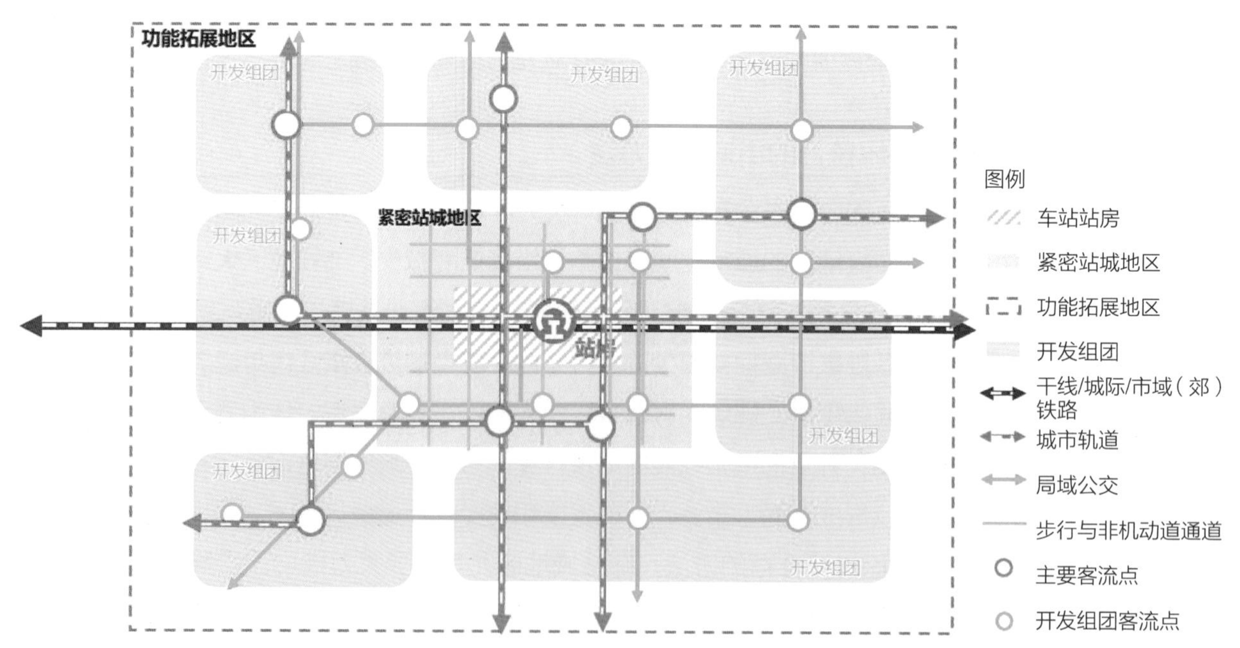

图 7-29 功能拓展地区交通组织模式示意

7.3.1　多点组织城市轨道布局

1. 当前特征与问题

作为大运量快速公共交通方式，城市轨道交通具有运量大、快速、准点率及可靠性等特点。当前三大城镇密集地区共有16个城市已规划建设城市轨道系统。从这些城市的铁路车站看，城市轨道必定接入了城市铁路大型客站（表7-4），并且城市轨道日益成为铁路客站集疏运体系中最重要的交通集散方式。从未来规划看，随着城市轨道网络的扩大，部分车站的轨道接入数量会进一步增加，如上海虹桥站、苏州北站未来规划均有5条地铁接入车站，深圳的西丽站规划有4条地铁线接入。

三大城市群地区有城市轨道接入的铁路客站情况（截至2021年11月）　　表7-4

地区	城市	车站名称	接入城市轨道条数	轨道线路	全市轨道线路数
京津冀	北京	北京站	1	2	23
		北京南站	1	14	23
		北京西站	2	7、9	23
		北京北站	3	2、4、13	23
	天津	天津站	3	2、3、9	6
		天津西站	2	1、6	6
		天津南站	1	3	6
		天津北站	2	3、6	6
	石家庄	石家庄站	2	2、3	3
		石家庄东站	1	1	3
长三角	上海	上海虹桥站	3	2、10、17	22
		上海站	3	1、3、4	22
		上海南站	3	1、3、15	22
		上海西站	2	11、15	22
	杭州	杭州站	2	1、5	11
		杭州东站	3	1、4、6	11
		杭州南站	1	5	11
	苏州	苏州站	2	2、4	6
		苏州北站	1	2	6
		苏州新区站	1	3	6
		苏州园区站	1	3	6
	南京	南京站	2	1、3	10
		南京南站	4	1、3、S1、S3	10
	宁波	宁波站	2	2、4	4
		庄桥站	1	4	4
	无锡	无锡站	2	1、3	3
		无锡东站	1	2	3
		无锡新区站	1	3	3
	常州	常州站	1	1	2
		常州北站	1	1	2

续表

地区	城市	车站名称	接入城市轨道条数	轨道线路	全市轨道线路数
长三角	合肥	合肥站	2	1、3	4
		合肥南站	2	1、5	4
	徐州	徐州站	2	1、3	3
		徐州东站	1	1	3
	温州	温州南站	1	S1	1
珠三角	广州	广州站	2	2、5	17
		广州东站	3	1、3、18	17
		广州南站	2	2、7	17
		广州北站	1	9	17
		庆盛站	1	4	17
		新塘南站	1	13	17
	深圳	深圳站	1	1	10
		深圳北站	3	4、5、6	10
		福田站	3	2、3、11	10
		深圳东站	2	3、5	10
		平湖站	1	10	10
	东莞	东莞站	1	2	1
		虎门站	1	2	1

注：表格数据从网络及地图信息搜索整理形成。

车站、紧密站城地区、功能拓展地区三者之间存在着密切的人群联系，同时也是客流集散相对集中的区域，在较强程度上依赖于城市轨道出行。城市轨道普线平均站距一般不小于500m、轨道快线一般不小于2km，换乘站宜结合城市重要功能区和大型客流集散点布设，而且存在轨道线路换乘客流高于进出站客流的情况。因此应当更加合理地在车站、紧密站城地区、功能拓展地区布局城市轨道站点和组织线路间的换乘。

目前，国内站城地区普遍呈现出轨道服务单点集中在铁路车站，而紧密站城地区、功能拓展地区缺少轨道服务的情况，也未在铁路车站以外设置城市轨道换乘站点。对于高水平站城地区，城市轨道服务的换乘客流量、站前开发客流量往往超过铁路车站接发客流量，多种客流集中在单个车站，容易产生较大的相互干扰，反而降低了铁路枢纽客流的集散能力。如虹桥枢纽，2号线、10号线、17号线集中接入在虹桥枢纽，虹桥商务区核心区缺乏轨道服务，造成城市轨道间换乘客流、站前开发客流与铁路客流单点叠加在铁路枢纽。在节假日高峰期间，虹桥火车站地铁站往往不堪重负（图7-30）。

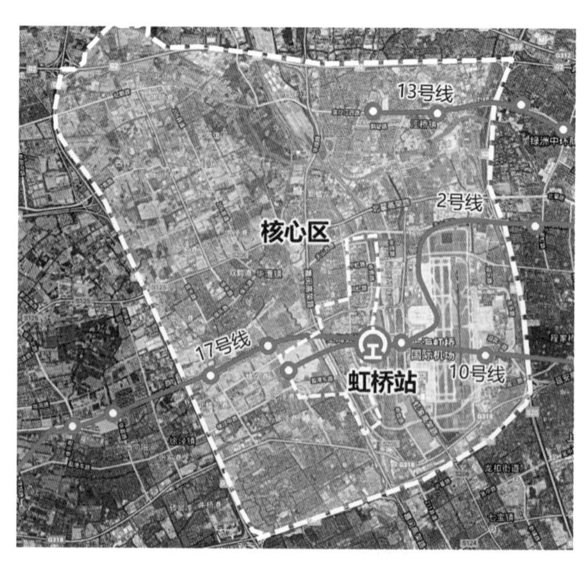

图 7-30 铁路车站、站前开发、轨道换乘客流单点叠加示意

2. 轨道布局的优化模式

国际上多线城市轨道接入的站城地区，由于车站、站城地区本身的客流能级均较大，十分关注车站和城市轨道站点的客流组织问题。从国际实践来看，高水平站城地区，铁路车站与城市轨道站点的布局，较少采用“单点高度叠加”的模式，更多呈现出“多点组织”的模式。通过在站城地区多点组织城市轨道换乘，避免城市轨道的多线换乘单点叠加在车站。

日本东京站、法国巴黎拉德芳斯站均能体现出这一组织模式。2019年东京站JR发送旅客客流日均超过50万（包括山手线、京叶线、总武线、新干线各场）。在东京站周边约2km^{2}的范围内（包含丸之内），共有8条城市轨道线路（东京地铁和都营地铁），共10个名称不同的地铁站，其中5线换乘站1个、3线换乘站2个、2线换乘站2个。从布局上看，仅有丸之内地铁线布局在东京站西广场，设置丸之内线东京站。其余线路均未直接接入车站，而是布局在两侧的站前开发之中，相应所有的城市轨道的换乘站也是布局在站前开发之中，这些轨道站点通过地下步行通道连接至东京站（图7-31）。法国巴黎的拉德芳斯商务区，汇聚了5条轨道线路（3条市域铁路、1条地铁、1条有轨电车）。拉德芳斯车站是该地区明显的轨道换乘中心，但在其西南侧约1km的皮托站（Peteaux）车站也是一个3线换乘车站，这有利于减少拉德芳斯车站的换乘客流压力。同时，拉德芳斯商务区也体现出了站城地区的形态与轨道交通结构匹配。商务区东端设置了地铁1号线的拉德芳斯广场站（Esplanade de La Défense）、在商务区西侧约1km设置了RER-A线的拉德芳斯站（Nanterre-Préfecture），这样商务区的客流可以不经过拉德芳斯站就能够乘地铁在巴黎最重要的客流走廊上出行，减轻了拉德芳斯站的客流压力（图7-32）。

铁路车站自身是一个高强度的到发客流与换乘客流中心，因而需要格外关注接入的其他交通方式的换乘客流对它的影响。未来随着国内站城地区的发展和城市轨道网络的完善，站城地区的轨道线路布局可以朝以下两方面优化（图7-33）：一方面站城地区的空间形态与城市轨道走廊走向要进一步契合，便于在站城地区和车站同时设站实现站城内可以多点乘坐城市轨道；另一方面在站城地区增加轨道交通线路的换乘站，避免整个站城地区的轨道换乘客流均集中在车站。

上海虹桥站的未来规划中也均体现出了多点组织轨道客流的趋势。虹桥枢纽正在逐步完善商务区

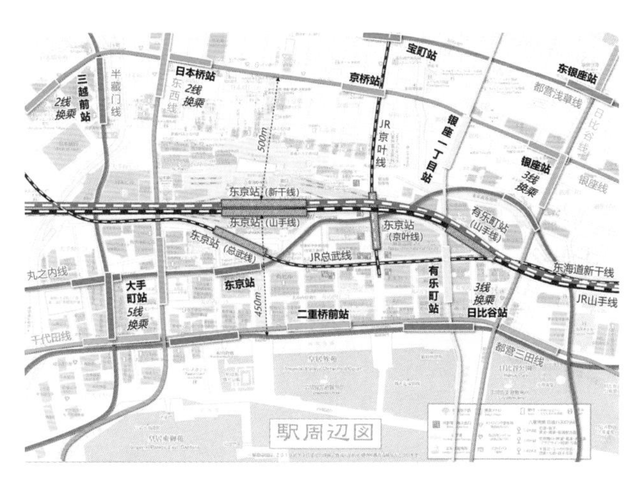

图 7-31　东京站区 OMY 地区城市轨道换乘站布局

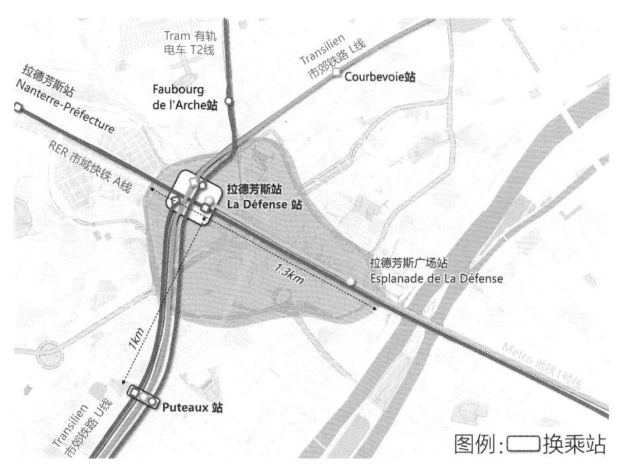

图 7-32　巴黎拉德芳斯地区城市轨道换乘站布局

及虹桥主城的轨道网络、优化换乘组织，提升主城片区整体轨道服务水平。未来规划新增线路包括嘉闵线、机场联络线、13号线西延伸、25号线、规划17号线及东延线位等。其中17号线向市区延伸、13号线及25号线的引入、徐泾东站换乘作用的提升，均有利于减少虹桥火车站地铁站的换乘客流压力（图7-34）。

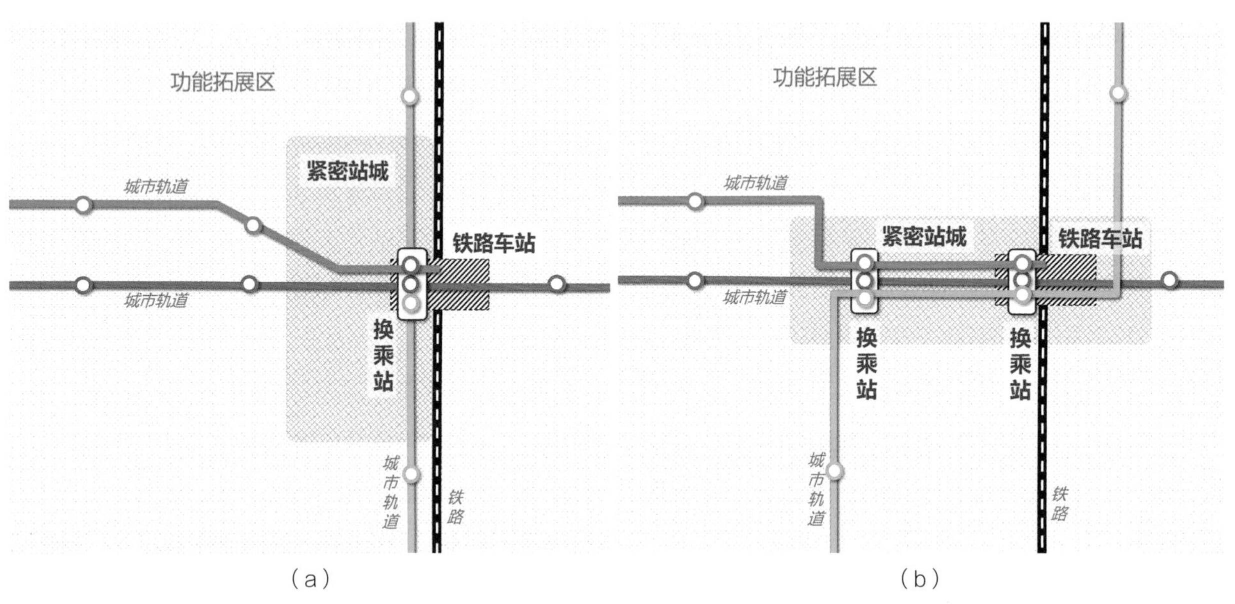

图 7-33　站城地区城市轨道布局优化模式
（a）单点集中；（b）多点组织

图 7-34　上海虹桥主城区未来轨道及站点布局

7.3.2　提升城市公交覆盖水平

1. 当前特征与问题

常规公交是铁路车站与城市衔接的重要方式之一。我国铁路枢纽集疏运规划时普遍将多条骨干公交线路接入枢纽，并采用大站快车等运营组织方式，提高地面公交的集散效率，但车站与车站周边地区的公交联系往往被忽视。以杭州东站为例，周边1.5km范围内地面公交站点及线路主要分布在车站内的公交枢纽及周边的骨干道路上，临近车站周边社区、购物中心、办公用地的次支路上缺乏公交线路和站点。从杭州东站公交可达性分析来看，周边1.5km范围公交联系时间接近30min。枢纽至周边地区公交联系效率偏低，站城地区的公交服务有待进一步提升（图7-35）。

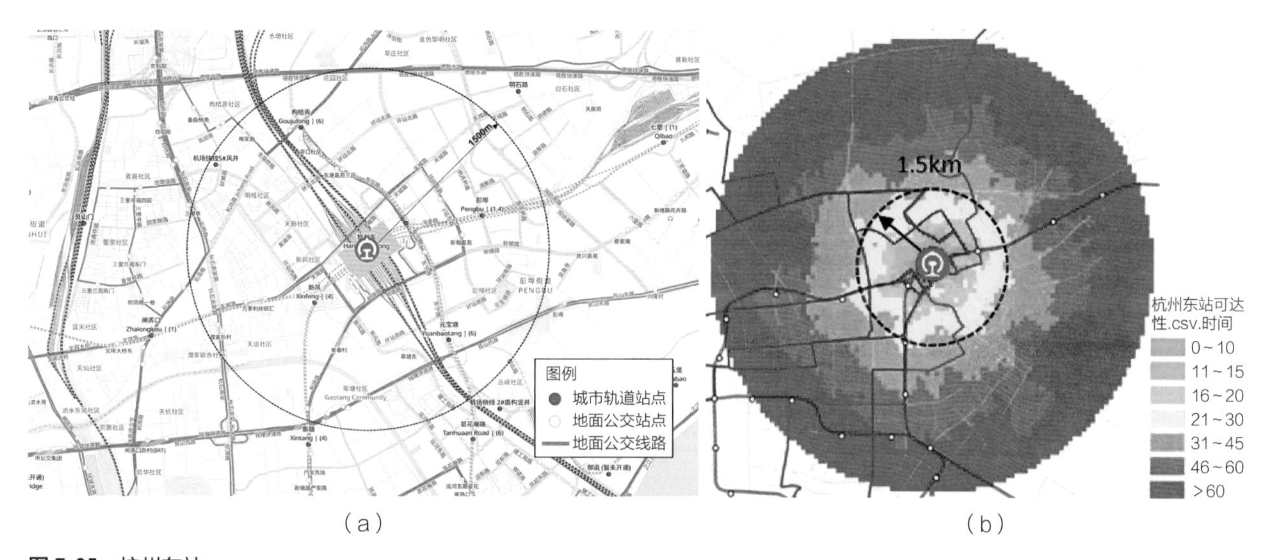

（a）　　　　（b）

图 7-35　杭州东站
（a）周边公交站点及线路分布；（b）公交可达性

2. 公交服务的优化模式

城市轨道交通往往布局在功能拓展地区的主要客流走廊上，除此之外，还需要布局中小运量的公交网络串联紧密站城地区和功能拓展地区的功能中心，重点服务功能拓展地区内部，以及功能拓展区与紧密站城地区及车站之间的短距离出行，实现公交10~15min覆盖功能拓展区。

如伦敦国王十字车站除了接入多条轨道线路外，500m范围内各个方向均沿路布设了多个地面公交站点。从地面巴士蛛网图来看，车站对外组织多种类型的地面巴士线路，包括大站快车组织的公交快线，服务枢纽对外快速直达的联系，以及联系枢纽周边地区的公交接驳线路，充分发挥枢纽对周边地区的带动作用（图7-36）。以上海虹桥枢纽为例，为满足枢纽周边片区与虹桥枢纽的联系，虹桥商务区设置了多条短驳线路（如虹桥商务区1路全长7.5km），串联了虹桥机场、虹桥站以及周边各个主要商业商务楼宇，高峰时段发车间隔在10min左右，有效促进了枢纽功能拓展地区、紧密站城地区与枢纽的融合发展（图7-37）。

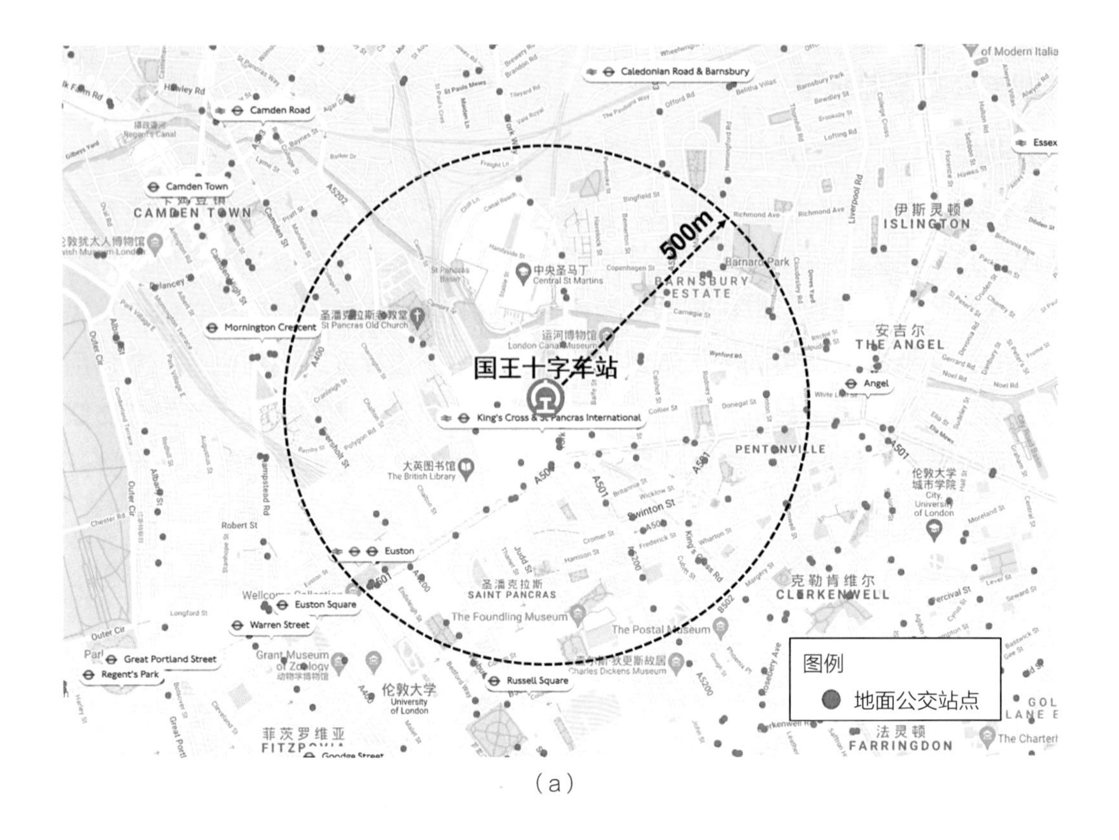

(a)

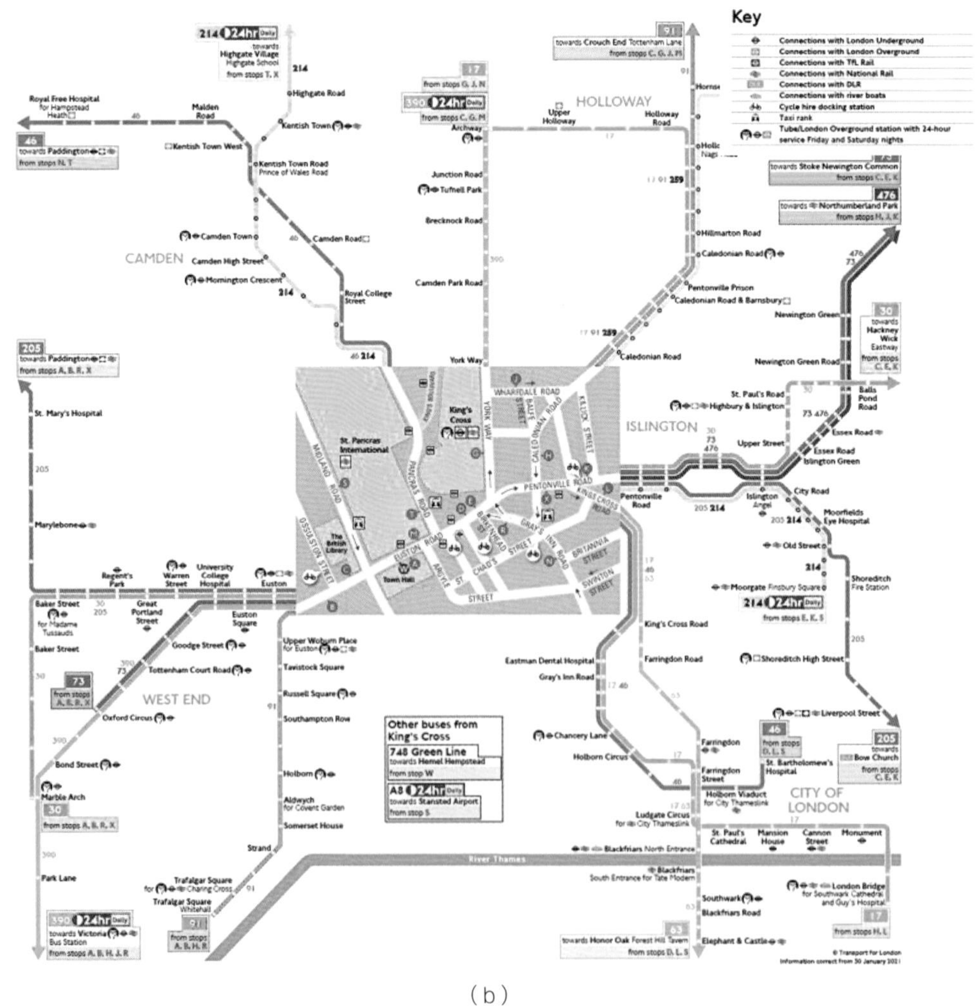

(b)

图 7-36　国王十字车站
(a)周边500m范围公交站点分布;(b)车站周边巴士组织蛛网图

面向功能拓展地区的公交服务可以有多种制式选择，如APM、无人驾驶轻轨、磁浮交通、有轨电车等，可根据站城地区的交通需求规模及空间条件灵活确定。作为广州市三大铁路枢纽之一的广州东站，现状距车站南侧1km处已运营一条服务珠江新城核心区联系的地下APM线，总长3.88km，设9个站点。在广州东站地区提升项目中，规划提出依托云轨轨道线及站点在站城核心地区（5.97km^2）打造中运量的轴线疏导环，高效缝合站前功能与广州东站新城，并与现状APM线于林和西站进行换乘衔接（图7-38）。研究提出设置单行环线，全线共设11站，云轨站点与空中连廊结合，并通过二层步行连廊实现与周边地块的衔接，实现轨道站点半径500m的全覆盖。云轨列车旅行速度在25km/h以上，车厢采用两节编组，实现短车高发，提高服务效率。云轨车站主要位于三层平台，高于中轴线二层步行空间，既便于观景，又能成为场地中的景观。除了云轨这种新型单轨方式外，荷兰已在站城地区开展了充满未来感交通出行尝试，已运营一条衔接埃德·瓦格宁根火车站和瓦格宁根大学校园间的无人驾驶接驳巴士，最多可搭载12人，有6个座位，巡航速度为20km/h，可在公共道路上行驶，补充现有的公共交通服务。

图 7-37　上海虹桥枢纽公交短线：虹桥商务区 1 路

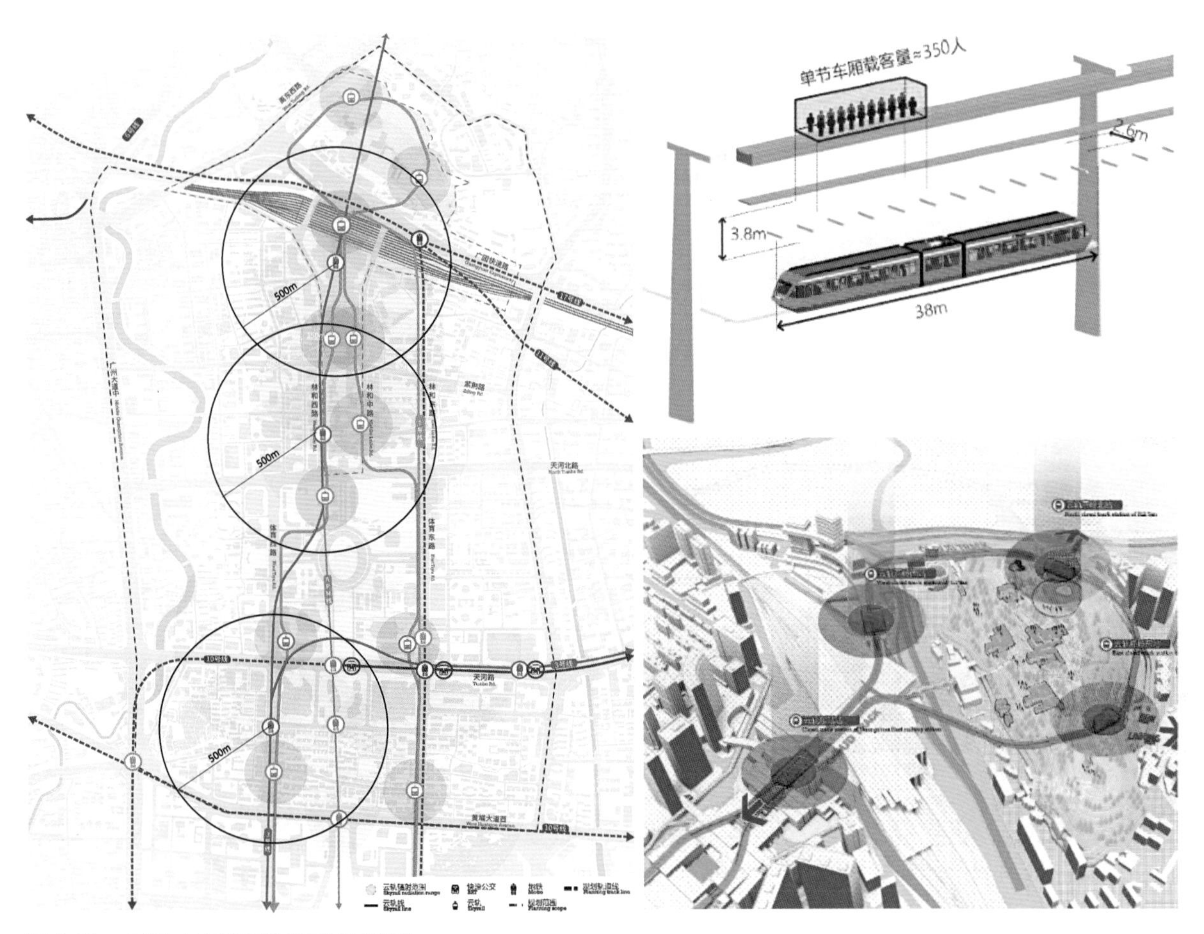

图 7-38　广州东站规划云轨布局及示意图

7.3.3 构建便捷连通的骑行网络

功能拓展地区的空间尺度决定了非机动车是最适宜组织的绿色交通方式之一。在车站周边，结合空间布局及特色功能节点组织连续、舒适的骑行流线，布设完善的非机动车道网络，以此保障骑行的高可达性。如阿姆斯特丹南站枢纽地区在车站地区（约2.4km^2）打造畅通无阻的自行车专用车道网络，衔接车站与周边居住、产业、娱乐等多类型用地，提升枢纽地区活力，自行车换乘比例高达27%。自行车道的布设形式主要分为两类，第一类是独立于城市道路的自行车道系统（图7-39）；第二类是附属于城市道路两侧自行车道，包括物理隔离和划线分隔等形式，提升自行车的通行品质（图7-40）。国王十字车站联系北部伦敦艺术大学、办公、居住、酒店休闲等开发核心区的两条重要跨摄政河的通道，均保障了充足的自行车通行空间，以及随处可见的路侧及专用自行车停车场，提升自行车出行的便利性（图7-41）。

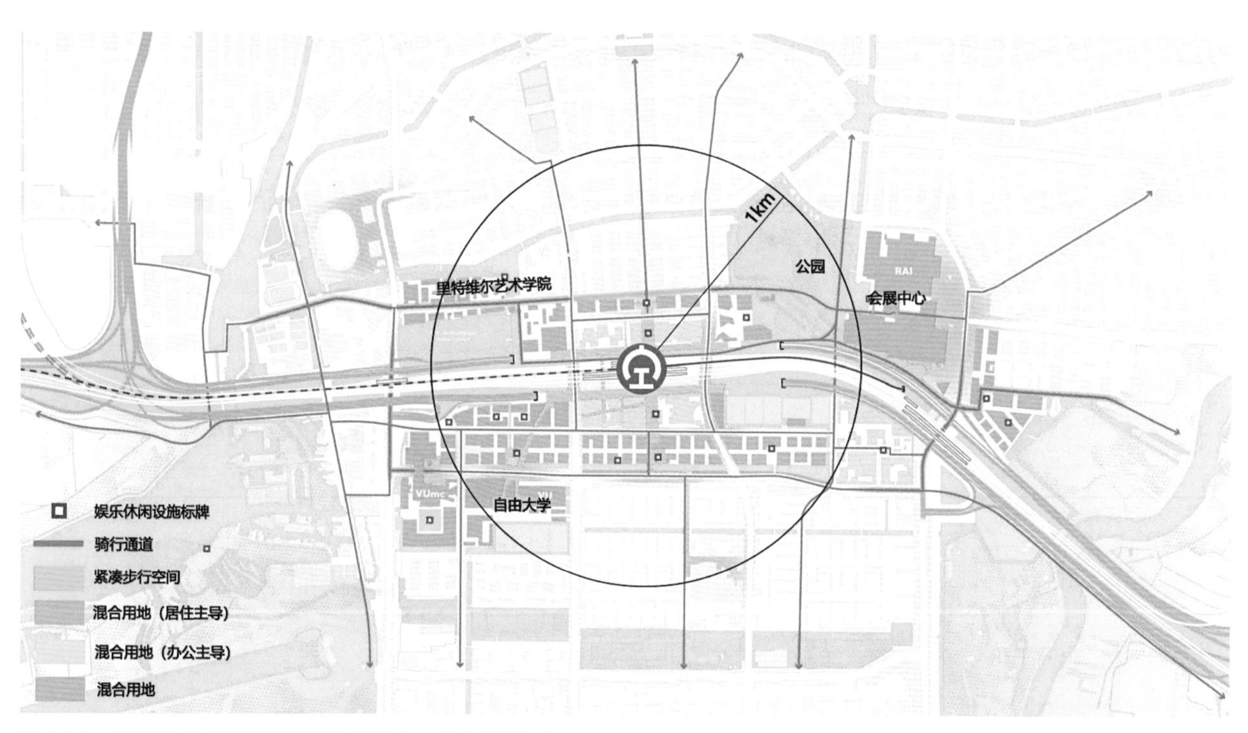

图 7-39　阿姆斯特丹南站周边泽伊达斯商务区骑行流线组织

（a）　　（b）

图 7-40　阿姆斯特丹南站周边骑行道路
（a）专用骑行道路；（b）城市道路物理隔离的自行车道

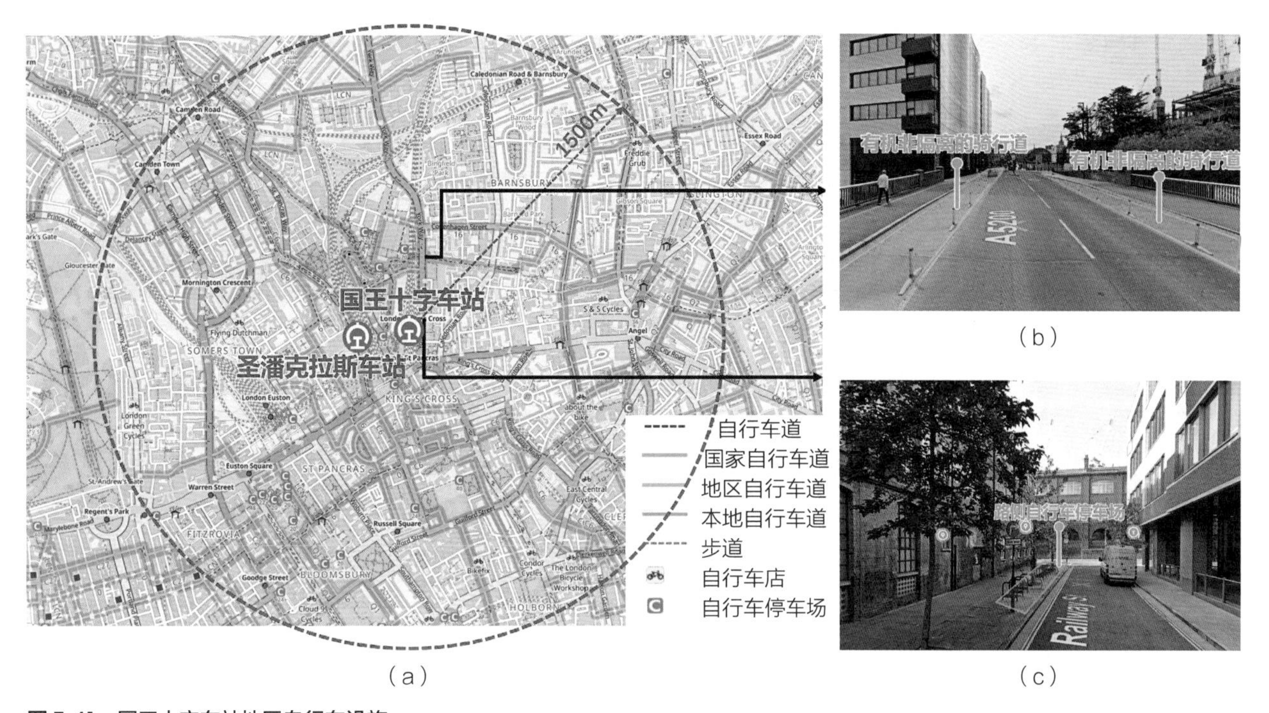

（a）

（b）

（c）

图7-41　国王十字车站地区自行车设施
（a）自行车道；（b）跨河道路的骑行道空间；（c）自行车停车场

在国内车站的规划实践中，杭州西站在契合周边田网、水网和不同功能区空间特质基础上，提出打造三类慢行交通线路（图7-42）。第一类是串联枢纽核心区、中央稻田公园及两山的云道系统，通过建筑二层连廊、地面漫步道等构建多层次立体步行系统；第二类是沿河港布局的滨水慢行道，包括漫步道、骑行道和跑步道，通过绿地、运动场地与休闲业态的组合配置，塑造活力空间；第三类是沿路及街坊内部慢行道，打造慢行友好的宜人城市环境。

图7-42　杭州西站周边慢行交通规划图

7.3.4　减少割裂的高等级道路组织

1. 当前特征与问题

部分高铁车站偏向城市中心区边缘或外围选址，同时为了方便车站与城市的联系，周边布局有较多的高等级公路及城市道路。由于高等级道路承担较多的区域中长距离联系功能，较大规模的机动车通行空间容易对紧密站城地区与功能拓展地区联系带来空间的割裂和联系的阻隔，而且较多过境道路交通流和到发车站地区的交通流在此交织，带了较多的立体道路工程（图7-43）。

以上海虹桥枢纽为例，一方面紧邻火车站西侧的申虹路布置了较多数量的机动车道，严重阻隔

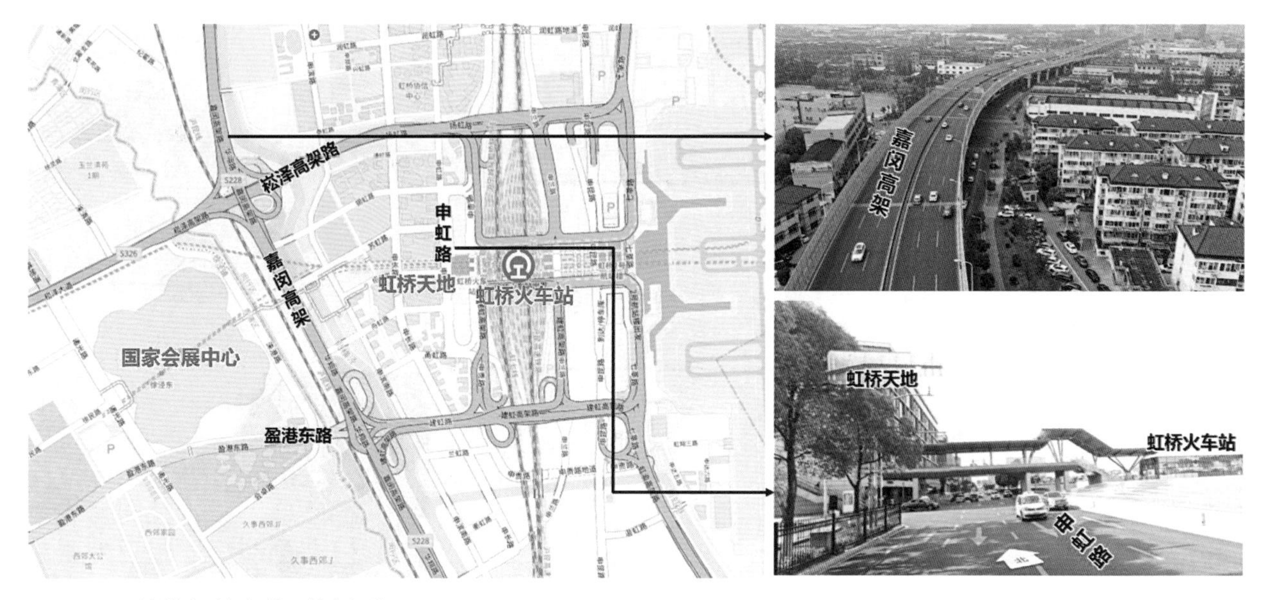

图 7-43 周边道路对虹桥地区的空间分隔

了虹桥火车站与紧密站城地区虹桥天地间的地面步行联系，只能通过二层步行连廊衔接；另一方面承担南北向过境交通的嘉闵高架，分隔了西侧功能拓展地区的国家会展中心和东侧虹桥车站地区，东西向衔接通道仅崧泽大道和盈港东路两条。每逢会展高峰期，都需要通过交通管制手段保障区域路网与这两条东西向通道的衔接，实现会展中心的道路交通有序进出。因此，如何处理高等级道路在功能拓展地区和紧密站城地区的形式，成为道路组织上需要重点考虑的问题。

2. 高等级道路布局优化策略

为减少高等级过境道路对站城地区交通的干扰及空间的分割，可对途经站城地区核心区段做下穿处理，同时优化高等级道路出入口，适度分离过境与站城地区到发交通流。

以荷兰阿姆斯特丹南站为例，车站位于A10高速公路双向车道中间，高速公路和铁路线路均为同一标高的高架形式（图7-44a）。高速公路占用了较大的站城空间，并且给站城环境带来了较大的负面影响。目前阿姆斯特丹南站利用车站扩容改建的契机，对两侧A10高速公路进行下穿处理，预计腾出不少于0.12km^{2}的空间，相当于24个足球场，车站周边释放出的公共空间将重新设计成广场、步行和自行车道，可有效改善阿姆斯特丹中心区的空气质量，减少噪声污染。

日本东京的首都高速公路在途经东京站周边地区时，设置多个高速出入口实现与车站地区地面道路的衔接。为减少高速公路对车站地区空间及道路联系的分割，皇居地区西侧段采用地下化布局。2018年日本交通省公布首都高速公路日本桥地区段的地下改造方案，全长约2.9km，并与日本桥周边地块更新和再开发项目整体进行。东京站东侧段首都高速公路的地下化改造，进一步减少高速公路对车站地区的分割（图7-44b）。

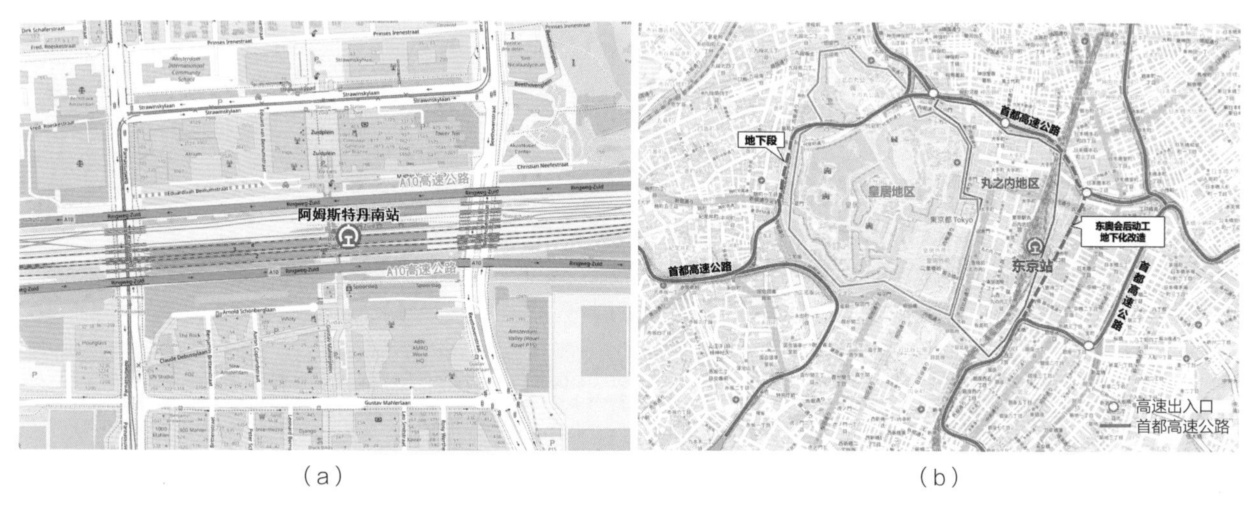

图 7-44　高等级道路布局优化策略案例

（a）阿姆斯特丹南站高速公路和车站关系；（b）首都高速公路在东京站周边组织示意

7.4 辐射影响地区的高效衔接服务

对于不同城市的铁路车站，车站辐射影响地区的范围尺度会存在较大的差别。从未来车站布局特征来看，部分高铁车站的辐射影响范围往往是县（市、区）尺度的范围、甚至全市尺度的范围。未来在车站辐射影响地区，要注重发挥多层次轨道交通，包括都市圈城际铁路、市域（郊）铁路、城市轨道快线，联系辐射影响地区。同时在无轨道服务的地区构建城市骨干公交廊道，并且完善连接其与紧密站城地区、功能拓展地区的干路系统，以减少中远距离的进出站客流与进出站城地区的客流相互叠加。

7.4.1　注重多层次轨道交通衔接

多网融合时代，都市圈城际、市域（郊）铁路、城市轨道将共同服务高铁车站及周边地区的客流集散。其中都市圈城际、市域（郊）铁路通过在区县、乡镇的重点板块设站来联系高铁车站及站城地区，而城市轨道线路更多地服务市区主要功能节点与高铁车站及站城地区的联系。未来需要强化高铁车站的多层次轨道接入条件，并且完善车站与辐射影响区的快速联系。

以苏州为例，未来在市域范围内将形成多枢纽的服务模式，重点服务跨城市群的区际联系、城市群城际联系，以及都市圈城际联系需求。其中苏州北站、苏州站成为主要面向市区板块的高铁车站，苏州南站、张家港站、太仓站、常熟站和昆山南站成为一体化示范区及县市级的高铁车站。同时，构建了两网合一的都市圈城际和市域（郊）铁路，以及城市轨道网络等多层次轨道网络，提供面向不同空间尺度的差异化轨道服务。其中，苏锡常城际，如苏湖城际、苏淀沪城际等都市圈城际，以及苏虞张线市域（郊）铁路将直连高铁枢纽、都市圈主要城市中心和市域外围板块功能中心，以实现高铁车站与都市圈、市域范围主要功能中心的直连直通。而城市轨道网络主要面向主城区内部及邻近市域

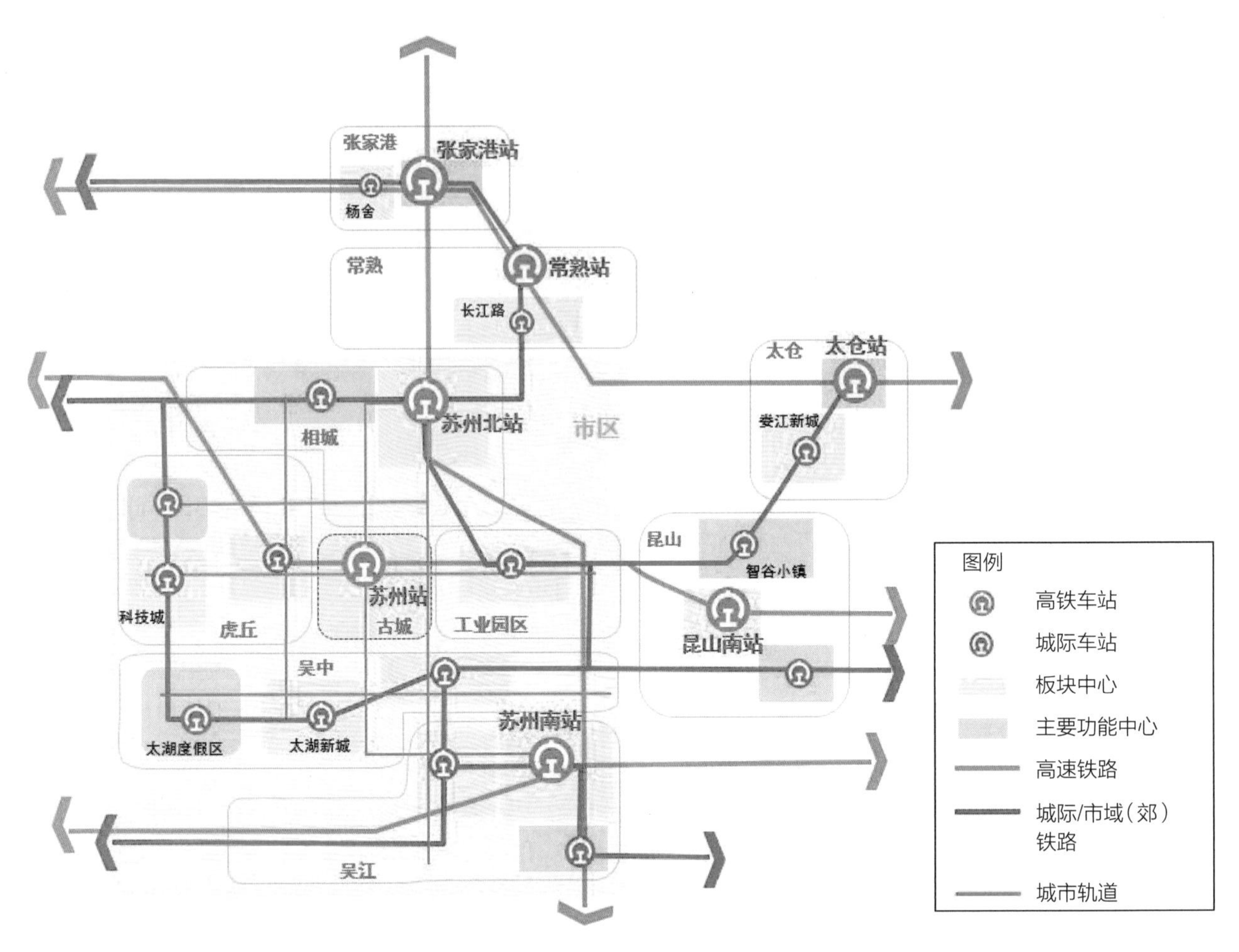

图 7-45 苏州四网融合组织模式示意

板块的出行联系，主要服务市区、县市核心区与高铁车站的快速联系，未来苏州将通过多层次轨道网络，共同服务车站、紧密站城地区、功能拓展地区、辐射影响区之间的快速联系（图7-45）。

7.4.2 组织城市骨干公交

由于辐射影响地区空间尺度较大，需要保证较高的公交服务水平和联系效率，依据客流板块区位和客流需求规模的差异，选择适合的公共交通方式及运营组织模式。对于城市轨道无法覆盖的地区，沿主要客流走廊组织高频快速的骨干公交线路直连主要客流板块，保障辐射影响地区与车站及紧密站城地区的公交联系效率（图7-46）。

以虹桥火车站为例，城市轨道交通承担主要客流走廊的对外公交联系，地面骨干公交服务更侧重服务现状城市轨道未能覆盖的车站辐射影响地区。在规划市域轨道嘉闵线尚未开通时，为强化虹桥枢纽与嘉定新城、南翔和闵行地区的公交联系，虹桥西交通中心开行了多条公交快线衔接嘉定和闵行地区主要客流集散点，包括闵虹1路、闵虹2路、嘉虹1路、嘉虹2路、虹南快线等多条骨干公交线路，以大站快车为主，停靠站点较少，单条线路长度30km左右。同时为满足点到点，舒适、便捷、安全的个性化公共交通需求，可组织需求响应式的公共交通服务，引入携程超级班车等市场化

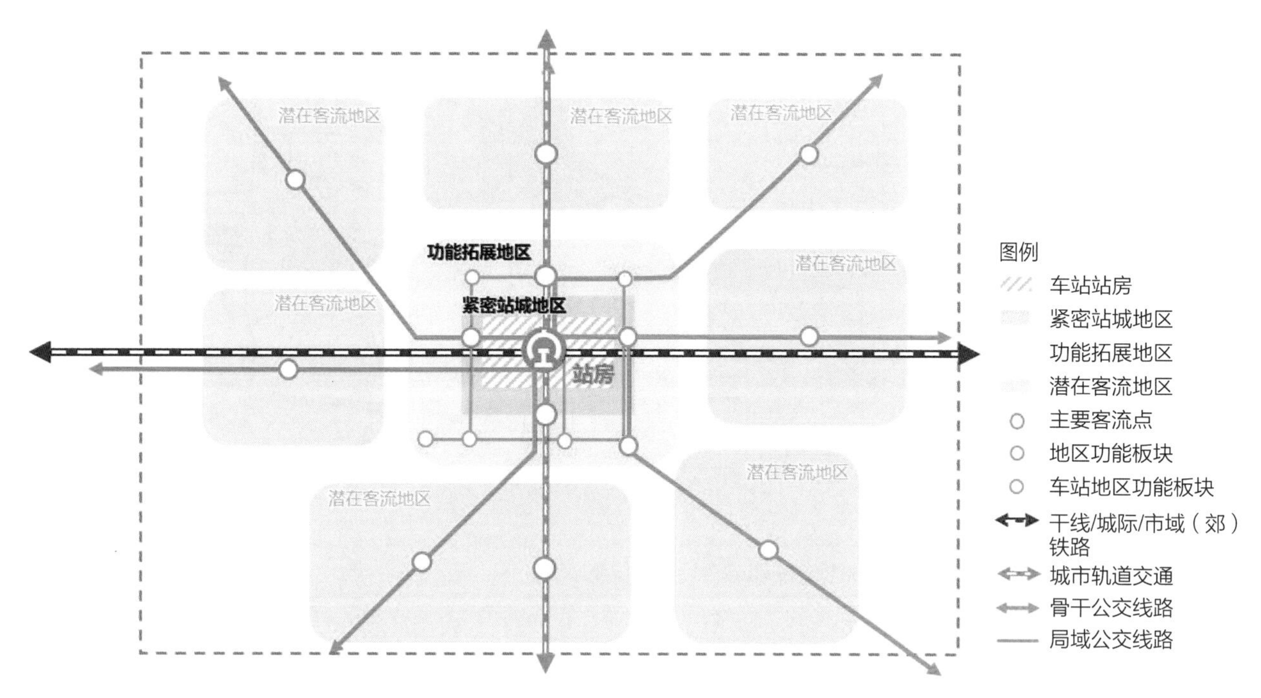

图 7-46　枢纽对外骨干公交组织模式示意

公交服务，服务虹桥商务区至花桥、江桥、松江等方向的商务通勤联系。驿动文旅也开通同济大学嘉定校区至虹桥高铁站和虹桥机场的定制巴士线路，线路停靠高铁站停车场地面入口，不占用铁路车站的公交场站资源，提供个性化直达服务。同时这些需求响应式公交均采用纯电动客车，驿动文旅车辆还装载V2X网联汽车驾驶设备，体现低碳、绿色出行的理念（图7-47）。

图 7-47　虹桥公交枢纽多条公交快线组织

7.4.3　完善站城道路网络

1. 当前特征与问题

未来随着站城地区集聚更多的功能，高铁车站及周边的紧密站城、功能拓展地区也需要与城市其他地区通过便捷的道路网络组织，实现快速可达。而国内既有高铁车站在规划时，为了满足机动车流快速进站需求，高等级的快速进站干路往往向车站集中，使得紧密站城地区、功能拓展地区的车流也通过车站的高效道路衔接网络实现快速到发，不以车站为目的地的人群与进出车站的旅客人群间在道路路径的选择上有过多的重叠，容易在离车站较近的分流交叉口造成拥堵，影响通行效率。

以虹桥枢纽为例，主城片区道路网络尚未建设完善，已建成道路以骨干道路为主，次干路建成率仅68.5%，存在大量支路断头路，内部道路网络连通性差。前往虹桥商务区核心区和虹桥综合枢纽的车流叠加在仅有的几条骨干道路上，极易引发局部区域拥堵。从上海市区方向进入虹桥商务区或者国

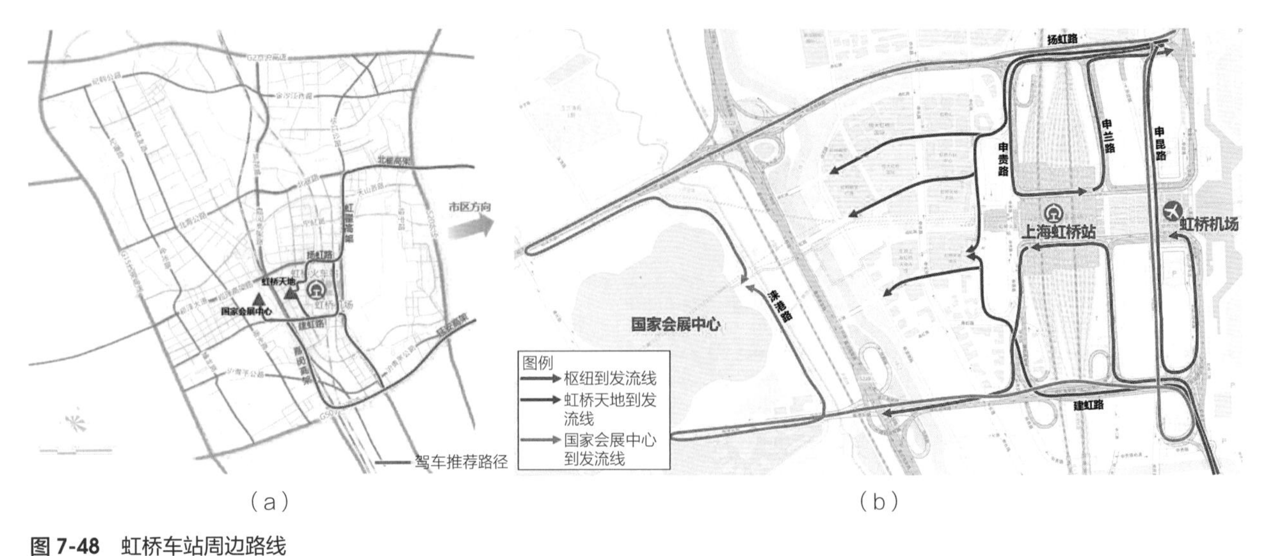

（a）　　　　　　　　　　　　　　　　　（b）

图 7-48　虹桥车站周边路线

（a）市区至虹桥主城片区路径选择；（b）虹桥车站周边多类到发流线叠加

家会展中心时，最便捷的路径均需要途径虹桥火车站的进站高架，因而在客流高峰期间，时常会带来进站客流和商务区客流在分流节点处的相互干扰，影响彼此效率。

2. 优化策略

在站城地区路网组织上，需要适度分离车站、紧密站城地区和功能拓展地区的到发车流，优先保障联系高铁车站的车流便捷性。通过完善次支路与骨干路网的衔接，提前分流至车站周边地区的交通流。

如虹桥商务区近期道路建设计划中，打通多条南北向次干路，提升路网连通性，如今年刚完工的绥宁路，提升机场东侧南北向片区联系，以及虹桥站北侧打通申长路、金运路（图7-49），强化与东西向北翟高架路、金沙江西路的衔接。通过完善片区次支路网建设，提前分流各类交通流。

图 7-49　虹桥主城片区规划道路布局及近期建设道路

第 8 章

站城建成环境要素设计

伴随着“情绪”“感知”对于建成环境价值意义进一步提升，人们对站城地区实体空间的选择不再满足于单一的交通需求，而是追求多元需求体验。然而，当前站城地区面临空间关联性不强、空间设计不适宜、空间尺度失调、精神场所缺失等诸多问题。站城地区不应是城市空间的“休止符”，其建成环境更应体现未来城市高效、绿色、人文的时代精神。

站城地区建成环境应当通过空间组织、交通链接、街区塑造和场所挖掘等方式，满足新客群的新需求，使站城地区成为未来城市发展的魅力新兴地区。因此，本章围绕以人为本的建成环境设计要素，从人的多元需求和空间感受出发，重点营造特色鲜明可识别的站城地区风貌、步行友好可交往的站城空间、驻足停留可呼吸的街区空间、文脉彰显可阅读的场所精神。

8.1 以人为本的建成环境设计

当前站城地区建成环境面临诸多问题：一是空间关联性不强，在站城地区开发建设过程中，忽视车站及周边地区与城市整体环境协调性，铁路站点与城市关联性不强，未能融入城市空间结构；二是空间设计不适宜，很多车站开发建设过程中，缺乏对客群结构及多元化人群需求特征研究，在枢纽空间流线设计、公共空间形态等方面缺乏场所感和标识性，未能使客群在心理上产生使用诉求，空间利用率较低；三是空间尺度失调，很多站城地区过于强调公共空间的恢弘气派和街区的超大尺度，忽视人的主观感受和行为体验，尤其是在街巷场所空间塑造中，街道两侧空间形态单一，服务设施不足且能级较低，缺少可驻足停留的体验空间；四是精神场所缺失，很多城市高铁新城的快速开发建设，对地区文化要素认识不足，导致站城地区地域文化营造不足，场所精神缺失，周边市民生活缺少地域归属感。

随着我国近年来铁路网络的快速发展，“高频率、中短距、高时间价值”的城际商务休闲客流、跨城通勤客流、双城居住的周/半周通勤客流日益增加，站城地区出现“到站即目的地”的核心需求。同时，随着科技的进步和人们生活水平的日益提高，依托高铁出行的人群呈现日渐多元化的趋势，从单一的交通人群转变为旅游人群、商务人群、网红打卡人群等多元化人群。伴随着“情绪”“感知”对于建成环境价值意义进一步提升，人们对站城地区实体空间的选择不再满足于单一的交通需求，而是追求舒适性、体验性、归属感和时尚感等多元需求体验，包括乘客在进站、候车、乘车时追求舒适性，并且能实现阅读、办公、餐饮、娱乐、购物、休闲等多种功能，雕塑、小品、绿植需要体现地域化特点，越来越多的年轻人会将有特色的高铁站作为网红打卡点。

因此，站城地区不应是城市空间的“休止符”，其建成环境更应体现未来城市高效、绿色、人文的时代精神。站城地区建成环境应当通过空间组织、交通连接、街区塑造和场所挖掘等方式，满足新客群的新需求，使站城地区成为未来城市发展的魅力新兴地区。

8.2
塑造特色鲜明可识别的站城地区风貌

站城空间外在表征是客群体验者对地区的“第一印象”，具有情感价值的站城空间使客群可以对车站的“精致五官”与城市的“健硕体魄”产生深刻印象，从而凸显站城地区的门户形象作用。针对站城地区情感价值的可识别性，主要体现在宏观尺度下一体化站城风貌塑造和中微观尺度下站房及周边核心区地标设计两个方面。

8.2.1　塑造一体化的站城风貌

站城地区建成环境塑造过程中，既要合理布局车站及周边地区的交通网络，也应充分结合城市周边的空间发展节奏，合理引导城市风貌特色和色彩意向，做到“站”与“城”空间协调统一，形成一体化的站城风貌。运用新营城理念，营造建筑风貌、城市色彩协调的空间环境，注重整体协调、和谐明亮，合理引导城市风貌特色和色彩意向。

国内外很多车站在规划设计过程中，已经将站城地区总体风貌塑造作为设计重点。以上海虹桥站为例，虹桥站周边建筑开发受到虹桥机场净空限制，在此限制条件下，虹桥火车站地区开发“被迫”采用“高密度、低高度”的建设模式。但事实证明，在站城地区，这种没有高楼大厦的开发模式是成功的，当年的净空限制条件反而成就了今天的虹桥火车站地区，在站城地区塑造了宜人的空间尺度，营造了良好的街区氛围，集聚了较高的人气。

同时，虹桥商务区的成功也离不开对该地区建筑风貌和空间尺度的管控（图8-1）。首先是建筑风格协调，以虹桥的国际时尚气质为基底，塑造海派韵味、国际新锐、时尚交往的整体风貌。因地制宜分为三种风貌类型：第一种是展现海派韵味，引导建筑采用上海海派文化的建筑符号，集中成片地体现地域建筑特色；第二种是体现国际新锐风格，在核心区基础上，进一步推广绿色建筑技术，形

图 8-1　上海虹桥地区城市风貌及空间形态塑造

成绿色节能、时尚新锐的示范区；第三种是塑造时尚交往氛围，通过街道、广场、绿地等微空间的精细化控制引导，营造具有时尚交往氛围的建筑空间。其次是空间尺度管控，依据风貌特征划分为严控地区、重点地区、一般地区三类地区，采取不同空间尺度管控要求。严控地区主要为历史文化风貌地区，包含历史风貌保护区、风貌街坊、历史风貌道路和相关历史建筑等，管控与引导内容主要为保护传统空间尺度类型和特征，延续水乡古镇的历史肌理与历史尺度。重点地区指影响城市空间格局、体现城市特质、展现城市或某一地区空间的形象标识性的地区，管控与引导内容包括强化城市公共服务中心区的空间尺度特征，延续核心区国际时尚的主导风格，对各片区空间形成统领作用；强化河道开敞性与沿岸建筑平缓起伏变化的空间特征，突出道路与河流作为城市基底脉络的特征；注重有城市历史和文脉记忆地区的空间肌理保护，延续镇区的肌理尺度，注重周边高度控制，通过业态更新，实现地区复兴。一般地区指除严控地区和重点地区之外的其他地区，管控与引导内容主要为强化秩序管理和建筑基准高度比例管控。

国外很多车站也十分注重站城地区整体风貌的塑造，如英国伦敦国王十字车站，其更新改造充分尊重城市历史肌理，积极保护、利用工业遗存，以国王十字车站为中心开展了一系列建设性保护工作。在延续肌理的前提下，通过20条新的街道，10个不同尺度、富有特色的公园和广场的建设，形成相互串联的公共空间系统，打破原有轨道线路对地区的割裂，形成站城地区一体化的公共空间体系。同时，对20栋既有建筑进行改造和再利用，将一些工业建筑改造为商业等功能，强调首层功能的公共开放性，打造站城一体建筑风貌的同时，还促进了社区居民间的融合、交流。

柏林中央火车站位于德国首都柏林，是为迎接2006年德国世界杯而建设，1998年9月9日动工，2006年5月26日开通运营，是目前德国乃至整个欧洲最大的火车站。柏林火车站在改造中十分注重站城地区整体风貌的塑造。首先，柏林火车站站房部分采用巨大的金属编织状玻璃顶棚，以及两栋横跨站台空间的办公建筑，在整体建筑的基座中央，不同方向上的交通线路交汇处构成一个巨大的开放的空间，使桶形的穹顶和隧道中的远程火车站大厅遥相呼应。其次，柏林火车站将商业、办公的功能容入，提供了购物和休闲场所，形成了充满活力的建筑群体，将周边不同的城市空间紧密联系到一起，为城市持续发展提供了动力，也进一步促进了车站风貌与城市风貌的衔接。

8.2.2 打造系统性的站城地标

站城地区作为城市门户，建筑应当具有标识性和可识别性，凸显站区城市特色形象。结合站城地区功能复杂性和空间多样性，在城市地标塑造过程中，主要从站房建筑、地标簇群和小品景观三方面，结合建筑尺度、形态特征和色彩风貌等，给使用客群留下深刻的站区印象。

1. “念念不忘”的站房建筑

站房建筑本身作为大型公共建筑，其自身空间形态应体现城市文化特色，给整个站城地区带来良好的声誉和影响力。站房建筑形态设计不一定要采用常规“方盒子”的样式，可以结合自然山水、地域文化等要素，塑造“不像火车站”的站房建筑。如英国国王十字车站通过建筑改造，将车站改造成为现代特色与古典气息相结合的标志性建筑。国王十字车站是一个于1852年启用的大型铁路终点站，位于伦敦市中心的国王十字地区。2005年，铁道网公司宣布了一个4亿英镑的修复计划，西部广场里修建了一个大型钢结构建筑，该项目主要由JMP建筑事务所（John McAslan+Partners，以下称为“JMP”）设计，项目核心是通过新建西广场，将国王十字火车站打造成极具表现力的建筑，从空中鸟瞰如同一颗“跳动的心脏”，鲜活生动地展现在世人面前。JMP为西大厅设计了一个跨度150m的白色网格顶棚单体结构，由16个20m高的树形柱和一个锥形的中央树状结构支撑，犹如“充满生命力量的大树”。 如今的国王十字车站，现代特色与古典气息相结合，是伦敦最引人注目的胜地之一。

国内很多站房设计也注重突出地域特色，如嘉兴南站规划方案中打破传统站房建筑对城市的割裂感，撷取场地田园肌理，以层叠的绿色退台，向北蔓延至秦湖，融入自然，融入城市。一方面，充分结合嘉兴特有的水乡肌理和台田要素，站房利用层层堆叠的万穗台田逐层退台蔓延至南北城市空间，形成拾级而上、步行无界的都市绿洲。另一方面，在站房上塑造绿色田阶，可供人们在此交往、观景、休憩，成为共享自然景色的魅力空间，站前建筑群延续台田肌理，并以连廊、下沉广场串连，成为站前艺术活力的立体空间，营造“台田漫城”的建筑空间感受（图8-2a）。

杭州西站整体以“云之城”为设计理念，以“城市未来生活典范区”为目标，以“云端站房”为设计概念，提出“云谷”“云路”“云厅”等意向；候车室以“云端候车厅”为设计理念，采用云雾漂浮状屋顶顶盖，并在站房中部采用玻璃顶棚模仿云层之间的缝隙，构成“云谷”。通过“云谷”解决站与城复杂的交通组织，通过“云路”实现中央快速进站系统，通过“云厅”将站与城的功能融合起来，并在站房外侧设计“云门”综合体，以江南意向塑形，为其塑造独特的城市形象，用同构的手法统一综合体的立面形象，并通过“云海”氛围营造现代江南城市聚落。在此基础上，杭州西站还通过结合周边稻田要素风貌特征和城市界面差异性，改变传统枢纽地区空间局促、秩序混杂的印象，保留并引入场地稻田和水系元素，形成别具一格的风景门户（图8-2b）。站房南北设计不同风格立面，站北出站见田，引入北侧两山微丘地势，形成台田漫城的独特体验；站南塑造云湖客厅，云门向南街区一路缘水，云湖向北引塘入站，从而拉近站房与自然的距离，将站房打造成为“一穗江南”的风景门户。

（a）

（b）

图 8-2　国内站房设计方案
（a）嘉兴南站“台田漫城”；（b）杭州西站“能量绿丘”门户形象

2. “遥相呼应”的地标簇群

站城地区的风貌形象不仅仅由站房建筑单体决定，还与区域性地标群体关联度息息相关。可以通过合理控制站城地区各功能板块建筑形态、建筑高度、建筑风貌等内容，形成“区域地标簇群”，使各板块地标节点“遥相呼应”，从而塑造一体化的站城融合风貌。

里尔欧洲站是法国北部最大的国际性高铁站，车站在设计时将车站周边建筑与车站统筹考虑，一体化设计。车站把所有的功能都集中在一个巨型的三角形的建筑基座内，并把站城地区最主要的建筑包括火车站、商业中心、城市公园、里尔会演中心串联在一条大轴线上，打造一体化的地标簇群（图8-3）。日本新横滨站地区，车站与周边建筑风貌统一采用现代建筑风格，色彩以白、灰和浅蓝色为主，建筑轮廓线中心突出、高低错落，不遮挡重要景观，营造良好的城市门户形象。

图 8-3 里尔欧洲站航拍图

3. “怦然心动”的标志景观

如何让客群产生“怦然心动”的感觉，吸引人们驻足打卡是建成环境设计的要点，通过在站城地区系统考虑景观小品的设计与塑造，可以对整个站城地区环境氛围起到画龙点睛的效果。

站房通过设计具有特色化的景观标志物和构筑物，结合客群使用诉求和审美特征，吸引人们停留驻足，打卡拍照，从而产生更多的交流机会，提高站城地区城市活力。青岛站的钟楼，其建筑历史感与城市现代感之间产生的反差与张力让人印象深刻，形成城市地标景观。青岛火车站始建于1900年1月，1901年秋竣工。德国人魏尔勒和格德尔茨设计，由山东铁道公司施工。火车站主要由钟楼和候车大厅两部分组成，车站站房的基座为全花岗石砌筑，候车大厅的主入口为三座拱门，二层是六扇等距划分的竖窗，窗户上方是仿木结构山墙，候车大厅南侧是一座高约30m的报时钟楼。火车站钟楼第一代钟表从德国本土制作，到1992年7月火车站广场改造时，已运转了近百年。它后来被青岛手表厂制造的钟表所代替，并进入博物馆收藏。第三次更换钟表来自烟台钟表研究所。1991年，因增设胶济铁路复线工程，青岛火车站随之扩建，将德建老站基本拆除，在原址改造重建。在原火车站北侧新修建了大型二层候车大楼，另在原站址南重新依原来风格建造了南楼，新钟楼增高了3m，以求与新建候车大楼的比例协调。青岛站的钟楼百年来为无数旅客和过往行人带来的方便，给广大民众留下了深刻的印象与难忘的回忆（图8-4b）。

苏州站站房的空间形态和立面设计结合苏州古城风貌，突出了其独到的地域与文化特征（图8-4c）。整体连续的棱形屋顶与结构浑然一体，覆盖在建筑的主要空间，层层叠叠、纵横交错。近人尺度的粉墙将站房各部分空间连成了整体，或藏或露、或深或浅、浓浓淡淡、飘飘袅袅，将现代化车站的宏伟壮观融入在千年古韵中，延续着姑苏古城的城市肌理。新苏州站站房设计挖掘出菱形体空间为主要基本元素，形成富有苏州地方特色的屋顶——菱形空间网架体系。菱形屋面与结构浑然一体，形式与内容高度统一，同时满足大跨度的结构与空间需求，大体量的屋顶被分解成高低起伏、纵横交错的屋面肌理和大小各异的采光天井，既有效解决了候车大厅、站台的采光通风问题，又把大空间、大体量现代化交通建筑通过化整为零的手法融入了古城的城市尺度，延续古城的城市肌理。

西安站悬挂于站房正中央之上的“西安”二字（网友戏称皮面），由书法名家吴三大所题写，彰显了西安本地鲜明的特色和悠久的历史（图8-4a）。日本东京涩谷站周边的忠犬八公像，通过景观小品讲述城市故事，展现城市精神和文化内涵，小小的雕像在巨大的城市空间中起到了坐标之用。

（a）　（b）　（c）

图 8-4　标志性景观构筑物
（a）西安站房；（b）青岛站房钟楼；（c）苏州站房

8.3 营造步行友好可交往的站城空间

随着科技的进步和人们生活水平的日益提高，依托高铁出行的人群呈现日渐多元化的趋势，从单一的交通人群转变为旅游人群、商务人群、打卡人群等多元化人群。人们对高铁站的需求，也从单一的交通需求到具有舒适性、体验性、归属感和时尚感的多元需求。站城地区是高铁站地区人流量最大、人流最密集、人群功能需求最多的核心地区，一方面，应当有清晰的标识系统和明确的导向性，满足乘客快速进站、出站的需求；另一方面，应当为人群创造尺度适宜、功能丰富的公共场所，满足人群餐饮、购物、休闲、娱乐、阅读、办公、体验等多元功能需求，为乘客在进站、出站时提供多样化、舒适化的体验。

8.3.1 创造多样化的交往空间

在高铁站枢纽地区，旅客对车站服务功能的需求量愈发增加，服务类型愈发多样，因此，应当创造丰富多样的功能空间，以满足旅客在站内的服务需求，提升在站内的体验舒适度。[①]首先，功能业态来看，通过提高站场开发强度，植入餐饮、购物、商务、办公、时尚商业、金融广告等多元城市功能，实现车站变为目的地。如华盛顿车站内集聚了大量多元复合功能，包括购物中心、服务中心、美食街、文化馆、博物馆等，旅客可以在等候途中在车站内购物休闲，还可以体验艺术熏陶的乐趣，将华盛顿站打造为新的车站地标和旅游打卡地。又如日本第二大枢纽涩谷站，通过“涩谷之光”城市更新项目，[②]植入商业配套综合体、艺术餐厅、创意空间、创意超市、百老汇剧场等功能，打造成为区域商业中心，被誉为“年轻人之街”，也是日本国内外各种流行元素发源地。英国伦敦国王十字车站围绕文创产业组织多元功能和公共空间，以中央圣马丁艺术与设计学院为核心，提供丰富的配套功能，包括文化，教育，酒店，多元居住模式（如学生宿舍、SOHO、商品房、公租房等），多元办公空间（如共享办公、总部办公、政府办公等），多元零售业态（如精品街、街头食品、画廊、艺术表演场地等）等功能业态。打造大量的公共空间广场及共享绿地，植入文化创意功能要素，塑造了不同尺度的文化创意广场，形成了具有地区特色的文化创意线路，吸引人流穿越或者停留。

其次，从空间布局来看，提升服务功能空间是未来站城融合的重点，应当增加服务空间，提升门户展示、消费娱乐、交往功能的空间比例，强化生活性功能植入，减少候车空间，提高生活体验，提高出行或到站的舒适度。纵观世界高铁/城际站点，功能业态主要体现在对购物、餐饮比例的不断增加，同时相应缩减站厅候车空间，一般购物区占比35%～50%，餐饮区占比30%～40%。如伦敦国王十字车站在交通功能基础上，增加购物、餐饮功能，仅将32%的开发面积用于交通功能；柏林中央火车站提供地上5层地下2层的一体化综合枢纽建设，除45%用于交通外，增设商业餐饮、商务办公功能。

8.3.2 打造尺度亲人、功能多元的站前区

站前区是站城地区组织交通换乘和人群集散的重要场所，站前区最常见的做法是设置站前广场。但当前，国内多数高铁站特别是中小型高铁站站前广场在设计中一味注重“大气、开阔、宏伟”的视觉效果，广场的面积远远超过了相关规定的要求，不仅造成广场空间利用率低下，还降低了人群使用的舒适性，降低了广场活力。站前广场的设计不仅要满足交通集散的需求，更要满足人群对空间使用的舒适度，同时有利于提升广场活力。小尺度站前广场不仅有利于聚集人气，而且还利于与城市功能融合，体

① 陈一辉，陈剑飞. 高铁站换乘中心与站房主体空间形式一体化设计研究 [J]. 建筑与文化，2016，（10）：143-144.
② 走出直道，吉野繁，西冈理郎，等. 涩谷站·涩谷未来之光·涩谷 SCRAMBLE SQUARE 日本东京 [J]. 世界建筑导报，2019, 33(3)：29-33.

现城市特色。如德国科隆火车站站前广场面积仅0.6万m^2，但德国科隆火车站站场附近集中了科隆较为重要的城市功能，旅游、餐饮、商贸发达，出站即可见科隆大教堂。又如伦敦国王十字站，[①] 摒弃站前大广场，重点营造具有文化魅力的公共空间，以“为人的场所（A Place for People）”为规划理念，以营造开放混合空间为目标，国王十字火车站前约27hm^2的土地中，建有27.8万m^2新办公区，4.6万m^2零售和休闲设施，近2000套公寓。

随着高铁站公共交通接驳的不断完善，乘客往往不需要到达站前广场，就可以从地铁、公交站等城市交通系统进入高铁站。同时，在网络购票的高铁时代，乘客也不会像乘坐普通列车那样提早很久达到火车站，站前广场的交通、集散作用被大大弱化。当前，已有一些大城市的高铁站不设置站前广场，如上海虹桥站、杭州东站，通过完善交通换乘系统，达到快速疏散人流的目的。

杭州西站、深圳北站在站前区设计上又别出心裁。杭州西站在站房南侧设置“云门”，“云门”的整体造型方中取圆，设计构想源自良渚玉器玉琮，整体方正厚重，温润如玉，形同整个西站枢纽摩天大楼群的一块厚重的历史文脉压舱石。同时，“云门”寓意人流与数据的流动，契合站区所在的未来科技城地域特点，呼应杭州互联网新经济之城的特色。“云门”还代表着互联网信息数据间的自由流动，象征着高度发达互联网信息新经济。“云门”代表城市门户、江南意境与联系纽带。“云门”的建设，不仅可以作为杭州西站的新地标，还可以为乘客提供餐饮、购物、办公、展示等多样化的服务，“云门”的十三层规划了非营利性展览展示用房，面积1万m^2，十四层则将用作花园餐厅，不管是余杭市民还是途经杭州西站的旅客，都可以在“云端”看展览、品美食（图8-5）。

图 8-5　国内站前广场设计方案——杭州西站“云门”效果图

深圳北站摒弃了站前广场的做法，而是在站房西侧设置了北站中心公园。深圳北站中心公园地处正在建设中的深圳北站商务中心区，深圳北站商务中心是深圳都市核心区的重要组成部分，也是深圳“十字方针”中优战略的核心节点，同时，还是龙华区重点打造的“三城两镇一商圈”中的核心—北站新城。该公园总占地面积约17.5万m^2，是一个集展示龙华区风貌、创造交流空间、体现龙华区活力为一体的区级综合性城市公园。公园划分为形象展示区、交流活动区、活力运动区、自然山林区等4个片区，设有疏影广场、水幕广场、山水广场、星光草坪等14个景点。规划方案整合片区内的262hm^2绿地面积，147块零散绿地，通过构建城市绿

① 韩林飞，王博．“站城一体化”趋势下的车站与城市改造——以英国国王十字车站、帕丁顿车站为例 [J]. 华中建筑，2021，39（4）：33-36.

谷网络，实现与周边大脑壳山、羊台山、塘山和红木山水库等优越的自然山水资源的无缝对接，营造出“九公里动感纽带”，串联片区内10大主题公园。在一个摩天楼栋林立、高架立交密集的片区，打造占地17.5万m^2的中心公园，在快节奏的产业大区里，营造了慢生活宜居氛围的，为北站旅客以及周边数十万居民提供了户外活动场所，将车站功能充分融入城市功能之中。

在此基础上，鼓励站前区注入活力多彩的临时功能。如伦敦国王十字站西侧半圆拱形大厅成为站前开放空间的核心，重点打造10多个高品质公园与公共开放广场，结合艺术学院植入功能，定期更换装置艺术作品，培育具有艺术氛围的活力空间，聚集大量设计创意企业和艺术活动场所，策划全年不间断的文化艺术娱乐事件，形成强烈的艺术和时尚氛围（图8-6）。

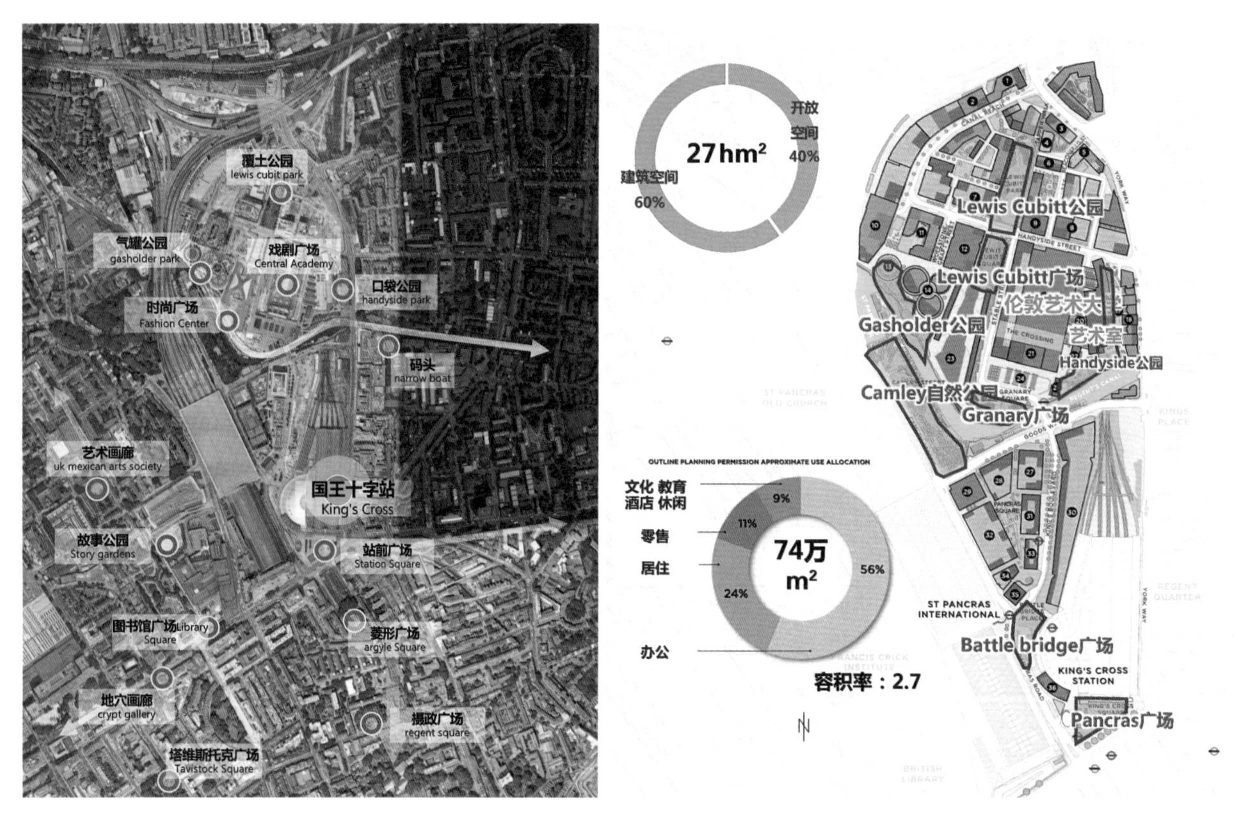

图 8-6 国王十字站站前广场功能布局图

8.3.3 构建适应气候全时使用的步行网络

站城地区是人群高度密集和频繁流动的地区，人群对步行空间需求较大，应当在站城地区设置适应气候变化、全时使用的步行网络，提高人群步行舒适度。如日本很多车站通过风雨廊桥将车站与周边建筑空间、周边交通换乘空间无缝连接（图8-7），提高建筑步行空间、交通换乘空间的连续性，营造灵动活泼的空间气氛，打造功能性十足的过渡空间；同时，风雨廊桥的设置还可以保证人行的独立性，营造出适宜人步行的空间。如法国里尔欧洲站，关注公共空间的连续性和系统性，核心区域通过构建与环城公路的新连接，增加进入城市的新林荫大道，将购物中心、车站、休闲中心、商店、大皇宫连接处汇合，为人群提供舒适的步行廊道。

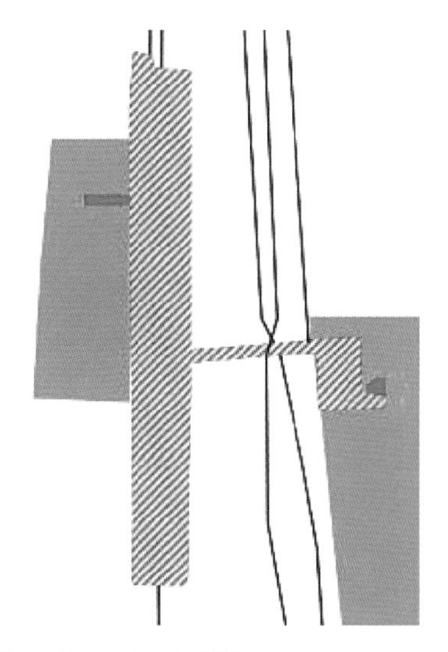

图 8-7　日本天王寺站

国内车站也越来越重视站城地区步行网络的建设。如在杭州西站方案中，提出构建诗意漫步的云廊系统，构建空中景观慢行道，实现站房、上盖开发、南北城市综合体之间紧密通连，最大限度减少步行距离，营造了多层次的观景休闲空间（图8-8）。将每个地块开放1%面积连通成为空中庭院，融合“廊”“亭”“苑”等造园手法，构建一条连续的空中公园带，串联各处街角公园、开放驿站，空中庭院等节点。设计通过人流、视线、风光、使用功能需求等分析，置入各种复合不同人群需求的活动内容，形成处处有亮点、转角有惊喜的多处创意空间。设计在满足天桥作为通行基本需求的同时，扩展了桥面空间的可能性，通过丰富的路径变化、生动的停留空间，尽量让传统意义上城市中的天桥变为趣味盎然、立体多层、开放连接的公园系统。

图 8-8　云廊意向图

8.3.4 构建指认性强的内外标识系统

站城地区是高铁站地区功能集聚度最高、步行路径最复杂的地区，人群在高铁站枢纽地区容易迷失方向，降低进站、出站体验感。因此，高铁站枢纽地区应当设置清晰醒目的内外标识系统，为行人提供明确的步行方向指引。高铁站枢纽地区的标志系统通常包含四个类别：站前广场标识、取票和售票标识、候车大厅标识和站台标识，其中站前广场标识属于站外标识，后三者属于站内标识。

站外标识系统以单向静态信息传递为主要功能，通常采用路牌等形式，标明重要服务设施、道路、周边车站等重要信息。站前广场中的标识系统应重点标示广场中重要的公共服务设施、功能设施、换乘信息、重要节点等。标识导向设施应统一规范，简洁清晰，不得占用步行通行带。标识导向设施的间距宜为300～500m，反映1000m范围内的人行过街设施、公共交通设施、大型办公和居住区的行进方向。[①] 在设置形式上可多种表现形式相结合设置，如立体简化地图、文字提示、方向引导标志、警示性标志、服务性标志等。

站内标识系统通常采用静态信息传递和双向动态信息传递相结合的方式，在路线指引时通常采用静态信息传递方式，通过指示牌、名称标识等方式，指引乘客取票、候车、乘车。在查询班次与检票口时，通常采用动态信息传递方式，通过滚动式LED屏幕，以数字标识、颜色标识等方式，帮助乘客快速查找对应的检票口位置和班次准点信息。

日本车站导向标识设计，融入了人因工程理论和建筑空间分析理论，合理布置导向标识，使得旅客轻松发现、认知、理解所需的导向信息，不仅注重国际标准化设计，并且强调细节化设计。比如，其导向标识使用日文、英文、中文、韩文等标注方便外国旅客，车站导向标识不仅有常用的视听导向标识、还为视障旅客提供触觉导向标识（图8-9）。

图 8-9 高铁站标识系统示意图

① 王中原. 火车站站前广场人性化设计研究 [D]. 武汉：武汉理工大学，2017.

8.4 营造驻足停留可呼吸的街区空间

随着人们出行方式的改变，高铁站从单一的交通功能，逐步转变为城市功能空间的一部分。高铁站地区的空间设计，也从单一的站房设计，转变为站城地区整体设计。街区空间是高铁站与城市衔接的重要过渡空间，也是吸引人群停留的重要场地，但在高铁站地区规划时常常被忽略。因此，应当重视对高铁站周边街区的空间设计，为人群创造舒适的出行体验，满足人群多元的功能需求，实现“出站即目的地”的设计理念，使高铁站从交通转换空间，转变为具有活力、具有吸引力的重要城市功能节点。

8.4.1 打造小尺度的街区肌理

当前，高铁站周边的交通组织是建立在车行交通基础上的，而忽视了高铁站与周边功能地块的慢行交通联系，十分不利于集聚人气。近年来，在生态文明的发展理念下，城市向绿色和“以人为本”发展转型，要求将步行与自行车交通网络作为城市的基本网络。① 高铁站街区作为城市重要功能街区，应当率先满足绿色交通要求。同时，高铁站要实现从交通节点向城市节点的转变，需要通过慢行系统组织，引导人流进入高铁站街区，从而提升高铁站地区的活力和人气。因此，应当把控分层级的空间尺度，建设高铁站地区密集街道网络，打造人性尺度的小街区，优化步行、骑行和机动车交通流。如虹桥商务区从地块类型对街区尺度进行把控：商业商务为主的街区尺度宜控制在0.8～1.5hm^2，不宜超过2hm^2，地块开放通行内部步行道路；居住为主的街区以2～3hm^{2}为宜，以公共空间为核心组织建筑的布局、形态、体量，考虑与周边的协调关系。小街区、密路网的空间肌理，在改善步行环境和自行车骑行条件的同时，也创造了安全、舒适、宜人的绿色交通出行环境，有利于提升绿色交通品质，促进高铁站地区绿色低碳发展。

无锡南站规划提取了“小街密巷”和“叠进合院”的特色空间基因（图8-10）。无锡的传统街道

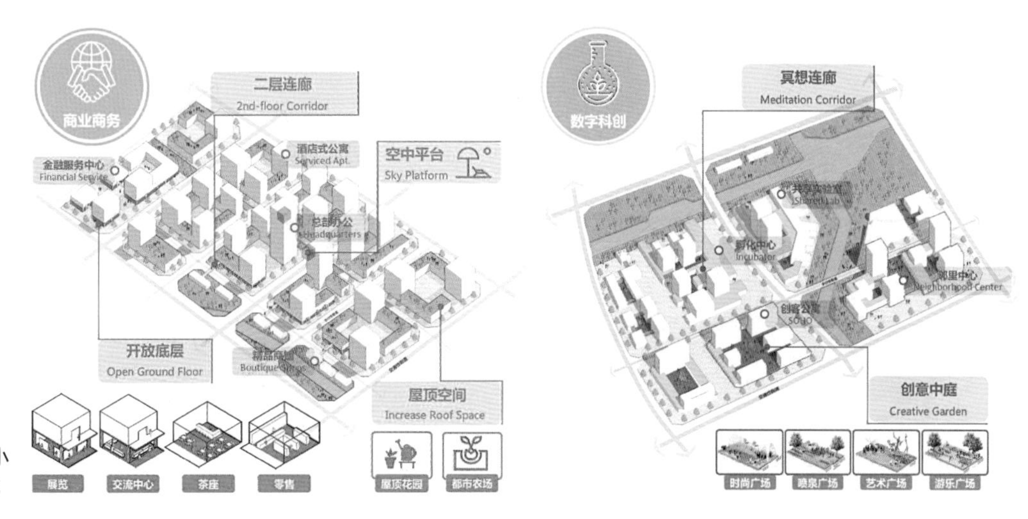

图 8-10　无锡南站小街区、内院空间模式

① 杨元传，张玉坤，郑婕，比森特·瓜利亚尔特. 中国街区改革的关键——空间尺度和层次体系[J]. 城市规划，2021，45（6）：9-18.

分为街道和巷道两类，街道常宽2～6m，高宽比1：1～2：1，两侧围合连续建筑界面，串联公共活动节点，间隔约50～100m；巷道常宽1.8～2.5m，向外延展与滨水空间相连，房屋前后为街、左右为巷。而无锡传统院落基本单元为一明两暗的“间”空间，常见四合院、三合院、“L”形合院、“=”形合院四种形式，以两进院落为主；建筑密度50%～60%，建筑高度8～12m，建筑面宽12～15m，进深50～100m。规划延续了传统肌理，一方面，突出小密街区空间基因，以开放底层空间和相互串联的平台连廊，形成公共空间网络，承载多样的商业商务活动；同时结合超高层商务建筑构建空中平台并利用屋顶空间，立体丰富空间形式。另一方面，突出内院的空间基因，以围合感更强的叠院结合多样化的连廊构建共享中庭，形成高度更错落的建筑组合和不同类型的活动广场，植入实现游乐、时尚、艺术等功能。

8.4.2 营造舒适宜人的街道界面

从人的感受来看，适宜的街道尺度空间能令人感到温馨和亲切宜人，反之，巨大的空间、过于宽广的街道则使人觉得冷漠无情，同时户外空间和立面设计可以影响到过路行人的感受，因此，应当对高铁站地区街道立面做出详尽、细致的筹划。

因此，应当合理把控街道宽度和界面高度，丰富街道立面和沿街功能。街道界面（街墙、底层建筑等）应当保持人性化的界面高度，营造心理感觉上的开放空间；街道立面应当丰富、协调，并鼓励设置商业、展览等多样化功能，建立建筑与行人之间丰富的视觉交流，激发街道活力。如无锡南站规划提出了“内外双街”空间模式，中轴内的街道不以交通功能为主，而是形成聚集人气、彰显综合发展区形象的空间，形成内外双街（图8-11）。立德路宽度设计为30m，打造礼仪型主街，两侧以高

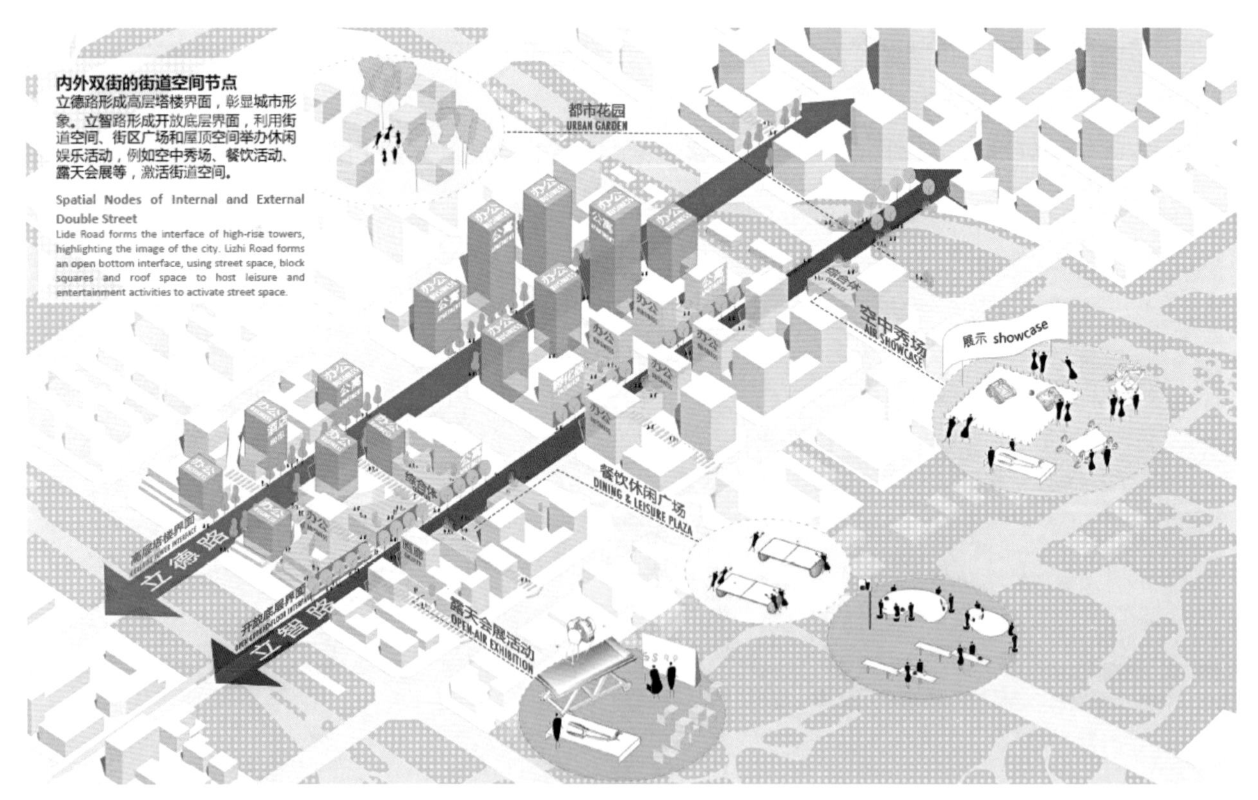

图 8-11　无锡南站内外双街空间模式

层建筑界面为主，形成连续的高郁闭度的界面，打造办公塔楼主导的礼仪性空间。立智路宽度设计为20m，为步行速度（8km/h）设计，打造特色型内街。沿街布置底层开放街区形成连续的底商界面，鼓励底商设置商业外摆和展示橱窗空，激活街道活力；两侧建筑退台，形成以6层为主的高度界面，营造适宜人行和街道活动的空间，吸引人们驻足停留；在节假日和节庆活动时，商业街可以禁止机动车进入，形成临时性无车街道，举办街道活动。又如嘉兴南站规划提出打造水坊慢巷，不同尺度的河道结合两岸空间特质，形成水与功能耦合的水坊单元，将骑行、步行网络与水系一起连接不同空间体验的水坊单元，结合功能单元，打造水岸景观，形成骑行、步行友好的慢行空间，营造多彩河巷聚落。

8.4.3　创造适宜驻足的公共空间

高铁站要实现从交通节点转向城市功能节点，不仅要满足人群快进快出的交通需求，还要提供能让人群“慢下来”的驻足空间，引导人群在高铁站地区集聚，从而提高高铁站地区人气和活力。因此，应当提高公共空间的连续性和系统性，丰富公共空间的类型，植入多样化的功能体验。街道设计时注重空间的变化，增添公园、绿地、广场、庭院、内院等多类型的公共空间节点，植入商业、文化、演艺、展览、文创工作室等丰富的商业文化休闲类功能，为出行人群提供多样化的休闲活动体验。如法国里尔车站设计了进入城市的新林荫大道，串联了车站、购物中心、休闲中心、商店、大皇宫等多个功能空间，沿街布局富有魅力的文化设施，增建大型商业中心、国际会议厅、里尔世贸中心站厅、里尔文化演艺厅、里尔商业学校、高等院校及公园、广场、绿带等功能节点，为游客创造多样化的公共空间（图8-12）。

图 8-12　里尔站实景图及周边功能布局

无锡南站规划提出创造公共空间的连续性和功能业态的丰富性。在空间组织上，规划突出内院围合空间，以围合感更强的叠院结合多样化的连廊构建共享中庭，形成高度错落的建筑组合和不同类型的活动广场，植入游乐、时尚、艺术等功能，为游客提供多样化的体验空间。强调居苑聚落，以行列式+裙房的模式构建居住组团，根据公共绿地的规模与形式划分为口袋花园、沿街花园与街角花园，从而满足不同类型与规模的活动需求。在功能植入上，打破除了活力中心外，其余板块均为单一功能、单一空间模式的均质板块的空间格局。综合启动区作为无锡未来的新中心，打造无处不在的亮点。在每个混合单元中打造亮点街区，塑造亮点的空间形象、引入亮点的功能业态，成为每个混合单元的公共活力中心，将公共服务、产业服务、创意展示、休闲娱乐功能带入各个单元。

8.5 营造文脉彰显可阅读的场所精神

场所空间只有具有自身特有的文化属性和社会属性，才能唤起使用者的共鸣，从而使建成环境更加契合使用者的心理特征，提高空间使用效率，更好发挥站城地区空间的社会价值和人文价值。因此，对于站城地区建成环境设计，应注重场地山水要素和人文特征的挖掘，通过城市微景观等细节塑造，营造可阅读、可体验的城市场所。

8.5.1 挖掘现状场地的山水要素

中国建成环境的设计一直在“天人合一”的自然哲学思想指导下，与自然相伴相生，从整体布局到空间形态常以自然作蓝本，形成人、自然与建成环境的情感关联。因此，在站城地区的建成环境设计中，应充分研究场地的自然要素，挖掘其背后的人文内涵，从而形成独特的建成环境体验。

嘉兴南站位于太湖流域，具有独特的蛛状河道水系和圩田聚落格局，“五里七里一纵浦、七里十里一横塘”，代表了江南水乡自然文化的精华，经过长时间的城镇发展，城市肌理和建筑形态充分体现“临水而生”的城市气质。因此，在设计过程中充分尊重现状场地水网肌理，通过城市生态绿轴和海盐塘与市中心相连，既有秦湖、贯泾港湿地等面状水域，也有南郊河、余新河、思仙桥港等河流组成的线状水网，塑造水路双棋盘城市空间骨架，同时营造“水街漫坊”“呼吸合院”“艺术湖站”等多元水空间，突出嘉兴水乡特征（图8-13）。

杭州西站地处北纬30°，北纬30°是人类农业文明带。良渚地处太湖流域，因四季分明、水热丰沛的天然优势，成为以湿地稻作为基础的江南水乡文明的起点，与印度河流域的哈拉帕、两河流域的苏美尔和尼罗河流域的古埃及共同构成人类农业文明发展带。因此，杭州西站的设计中，以湿地稻作为特色，以稻生西田为目标，保留大片稻作良田，将北纬30°的农业文明和江南稻作文化彰显得淋漓尽致。杭州西站在设计过程中，充分梳理周边地区的农田类型和气质特征，结合农田与建成环境的关系，形成具有特色的“共生稻田”，在站区周边结合建筑布局设计“屋顶农田”“立体农场”“西田云道”等功能性城市景观，形成“一个稻田遍野的江南水乡”的城市文化形象（图8-14）。

图 8-13　嘉兴南站“水街漫坊”“呼吸合院”“艺术湖站”等多元水空间

图 8-14　杭州西站地区“一个稻田遍野的江南水乡”城市文化形象

8.5.2　营造地方文化的景观环境

站城地区在形成和发展的过程中，积累了很多城市记忆，这些斑驳记忆碎片如果能通过建筑构筑物、公共空间环境设计等方式进行表达，将大大提升站城地区的城市魅力，给使用客群带来文化归属感。

“森林中的火车站”——嘉兴站“一比一”重现历史上的嘉兴车站。嘉兴火车站初建于1907年，于1909年投入使用，是当时沪杭线上重要的交通枢纽。1921年，中共一大部分代表乘火车来到嘉兴，火车站成为中共一大召开的重要历史见证，但后于1937年被日军炸毁。为了向历史致敬，且让市民有机会感受城市历史的厚度，设计决定“一比一”复建老站房，重现历史。如今，新站房外立面为青砖，砖柱、线脚及门窗发券为红砖，复建所用的21万块青红砖均以南湖湖心泥为原料，在嘉兴当地非物质文化砖窑烧制。同时，根据轨距并利用透视原理推导雨棚、天桥、月台、站房之间的关系和尺寸，重现历史站台雨棚及天桥。

8.5.3 塑造地域特色的公共艺术

公共艺术能丰富空间层次，活跃空间氛围，包括雕塑小品、广场水景、广场植被、地面铺装、座椅、灯柱、垃圾桶等。在活动较为密集的出入站周边，主要考虑旅客行为的特点，结合植被景观塑造，提供人们良好的休憩等候场所，将使用与观赏结合，提高环境空间的利用程度与参与性。在远离进出站的区域，以市民活动行为为主，提高市民对站前广场区域的认同感与归属感，改善绿地景观体系的参与性；另外，通过对环境设施进行完善，塑造多样化的景观空间，是提高广场可识别性，增强广场活力提升人性化程度。

设计地缘特色的公共艺术，能凸显高铁站的地域文化特色。如丹麦哥本哈根中央车站，复古的暗红色砖墙城堡建筑与四周时尚现代的建筑形成鲜明的对比，却又不觉突兀，车站内部装修同样非常古典，随处可见的欧式拱形彩色玻璃窗让人产生自己正身处欧洲古堡或教堂的错觉；芬兰的赫尔辛基中央火车站，车站最醒目的是一个巨大的半圆形拱顶，古老的砖墙让这座大型建筑充满了年代感，内部的旧式华丽的吊灯与外部巨型雕像手捧的灯球非常别致有特色，同时，绿帽子钟塔是车站的另一特色，许多人都是凭借这顶“绿帽子”才能找到中央车站，这座典型的浪漫主义建筑，庄重而有动感，是“北欧设计风格建筑中典范”。国内高铁站的公共艺术设计也十分注重体现地缘特色，如苏州站外墙采用栗色的风格金属幕墙，呼应苏州民居中窗的建筑意象，两组镶嵌着菱形灯笼的圆柱撑起大跨度的双层菱形网架，栗色的结构杆件呼应粉墙黛瓦。贵宾室、办公用房等配套设施中设置多处的庭院，汲取了园林建筑精湛的空间艺术处理的手法，以厅堂、走廊、粉墙、洞门划分空间，天井尺度宜人，建筑内外关系和谐自然，内部与外部空间表达完整统一，风格明朗清雅、朴素自然，体现了江南建筑的艺术特点。

附录

站城融合发展案例

中国城市规划设计研究院长期服务与跟踪我国城市重要枢纽地区的规划、建设和后期管理运行，包括上海虹桥枢纽地区、深圳罗湖口岸/火车站地区、深圳西丽枢纽地区等，形成了一套对于国内枢纽地区站城融合发展的规划理念、经验与实践总结，在本书中选取虹桥和罗湖两个枢纽地区的规划案例，以期提供宝贵经验。同时也选取了法国里尔站和日本东京站两个地区的站城融合案例，他山之石以期进一步学习与借鉴。

附录 1　虹桥枢纽地区

1.1
站城融合规划奠定发展基础

1. 枢纽选址：机场、高铁、磁浮枢纽的共同选择

2003年京沪高铁已列入了国家第一条高铁工程计划，2004年铁道部就上海高铁站选址与上海市政府进行了商议。《上海市城市总体规划》（2001年版）原来确定的三个主客站，构成上海铁路客运综合枢纽的大格局，但由于浦东铁路和浦东客站布局发生了变化，而上海站和上海南站又不足以承担大枢纽的职能，必须重新选择合适的高铁站址。[①]2004年6月，国家863专项《磁浮交通系统实用性研究》的子课题《磁浮交通锡沪杭案例研究》中，最早提出了“虹桥综合交通枢纽”的概念，研究建议沪杭枢纽选址虹桥机场西侧，将磁浮枢纽与虹桥机场、铁路外环线联系起来。而后铁道部最先提出，要在当时的七宝站周边建设高铁站。但中国城市规划设计研究院提出认为在七宝站附近建设高铁站不合适，主要考虑与上海城市空间格局以及城市内外交通骨架不适应，同时七宝用地条件也无法满足枢纽要求以及各种配套设施需求，更无法承担枢纽带动城市发展的责任。后经上海市政府审慎研究，最终确定将虹桥站与虹桥机场共同设置，选择在了当下的选址。2005年，《上海国际航空枢纽战略发展规划》经过全面深入论证，明确虹桥机场最终发展规模为年旅客量4000万左右，将远距跑道改为近距离跑道，双跑道间距由原先的1700m缩减为365m，释放出7km^{2}建设空间。并且提出“枢纽集约集中建设运”的发展理念，综合交通设施零距离集中，强化“系统性”，统一规划、统一设计、统一建设，建设集机场、高铁、磁浮于一体的对外客运综合枢纽。

综上所述，在“磁浮枢纽和高速铁路枢纽共同选址虹桥、虹桥机场采用近距跑道腾出预控空间、枢纽集约集中建设运行理念”三大机遇的共同作用下，虹桥综合交通枢纽应运而生（附录图1-1）。2006年2月，上海市政府批准《上海市虹桥综合交通枢纽地区结构规划》，确定在虹桥机场西侧建设

① 引自《上海虹桥综合交通枢纽区域功能拓展研究》。

虹桥综合交通枢纽，将虹桥新航站楼、京沪高速轨道交通、长三角高速城际线以及城市公交系统有机结合起来。

2. 枢纽本体设计："功能性即标志性"的巨型客运综合枢纽

2006年4月，上海市政府成立了虹桥综合交通枢纽项目指挥部及上海申虹投资发展有限公司，全面负责虹桥综合交通枢纽（除机场内部外）的开发建设，随即开展虹桥枢纽设计方案征集工作，目标2009年竣工，2010年上海世博会前正式投入运营。

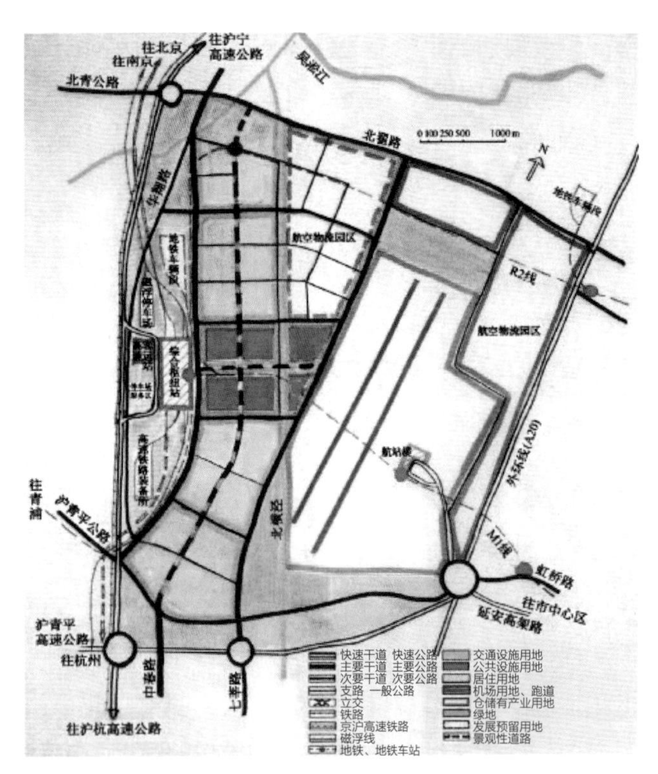

附录图 1-1 "磁浮 863 计划"提出的虹桥综合交通枢纽方案

虹桥枢纽的设计是国内对大型多式联运综合交通枢纽设计的一次探索起步，一体化枢纽设计强调"功能性即标志性"，在相对简洁的外观设计下，注重以人为本、便捷换乘、强化衔接的功能要求，通过采用"分区功能、公共共享的一体建筑，同向进出、管道模式的对外集散方式，强化衔接、方便换乘的人本设计理念"，打造兼具高效运行效率和愉悦旅客体验的综合型枢纽。虹桥枢纽于2010年正式建成投用，集航空、城际铁路、高速铁路、轨道交通、长途客运、市内公交等64种连接方式，56种换乘模式于一体，旅客吞吐量达到110万人次/天，成为全球最复杂，规模最大的综合交通枢纽。

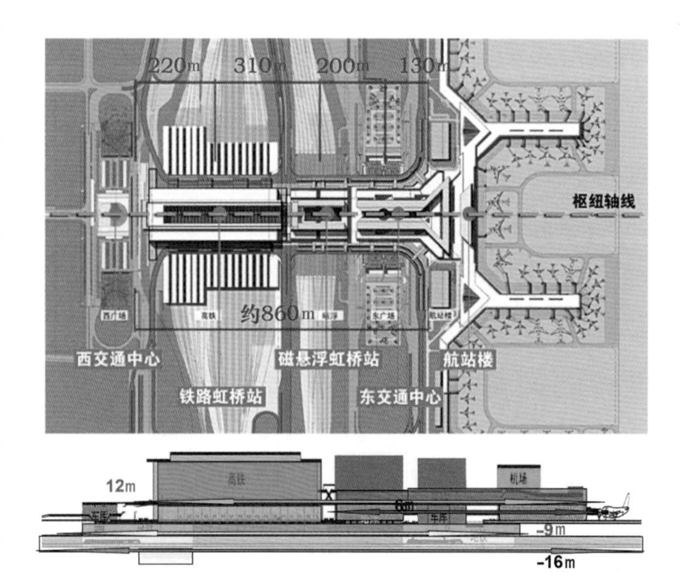

附录图 1-2 虹桥枢纽平面及竖向布局图

在换乘交通组织方面，虹桥枢纽构建多车道边、多通道体系，最终形成水平向"五大功能模块"（由东至西分别是虹桥机场T2航站楼、东交通广场、磁悬浮车站、高铁车站、西交通广场）；垂直向"三大步行换乘通道"（由上至下分别12m出发换乘通道，6m机场到达换乘通道，-9m地下换乘大通道层）的枢纽格局。每一换乘层面均提供了贯穿东西的两条换乘大通道，来满足大规模的中转需求（附录图1-2）。[①]

在建筑空间表达方面，虹桥枢纽的公共空间品质的塑造以旅客体验为优先，室内运用吊顶的线条、灯带、留缝等处理手法来强化通道空间的方向感和导向性，使空间导向与旅客流程相一致，增强

① 引自《上海虹桥综合交通枢纽概念性详细规划及重要地区城市设计》。

空间可读性。结合中央天井周围的钢结构斜撑，塑造“七彩虹桥”的意象，隐喻地域文化，烘托商业气氛，营造枢纽高潮空间。

1.2 站城融合开发历程回顾

1. 建设伊始即抓住站城融合发展的契机

虹桥机场发展初期，周边地区尚未形成空港经济区，服务于航空旅客的餐饮住宿及航空运输企业集中分布在机场区。虹桥综合交通枢纽工程是上海功能性、网络化、枢纽型城市基础设施建设的标志性工程，是上海世博会的重要配套项目。2006年，上海虹桥综合交通枢纽区域功能拓展研究提出虹桥枢纽地区的功能定位是区域性的商务地区（RBD），长三角层面作为区域城市网络中的关键性节点，上海层面作为区域商务功能的新兴集聚地，城市发展的第三极。未来的发展目标一是打造独一无二的交通枢纽，成为服务长三角乃至全国的骨干工程；二是构建品质卓越的商务地区，成为上海西部的活力核心辐射长三角；三是塑造个性鲜明的地区形象，成为长三角代表和上海市的都市名片。2007年的上海虹桥综合交通枢纽地区概念性详细规划及重要地区城市设计及2009年的上海虹桥枢纽地区核心区城市设计进一步明确虹桥对接长三角的节点地位，对枢纽地区各圈层的开发规模与功能布局进行了合理的安排，提出了以设计引领打造高品质高声誉地区的开发建设理念。

2008年，上海市委、市政府作出建设虹桥商务区的战略决策。虹桥枢纽和虹桥商务区的规划建设，对上海西部地区发展产生了重大影响。西部嘉定、青浦、闵行等临近区，纷纷在原虹桥商务区以外各自划定商务发展区，区域空间布局迅速从单中心向多中心转变。以2010年国家会展中心落户商务区核心区西侧为契机，2011年虹桥商务区从26.3km^{2}扩展至86.6km^2，划分为主功能区、主功能区拓展区（附录图1-3）。

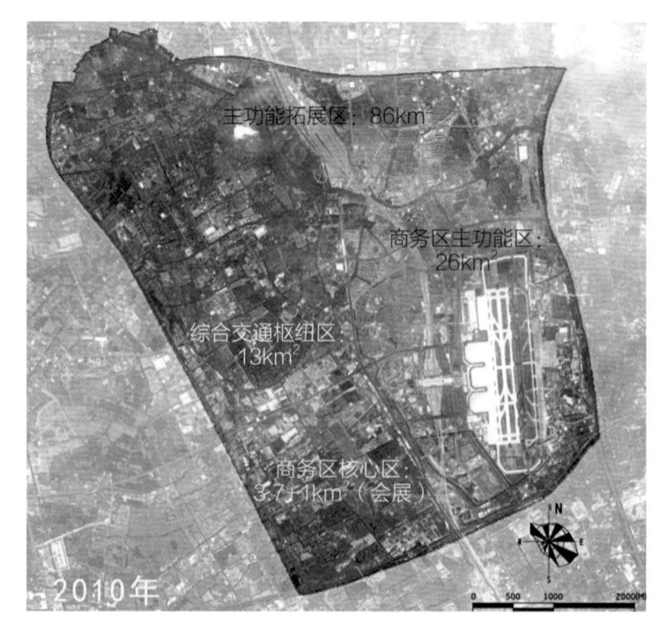

附录图 1-3 2010 年虹桥地区卫星影像

虹桥枢纽建设启动后，针对虹桥商务区及周边区域的功能定位、产业发展研究及城市设计工作，明确了虹桥枢纽的区域性地位，为国家战略中的虹桥定位埋下种子。在规划引领下，虹桥枢纽地区开始了不断的升级和内涵提升，经历了从先到后、从小到大、从单一到复合的不断迭代和升级，概念内涵从“枢纽区—功能区—综合城区”逐步提升。

2. 三轮建设迭代，两次功能提升

1）2011—2013年：虹桥枢纽区开发建设

2010年虹桥枢纽正式投入使用初期，周边城市功能发展较为滞缓，这一阶段虹桥更加关注如何解决与中心城的快速链接问题，轨道交通2号线、10号线，崧泽高架、沪渝高速等交通配套设施是这一阶段的建设重点。拓展后的虹桥商务区结合会展中心的配套需求，重点完善了主功能区拓展区交通体系，规划建设“三纵四横”高快速路网、“四纵五横”主干路路网、“两纵四横”地铁网，力图在虹桥枢纽外围形成新的服务会展和区域的骨干交通网络。此外，主功能区拓展区规划布局了会展中心各类客货交通系统（例如货车轮候区、配套P+R停车场），并重点建设了会展中心—商务区核心区地上、地下立体人行通道。

2）2013—2016年：导入城市功能，从枢纽区迈向功能区

2013年以后，随着核心区的启动建设，虹桥地区开始导入城市功能，逐步形成国际500强企业和长三角企业总部集聚的商务功能，同时配套的住宅、公共服务设施相继投入使用，也带来了就业和常住人口的迅速导入。在这一时期，由于城市功能尚在培育，交通功能也未完善，两者的矛盾尚未真正显现。值得注意的是这一时期，国家商务部提出在虹桥建设一处国家会展中心，该选址曾引发较大争议，因为交通承载支撑能力的问题，此时区域功能和城市及交通功能的矛盾初现端倪。但长远来看，随着2018年中国国际进口博览会（以下简称“进博会”）的召开，我们会看到会展中心对虹桥枢纽地区发展的影响更多是利大于弊。

3）2017—2020年：虹桥主城片区功能完善，从功能区迈向综合城区

2017年，《上海市城市总体规划（2017—2035年）》将虹桥纳入主城区，谋划建设城市副中心，同年上海虹桥主城片区单元规划启动编制，规划进一步聚焦优化功能和补缺城市短板。通过对发展现状的再认知，总结虹桥枢纽地区的核心问题与主要短板，面向虹桥地区从功能片区向主城片区的升级要求，在交通、商务、会展、建成环境、空间品质等方面提出升级策略，进一步提升虹桥枢纽地区的建设水平。

1.3 站城融合的发展现状、成功经验及经验反思

1. 枢纽效益

1）枢纽客流增长迅速

虹桥枢纽2019年总体客流量达到日均115.6万人次，航空日均客流12.3万人次，铁路日均客流37.6万人次（附录图1-4）。

2）周边商务功能与创新功能快速集聚

虹桥主城片区现状已建商务量874万m^2，累计注册企业数量7.7万家，集聚总部机构370家左右（跨国公司区域总部27家，长三角企业总部100余家），企业入驻率60%，就业人口达到25万～30万人。区域创新型企业快速增长，集聚了全市六分之一的数字新媒体企业，包括阿里巴巴、腾讯、京东、唯品会等互联网巨头企业，以及神马电力（电力设备安装）、威马汽车（新能源智能汽车）、联陆智能（智能交通、物联网）、游侠汽车（新能源汽车）等新兴企业（附录图1-5）。

3）会展贸易功能依托进博会入驻持续加强

2014年国家会展中心场馆建成，总建筑面积147万m^2，50万m^2展览面积。展览面积平均增长率超过100%（2014—2019年），全年使用率为28%；专业展占比超过80%，全球规模第一，展能增长迅速，会展贸易功能不断加强。衍生出虹桥进口商品展示交易中心、绿地全球商品贸易港、长三角电子商务中心、上海阿里中心智慧产业园、虹桥跨境贸易数字经济中心等多个服务区域的贸易平台；进博会带动效应持续增强，累计意向成交额逐年增加，第三届达到726.2亿美元，吸引世界500强和行业龙头企业240余家（附录图1-6）。

2. 主要经验

虹桥枢纽地区是近年来较为成功的站城融合开发的典范地区，虹桥枢纽地区的成功源于区域一体化带来的人群、功能的新变化。回顾虹桥枢纽地区的发展历程，认为虹桥枢纽地区的经验主要包括：一体

附录图 1-4　2011—2019 年虹桥枢纽日均客流量增长情况

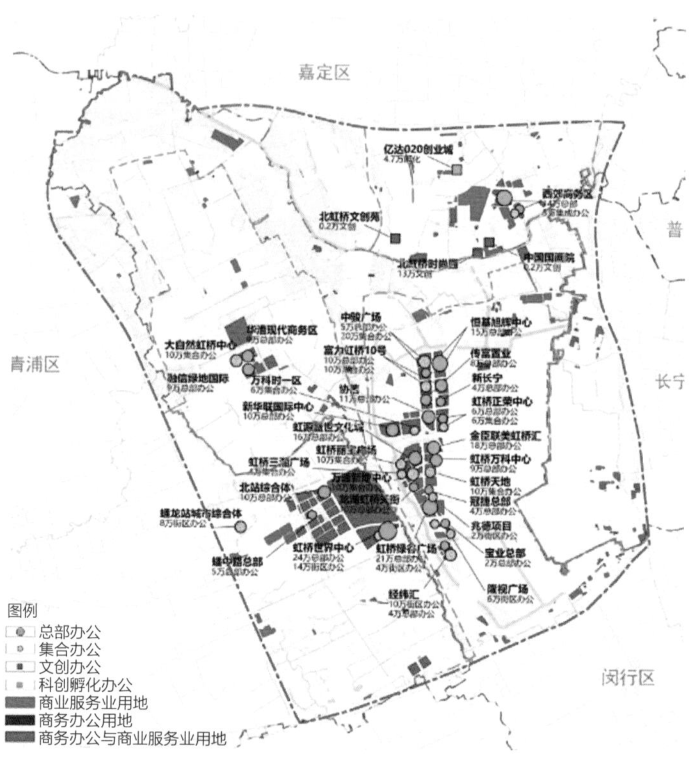

附录图 1-5　虹桥主城片区现状商办用地图

附录图 1-6　2014—2020 年国家会展中心展会增长情况

立体的高效交通，集约适度的开发容量，以人为本的空间设计、国际品质的风貌营造。

1）以交通为核心，确立一体立体的高效交通

虹桥枢纽区在公共交通上投入较多，采取“分区测算、单向循环、减少交叉、分块运行”的管道模式，协调多种交通方式的集散。高架快速集散系统形成4个相对独立又有机联系的环路，长途巴士、公交巴士、出租车、社会车辆不同类型车辆使用不同的车道边（共5km左右）、停车场/楼，按照不同的流线“南进南出、北进北出、西进西出”（附录图1-7）。

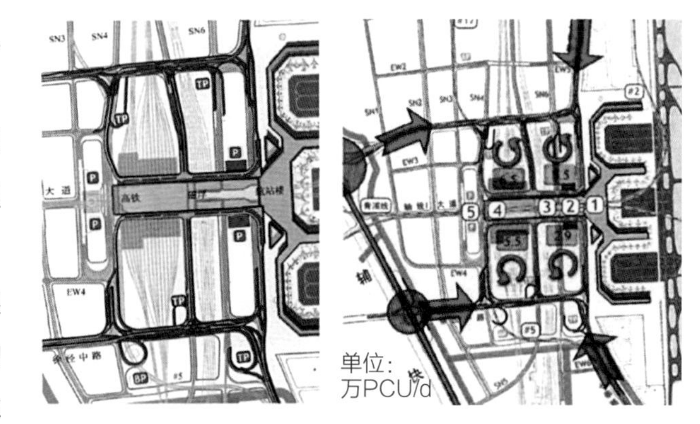

附录图 1-7　高架快速集散系统分区单向循环

（1）长途汽车：西边进，在高铁、磁浮、机场都有下客点，然后再回西交通中心。

（2）出租车：出租车四个停车场，高铁地下接客，磁浮和机场各一个停车场，从地面接客。

（3）专线巴士、线路巴士：出发层车道边，共设六个站，高铁南北各一个，机场和磁浮的南北各一个，先到东交通中心下客，再到高铁下客。接客在东西两个交通中心都设站。

（4）社会车辆：接客车辆、从不同方向进入车库（机场车库、高铁车库），车库里不同层均有车道边。

2）集约适度的开发容量

枢纽地区的功能发展受到交通承载力的影响，有一定容量限制。对于虹桥枢纽地区来说，再加上机场的影响，开发总量规模的限制更为严格。因此如何适应区域和城市新功能的发展，把控质量、提升效率和弹性应对成为关键。[①]

虹桥枢纽提出以“设计定高度，以高度定容量”的总体思路，明确地区的整体设计高度和强度控制，形成内低外高、舒缓有序的城市轮廓。由于机场净空的限制，通过提高建筑密度的方式达到一定的开发强度。整体上枢纽主体周边临近地段和轨道站点周围为最高强度的开发，其他地段为中等强度开发，绿楔地段与滨水地段为低强度开发。整个核心区的地块容积率最高基本为4左右。同时在虹桥地区预留了大量的空间用以承担未来可能的功能（附录图1-8）。

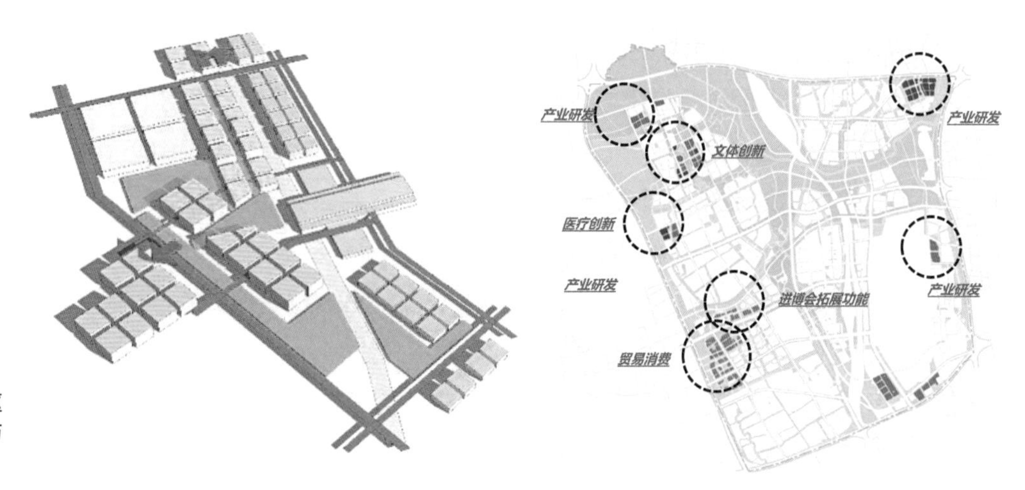

附录图 1-8　虹桥枢纽开发强度控制与留白用地

① 引自《上海虹桥主城片区单元规划》。

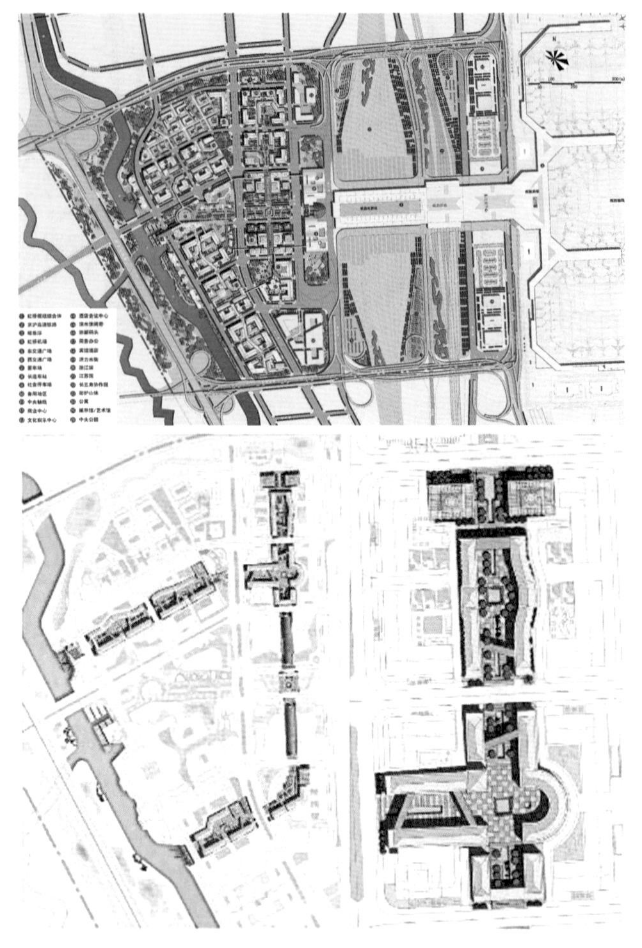

附录图 1-9 虹桥枢纽核心区城市设计

3）以人为本的空间设计

虹桥枢纽核心区空间设计以人的体验为核心，塑造丰富的场所空间，构建慢行友好的枢纽区，避免因交通目的性过强，而产生乏味冰冷的感觉。在重要的节点和人流集散区域积极引入混合使用的概念和方式，有机兼容各种设施，强调功能的多样性和服务的综合性。通过多种尺度的院落式建筑组群方式，在保证高密度和高强度开发的同时，努力通过丰富的空间环境塑造宜人的空间场所，构建立体连续的步行空间，利用公共空间缝合站城，依托水系形成绿脉慢行网络，合理组织生态休憩、文化会展、酒吧娱乐、体育健身等一系列活动，提高枢纽核心区的环境品质（附录图1-9）。①

4）国际品质的风貌营造

虹桥枢纽以国际时尚气质为基底，塑造“海派韵味、国际新锐、时尚交往”的整体风貌。一是展现海派韵味，引导建筑采用上海海派文化的建筑符号，集中成片地体现地域建筑特色。二是体现国际新锐风格，在核心区基础上，进一步推广绿色建筑技术，形成绿色节能、时尚新锐的示范区。三是塑造时尚交往氛围，通过街道、广场、绿地等微空间的精细化控制引导，营造具有时尚交往氛围的建筑空间。②

3. 几点反思

1）国家会展中心入驻的利弊共存，需要进一步深化交通组织

2010年左右，商务部确认了要在虹桥枢纽地区建立一所超大规模体量的国家会展中心，但在当时受到了一定阻力，主要因为会展中心会带来大量的交通流量，与虹桥枢纽本身的对外交通集散流量会形成叠加效应造成拥堵。而会展中心建设完成后，事实也证明，当会展中心承办车展、药展等日均客流达到15万～20万人次的重大展会时，会对地区的交通造成极大的影响。

但另一方面，随着2018年进博会在国家会展中心的召开，虹桥枢纽的区域地位进一步提升，2021年，国家正式下发虹桥国际开放枢纽的建设方案，虹桥枢纽地区的区域功能中心地位上升到新的高度，可以看到会展中心给虹桥带来了极大的功能提升效应。

回头再审视会展中心的决策与选址，可以说建设会展中心总体对虹桥枢纽总体上是成功的，但是在会展中心的选址和交通组织安排上，还应该进一步深化研究，合理组织好会展客流及周边的公共交

① 引自《上海虹桥枢纽地区核心区城市设计》。
② 引自《上海虹桥主城片区单元规划》。

通配套，融入虹桥枢纽地区。

2）成功的站城开发离不开好的体制机制

虹桥地区的开发成功在于体制机制的创新。上海市针对虹桥地区开发，成立了两套班子，一是2009年成立的虹桥商务区管理委员会，作为市政府的派出机构，全面指导建设。二是2012年成立了虹桥商务区开发建设指挥部，由副市长任总指挥，建立权威高效的开发建设推进平台，保障了各方形成合力共同推进。同时2010年，市政府颁发了《上海市虹桥商务区管理办法》（上海市人民政府令第25号），明确授权虹桥管委会统筹开发和协调实施整个商务区的功能开发，并设立了虹桥商务区专项开发资金，支持商务区的开发建设和管理。也为虹桥枢纽地区迈向我国较为成功的站城融合典范奠定了重要基础。

3）枢纽地区地下大开发与全连通的利弊共存

由于毗邻机场，商务区建筑整体限高，“往地下借空间”是唯一的选择。为贯彻落实上海市政府对虹桥商务区核心区“地下空间大联通、大开发”的要求。虹桥商务区积极探索土地集约利用和高效利用措施，不仅对地下空间统一进行高强度规划，统一实现同质化开发，而且做到街区间地下空间全部联通，配以地下交通和公共设施，加上空中连廊等地面以上交通系统，形成地下、地面、空中三位一体的立体街区网络。

从实际建设和运营来看，地下空间确实成为虹桥枢纽地区的一大亮点，通过地下空间可以合理组织慢行交通，天然成为虹桥的风雨长廊。但是另一方面也要看到虹桥的地下空间使用效率还是很低，地下的商业、配套等功能受制于地下空间本身条件制约，始终难以集聚功能，同时在应对未来可能的灾害与风险上，由于地下空间全连通，也存在一定的风险与隐患。

附录 2　深圳罗湖口岸 / 火车站地区

2.1 站城融合的背景与需求

1. 车站迁址，枢纽地区格局形成

1980年，深圳成为我国的第一个经济特区，是我国改革开放和现代化建设的窗口、排头兵和试验场。罗湖是深圳经济特区最先发展和建设的都市区，城市建设也进入快速发展阶段，1982年建成的深圳国际贸易中心大厦（以下简称“国贸大厦”），1986年建成的罗湖口岸出入境联检大楼（以下简称“联检大楼”），1990年竣工的深圳发展中心大厦，1994年开业的罗湖商业城（以下简称“商业城”），都代表了当时城市建设水平的最高标准。1990年6月，深圳站新站房动工建设，站前

进行广场改造，以环形交通组织、开敞式空间布局提高口岸的效率、改善国门形象。1991年末第一轮改造建设完成，新站房投入运营，形成口岸联检站及广场、火车站及东西广场的布局，总面积约29hm^2。

香港回归之后，罗湖作为内地与香港相通的门户，成为港企进驻内地的第一站，以及香港居民消费休闲的首选地，罗湖商业城九成以上消费者为香港居民和外国人，深港合作的加深为罗湖地区发展迎来新的机遇。同时广深准高速铁路的建设也加强了广州与深圳的联系，深圳火车站成为深圳对外交通窗口，可直达广州、香港及珠三角邻近地区。1998年，罗湖口岸日均人流量18万人次，高峰日28.8万人次，罗湖火车站日均旅客到发量3万人次，罗湖公路客运站日均客运量2.2万人次。罗湖口岸/火车站地区内各种商业、娱乐、写字楼、公寓、交通等配套设施完善，商业中心、金融中心、娱乐中心和交通枢纽的地位显赫一时。

2. 枢纽地区规划布局与建设情况

用地布局上，以广九铁路为界，站城地区被分隔成相对独立的东西两大片区。东片区用地面积约22hm^2，西片区用地面积约11hm^2。东西片区通过高架道路和地下行人通道来联系。东片区是罗湖口岸/火车站旅客进出、过境及交通接驳、换乘的主要地方。它大略由7个不同功能性质的区块构成，分别是：①联检广场区块，②火车站广场区块，③交通楼区块，④罗湖商业城区块，⑤出租车、中巴候车及停车场区块，⑥酒店、办公区块，⑦边防特殊用地。西片区是罗湖口岸/火车站对内、对外交通及其进出人流集散与交通接驳、换乘不可或缺的组成部分。它主要由5个不同功能性质的区块构成，分别是：①火车站西广场区块，②酒店、办公区块，③综合居住区块，④临时公路客运站，⑤口岸/火车站配套区块。[①]

交通组织上，站城地区内道路网由三条南北向城市主干道——和平路、建设路和人民南路与两条东西向的区内道路，以及一条连接东西两片区的高架路组成。东片区人行交通系统由地面二层人行平台和地面人行区域组成，实行人、车分流。区内两处公路客运站，分别是位于东片区罗湖商业城的罗湖公路客运站和西片区的临时公路客运站。罗湖客运站是当时全国公路客运量最大，发出密度最高，站场利用率最高的汽车站。设有公共汽车及中巴站场各两处，分别位于东、西两片区。出租车停、候车区有3处，分别位于综合交通楼、火车站东广场东侧及火车站西广场（附录图2-1）。[②]

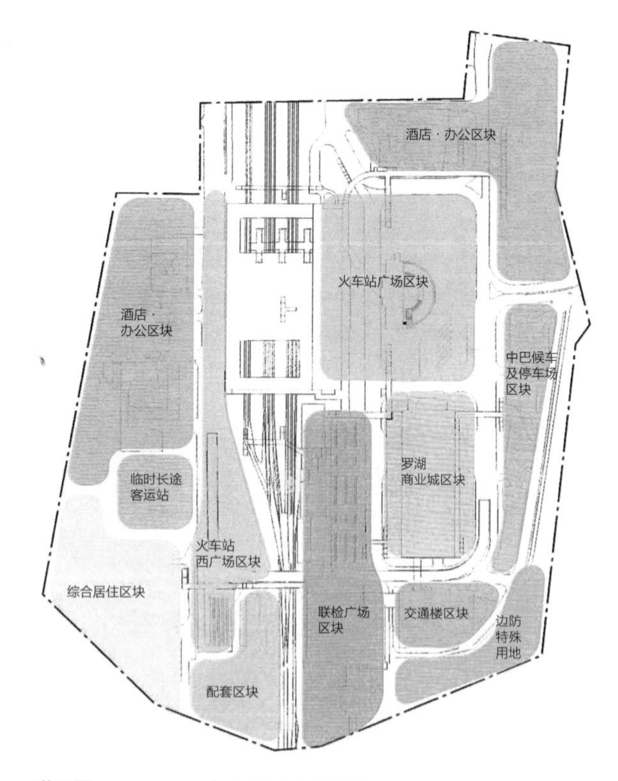

附录图 2-1 1999 年深圳火车站用地布局

1）人车混行、交通接驳不畅

经济增长的同时，人流车流量不断增加，这一

①② 引自《罗湖口岸 / 火车站地区综合规划》。

时期深圳火车站周边地区修建了大规模的人行天桥，同时联检大楼北侧建设了高架车行道，使人流车流不再交叉。另外，也考虑了一般市民对广场的休闲使用要求，在站前广场上划分出一部分市民休闲广场，而把长途汽车站转移到罗湖商业城的首层架空层。但长期以来，深圳火车站周边地区一直存在交通换乘接驳不畅、人车混行、交通拥挤、停候车场地紧缺的问题，积淀了深圳市城市高速发展带来的诸多交通矛盾，虽经多次改造，但始终未能彻底解决该地区的交通拥堵问题。①

2）外部空间混乱，与城市轴线关系不协调

罗湖口岸及火车站地区的外部空间性格存在着令人混乱的矛盾性，整个地区的建筑室内外空间充满着热闹的商业气息，而这些商业设施的设置和布局与口岸地区最重要的交通功能没有形成良好的协调关系，反而严重地影响了交通的有序组织和疏导。同样，外部空间三维界面混乱不清，与城市城区及轴线空间没有形成有机的关系。

（1）铁路绿色轴线：由于火车站的建筑设计和联检大楼西侧的一些已建、在建的建筑物没有能够对绿色轴线进行有效地保护和强化，很大程度上削弱其在城市空间和景观的作用。

（2）深圳河蓝色轴线：由于站城地区内的建筑物大量无序建设，隔断了口岸及火车站地区的城市外部空间与深圳河之间的联系，使人难以体验到近在咫尺的深圳河，从公共景观上失去了深圳河这条“蓝色”的轴线。

（3）人民路商业轴线：由于近年来进入罗湖口岸及火车站地区的机动车流量大大增加，割裂了站城地区与人民路在空间、景观和人行系统上的有机联系，使人民路商业轴线功能和景观均存在问题。

3）地标混淆，建筑群体不对话

火车站成为罗湖口岸地区的主要地标，而联检大楼与三条空间轴线不发生关系，独处一隅，与其在城市中所占据地位不符，造成该地区作为城市口岸地区在城市空间和城市景观的定位混淆。火车站、商业城、联检大楼三者对话关系不好，商业城无法作为人民路轴线的对景，联检大楼建筑风格与周围建筑不相协调。特别是火车站、商业城、联检大楼三者的立面造型和形体设计均为严谨的中轴线对称，其方向感十分的明确，但是三者的中轴线却是互不对话，尤其是火车站与联检大楼的轴线关系非常不好，直接导致联检大楼广场和火车站广场之间的关系混乱，由于现状地区联检大楼广场的集散功能远大于火车站广场，使火车站广场的空间定位不清晰。②

4）环境绿化品质低

环境绿化的无系统性，绿色斑块布局凌乱，且面积较小，对停车场地的绿化严重不足。站城地区环境绿化没有从生态系统的角度进行规划布局，使环境绿化对规划区内的生态环境质量的改善作用不大。站城地区环境绿化没有进行较好的园艺设计，不能在繁忙的交通中起到舒缓行人心情的功能。

---

① 李平，兰曙光，李筱毅．深圳地铁罗湖站及综合交通枢纽的规划与建设 [J]．都市快轨交通，2005（1）：46-51.

② 引自《罗湖口岸 / 火车站地区综合规划》。

2.2 站城融合的规划编制要点

1. 新一轮站城融合发展的契机

21世纪之初，深圳确立了“建设区域经济中心城市，园林式、花园式城市，现代化国际性城市”的战略目标，并着手对未来的城市建设进行更为科学合理、全面系统地规划与安排，对罗湖口岸/火车站地区这一“门户”和标志性地区，也提出了更高标准的要求。深圳特区的三大经济圈已经形成：罗湖中心区、南山中心区、福田中心区。福田中心区的建设把罗湖和南山联系起来，使深圳发展成为带状格局。为了加强深南路沿线两侧经济发展的作用。从2001年开始，深圳开始进行大规模的地铁建设，随着地铁一期工程即将在年内全面动工，沿线各站点周边地区的城市更新、改造和开发日益成为城市规划与建设的焦点。罗湖地铁站成为地铁1号线的起止站，地铁的引入及罗湖站点的建设，为该地区的交通综合改造与规划建设提供了良好的机会，增加了地下步行系统，并把地上、地面、地下3个层面有机结合起来，为解决地区遗留的交通冲突带来新的转机。①

深圳地铁罗湖站的建设引发了该地区全方位的规划整治。市政府要求将罗湖口岸火车站地区建成具有现代化、国际一流水平的立体化综合交通枢纽，成为体现深圳市花园城市的标志性窗口地区，建立以轨道交通为骨干，人行、公交等多元交通方式相结合的立体化、多层面的交通枢纽。

2. 规划目标与主要策略

以深圳地铁1号线罗湖站建设为契机，2000年起进行了罗湖口岸/火车站地区综合规划，开展了以“交通管道化”和“环境生态化”为核心的可持续城市枢纽更新，对罗湖口岸/火车站地区复杂的道路交通进行统筹规划，综合、有序、高效地安排各类交通设施，协调区内交通与土地利用关系，并结合地铁站点建设，提出该地区的地下、地上空间的综合开发规划。

罗湖火车站地区集合了几乎所有的城市交通方式，主要有广深铁路、长途汽车、公共巴士、的士、社会车辆和地铁1号线，并且已经形成了公共交通与出租车为主的客运交通运输格局。② 罗湖口岸/火车站地区范围约37.5hm^2，人流主要通道位于南北两端，南端为罗湖口岸出入境联检大楼，北端通过4条城市干道及广深铁路出入。进出区域的人流量主要包括四部分客流：①罗湖口岸出入境客流；②火车站铁路国内到发客流；③罗湖和侨社长途汽车客运站国内到发客流；④地区内居民出行人流。综合交通设施规模预测该地区的客流量，罗湖口岸出入境日单向客流量约为24万人，铁路旅客市内单向客流量4.8万人，市区内居民进入该区域的日单向客流量约2.5万人。综合统计预测，对未来客运交通模式发展趋势的分析，明确现状客运交通供给总量（包括客运场站设施与客运车辆）已经超过实际合理需求的客观状况，提出综合交通组织的策略为：

1）控制罗湖口岸及火车站规划区内部开发容量，减少与口岸及火车站服务功能不相关的产业和开发项目。

---

①② 引自《深圳火车站与罗湖口岸片区城市设计》。

2）改变罗湖口岸地区长途客运枢纽站的地位。在地铁一期工程通车和皇岗口岸轨道对接实现后，长途客运的功能部分转移至福田长途客运站，实现出入境旅客与地铁、长途客车之间的无缝接驳。

3）充分发挥地铁的快捷运输功能。调整市内公共大巴、中巴的客运能力，合理安排营运线路，协调地铁、公共大巴、公共中巴之间的服务关系，有效使用道路及站场设施资源。

4）在火车站及周边区域范围内，明确对外集散道路功能，优先发展城市公共交通，创造高品质人行交通空间环境。

5）考虑对发展的城市功能需求的应对弹性策略，在设施的安排上保留一定的可调整余地。

2.3 站城融合的效益及成功经验

1. 枢纽效益

2004年底随着地铁的开通，改造后的罗湖口岸片区正式投入使用。项目得到了深圳市政府及相关专家的高度评价，获得了2005年度建设部优秀城市规划设计一等奖、2006年度国际ULI亚太区卓越奖、2007年度第七届中国土木工程詹天佑奖。

这一阶段的站城融合改造，根据口岸及火车站地区人流和车流集聚的特点，通过竖向分层与平面分区的设计手法对该地区的有限的空间资源进行有效分配，实现了各种交通“管道化”组织，既保证了口岸地区交通集散的安全性，提高了场所的舒适度和高效，彻底改变了原来该地区混乱的交通和景观秩序。实现了罗湖口岸/火车站地区与国贸商圈进行环境一体化改造，从功能空间上提出了东门—人民南路—口岸及火车站商业和景观轴的设想，系统地组织城市的空间资源，将罗湖口岸地区的局部问题通过区域化的协调规划加以解决（附录图2-2）。

附录图 2-2　深圳火车站改造完成

创建高效、通达的十字环状（内部十字轴与外围环状）的综合交通模式。沿联检广场形成南北向的人行主轴换乘空间、东西向的人行副换乘空间，外围形成环状布置的各种车行交通设施。

创建以山、水、城、绿、文为核心，形成深港一体化的城市自然生态。罗湖口岸紧邻香港的青山绿水，作为城市生态要素的山、水、城、绿、文构成一个有机的整体，相互渗透，形成绿岛形的口岸和以国贸为中心的内城式商贸区。

创建城市“门厅”。随着经济发展，深港两地出入境人员大量增加，创造从口岸到东门文化商业街的完整外部空间，使口岸地区不仅成为一个交通枢纽，也成为罗湖文化商业核心区的起点。

2. 成功经验

1）“管道化组织”，协调多种交通流线

采用管道化组织，开辟人行走廊，公交专用道（步行街），突出地铁核心地位，净化进入口岸和火车站地区的交通方式，实现不同交通方式、不同目的、不同方向的人车流组织的管道化。

（1）地铁罗湖站建成竖向交通枢纽：地铁罗湖站由北向南经人民南路，斜穿深圳火车站广场下方，与罗湖口岸联检大楼地下室相连接，设计布局为6层。地下三层（-3F）为地铁站台层，布局为两岛一侧；地下二层（-2F）为地铁站厅层；地下一层（-1F）为地下街；地面层（GF）为现有的联检广场；地上一层（1F）为规划的联检大楼一层平台和皮带廊一层，罗湖商业城平台是地上一层、二层平台的过渡平台；地上二层（2F）为规划的联检大楼二层平台、皮带廊屋顶平台以及火车站周边平台和通往火车站西侧交通枢纽的平台。联检广场作为整个罗湖口岸/火车站地区公共换乘空间枢纽，将这6个层面有机地组织在一起，使各种交通方式以其为轴心环状顺序布局，以有利于和其他交通方式的综合换乘。

改造前罗湖口岸/火车站地区的入关人流（紫线）由联检大楼的地下一层（-1F）和地面层（GF）进入联检/火车站广场然后由二层人行天桥进入火车站二层（2F）层下站台，也可以由地面直接进入1号站台。而出关人流（黄线）由火车站地下一层（-1F）进入东广场经二层人行天桥至联检大楼二三层出境，可以由1号站台经地面直接进入二层人行天桥出境。两股人流在罗湖商业城平台和联检/火车站广场形成剪刀叉型混流（绿线），在节假日人流高峰期间，大量旅客拥挤在这一剪刀叉空间内，秩序较为混乱（附录图2-3）。[①②]

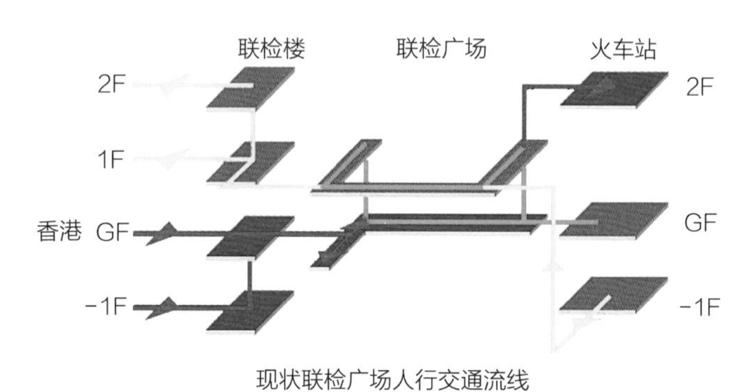

附录图 2-3 改造前人行交通流线组织

改造后的罗湖口岸/火车站地区的入关人流（紫线）由联检大楼的地下一层（-1F）和地面层（GF）入境后向下直接进入地铁站厅层（-2F）和站台层（-3F）乘地铁，入关人流也可以经地下一层（-1F）和地面层（GF）直接进入火车站站台。出关人流（黄线）由地铁站台层（-3F）和站厅层（-2F）乘自动扶梯到达地上一层（1F）或地上二层（2F）联检平台进入联检楼出境，同时出关人流可以由火车站地下一层（-1F）和地面层（GF）乘自动扶梯到达地上一层（1F）或地上二层（2F）联检平台进入联检大楼出境。地面层（GF）作为缓冲层面适当混流（绿线），在节假日人流高峰期间，可作为出关人流集聚的缓冲空间。规划后的空间交通流程，利用了新增加的不同标高楼层和平面分区的组织手法作为交通资源，形成了“管道化”的多目标人流交通的秩序化（附录图2-4）。

---

① 引自《罗湖口岸 / 火车站地区综合规划》。

② 李平，兰曙光，李筱毅. 深圳地铁罗湖站及综合交通枢纽的规划与建设 [J]. 都市快轨交通，2005（1）：6-1.

（2）区域路网结构优化，合理组织人车行空间：由联检大楼至火车站形成一条南北向的人行通道，由车站西侧的交通枢纽到东广场的巴士站形成一条东西向的人行通道。南北向的人行通道主要有3个层面：地下一层（-1F）、地面层（GF）和地上一二层（1F、2F）。地下一层（-1F）由联检大楼地下一层、空间综合体地下一层、下沉广场和火车站地下层组成。地面层（GF）由联检大楼地面层、空间综合体和火车站站前广场组成。其中火车站1站台向南可直接连到联检大楼前广场。地上一二层（1F、2F）由联检大楼地上一二层（1F、2F）、空间综合体和火车站平台组成。东西向人行通道主要有两个层面地下一层（-1F）和地上一二层（1F、2F）。地下一层（-1F）由车站西侧的交通枢纽沿地下通道下穿广九铁路连接到空间综合体和东广场。地上一二层（1F、2F）由车站西侧的交通枢纽沿火车站地上一二层（1F、2F）平台上跨广九铁路连接到空间综合体和东广场二层（2F）平台。车行道路成开放型的环状空间围绕在“十”字通廊周围，其主要位于两个层面：地面层（GF）、地下一层（-1F）。地面层（GF）主要包括快速集散通道和平路和沿河路，公交专用道人民南路。地下一层（-1F）主要包括连接东广场和建设路的地下道路，连接东、西广场的高架桥。在地面层（GF）和地下一层（-1F）之间设置必要的小立交道路。火车站、地铁罗湖站和联检大楼三处大运量轨道交通源与“十”字通廊多层面立体化紧密衔接。合理组织多元交通方式，形成便捷、安全、通畅的立体化交通枢纽（附录图2-5）。①

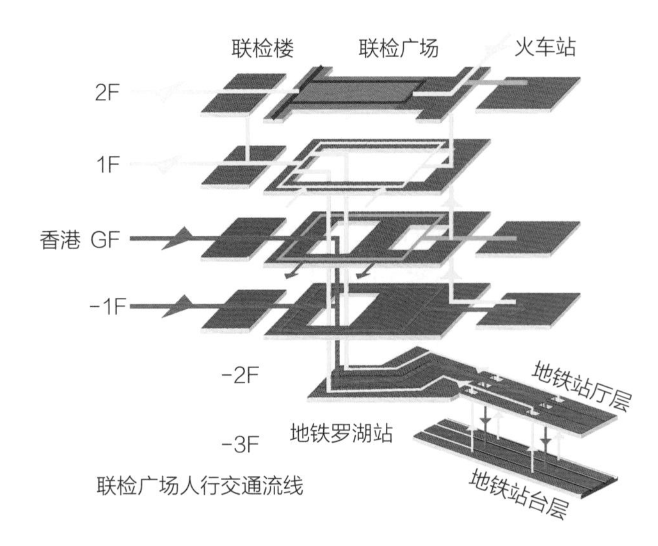

附录图 2-4　改造后人行路线组织

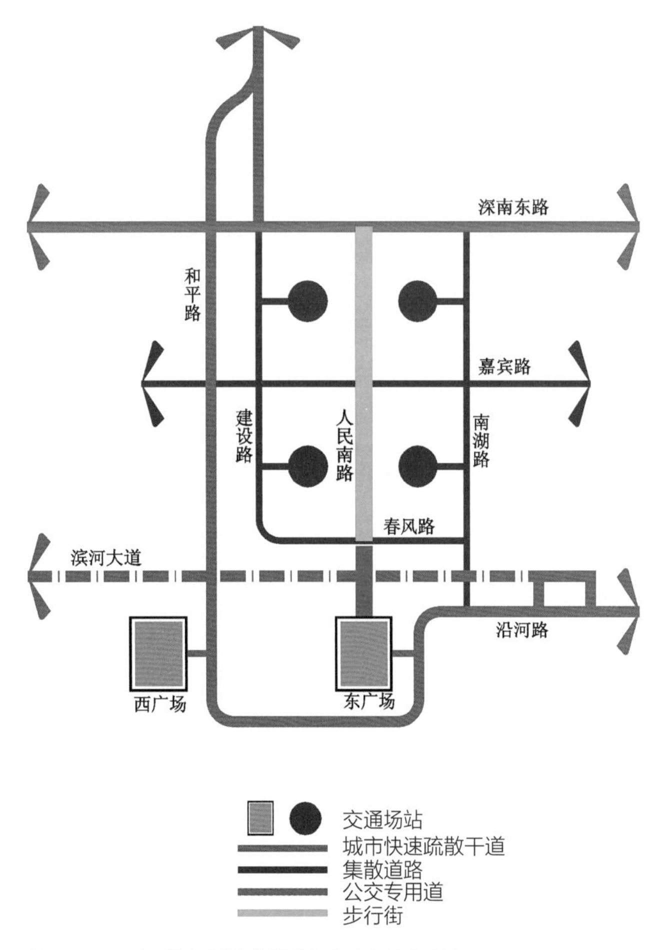

附录图 2-5　深圳火车站“管道化”交通空间组织

（3）长途巴士：指定线路的长途巴士安排在东广场和西广场的交通枢纽地面层（GF）上。场站规模为7条长途线路，16个划线车位，将原有广州方向的线路调整到竹子林长途客运站，通过地铁1号

① 引自《罗湖口岸/火车站地区综合规划》。

线实现换乘。①

（4）公交巴士：市内巴士由人民南路公交专用道进入东广场地面层（GF）的巴士站，若干线路的巴士安排在西广场的交通枢纽地面层（GF）。场站规模为14条大巴线路，21条中巴线路，采用人车完全分离的转弯式场站布局，不与其他车辆混行。

（5）出租汽车：的士站分置三处，交通楼的的士站改造为地上一二层（1F、2F）落客，地面层（GF）上客；东广场的士站进入罗湖商业城地面层（GF）南部，地面落客，并在香格里拉南建设路南侧设一的士落客区服务于火车站，由地下一层（-1F）的疏散道到达火车站的士上客站，由建设路离去。西广场的士站位于西广场的交通枢纽地面层（GF），由地面上落客，保留现有的士上落客站。场站出租车规模为40个下车泊位和25个上车车位，立体的空间设计既节约了空间，又避免了车辆占道。

（6）社会车辆：在不影响公共交通的前提下，结合原有建筑布置三处停车场站。一是保留罗湖商业城地下一层（-1F）的社会停车场。二是交通楼4至7层停车。三是在西广场的交通枢纽安排地下社会停车场（附录图2-6）。

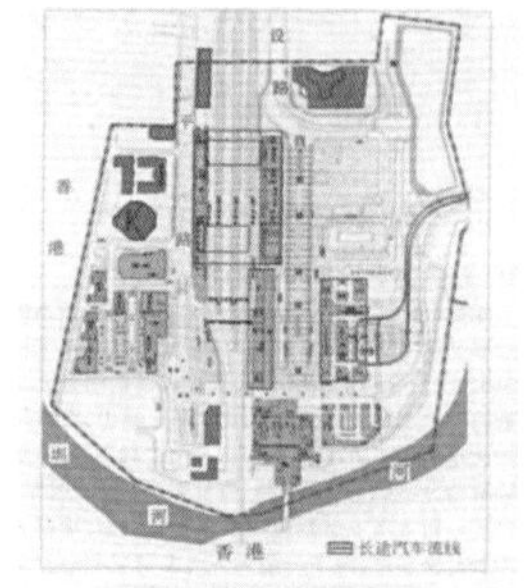

长途巴士流线　　公交巴士流线

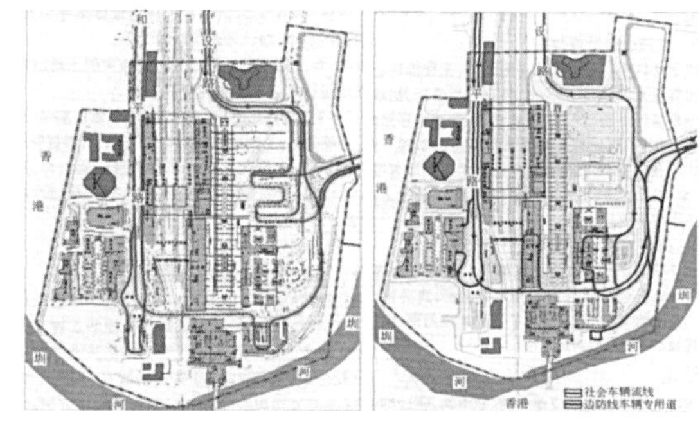

出租汽车流线　　社会车辆流线

附录图 2-6　深圳火车站多元交通方式流线组织

2）环境一体化改造，统一站城地区景观秩序

这一阶段的景观环境设计思路并不强调和暗示罗湖口岸地区作为从中国香港特别行政区进出入中国大陆的通道在行政管辖权、双方在经济、政治、文化的不同和差异。更多的是把重点放在城市与城市之间的友好关系的展示上，在城市景观与空间环境设计，强调对进出入人员的亲和力，以及城市自身对人的关爱的强烈诉求。以整体规划理念为目标，将站城地区的城市形象定位为“花园城市式的交通枢纽中心”。

（1）构建“十字环状”完整景观结构：首先，结合“内部十字轴加外围环状”综合交通布局，城市景观与空间环境设计将这一结构有效地转化为控制和统摄整个地区的空间结构主轴，将原有的互不对话的现状建筑轴线有机地纳入这一结构中，将深圳河水体、沿河绿化带、周边各类交通设施及公共设施围绕这一结构进行布置，取得了口岸地区完整统一的城市空间形象。其次，以“绿岛”和“内城”模式，打造人民南路的公交专用道和步行林荫道，创建生态化、园林式的开敞空间，形成该地区的绿色和建构筑物景观。最后，利用生态化设计手法，整合建筑空间环境，进行优美、宜人的场地环境设计。内部十字轴由南北向室内外步行空间和东西室内外步行空间建立起来。在这个内部十字轴内是一个多层立体、地上、地下的城市步行空间系统，并由地面广场、下沉广场、高架平台，人行天桥及各类垂直交通和景观设施、绿化、水面等组成。南北向室内外步行空间由联检楼向北至香格里拉饭店，东西室内外步行空间横跨半岛状的规划场地，连接东西两侧围绕规划区的深圳河。城市步

① 引自《深圳火车站与罗湖口岸片区城市设计》。

行空间系统在空间上和视觉上连通了东南西北四个方向的大区域城市外部空间，使香港一侧的青山绿水和由城市北部的南北走向的城市绿化隔离带、城市公园和铁路两侧的绿化带，以及人民路商业步行空间完全融合一体，成为最具有吸引力的城市公共场所。外围环状由围绕规划区的深圳河及其两侧的沿河绿化隔离带，以及由东广场绿化区连接北部铁路两侧绿化隔离带共同组成，这样一个几乎300°围绕主要口岸及火车站交通设施的大型绿化环带可以极大地改善整个规划区的生态环境和城市景观，为绿色花园式的城市交通枢纽中心的建设奠定了基础。同时，这个外围环状还被城市环状道路两侧的绿化停车场大规模的开敞空间加以强化和丰富，使之气势宏大而富于变化，成为21世纪深圳城市建设成就的重要窗口。

（2）强化人民路轴线关系：取消了环绕东广场的机动车道路，人民路南段改造为公交专用道，东广场与人民路在空间上和人行流线上融为一体。东广场作为“绿岛”和“内城”重要连接媒体，绿化、水面和广场的精心布局使之成为人民路的绿色对景和入关人员对深圳城市最具感染力的第一印象。

（3）融合生态空间，提升环境品质：保持深圳河的视廊，开发其景观资源价值。开辟东广场地面层（GF）的生态绿地，结合广场景观和地形地貌的设计，种植大冠乔木。沿深圳河北岸开辟沿河绿带。从城市景观方面在满足人车分流的交通组织方式的前提下，保留原有的古榕树作为城市的历史地标，设计了下沉式广场、室内的人行交通层和景观轴线平台等特征显著的景观场所，统一了口岸及火车站地区的景观秩序，形成了独特的城市门户意象。广场的生态化空间体现节能、环保的设计理念，充分利用自然能源形成宜人的城市小生态。一体化的室内外空间，将空间体的绿化、环境与东广场融为一体，在空间体内形成高品质的绿化平台体系，并建立明晰的空间形态和导向（附录图2-7）。[①]

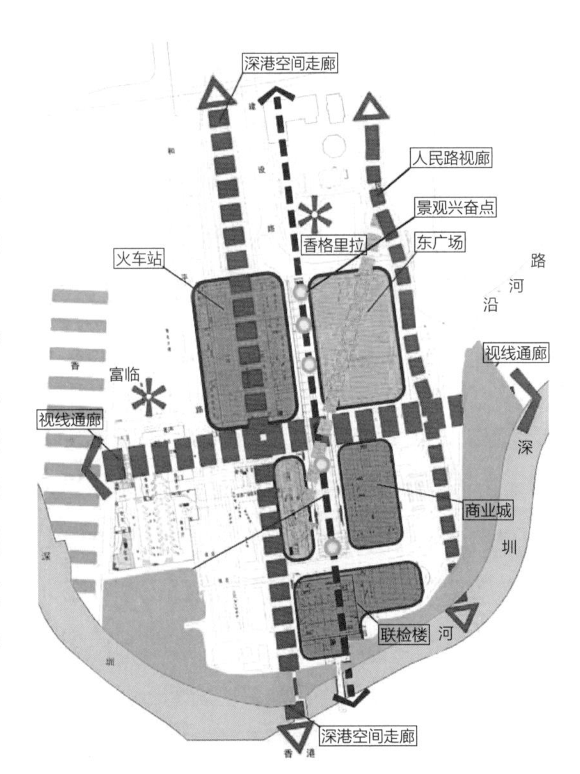

附录图 2-7　深圳火车站景观环境规划

① 邓冲．深圳罗湖火车站区步行系统优化研究 [D]．哈尔滨工业大学，2008.

附录 3　法国里尔站地区

3.1 建设历程

1. 选址筹划阶段

里尔市位于法国北部，是北加莱海峡大区的首府，历史上以采矿和纺织为主体产业。从20世纪60年代末开始，整个北加莱海峡大区遭受到传统工业衰退的打击，煤炭、钢铁、机械制造和纺织等传统支柱产业不断萎缩。由于缺少发展新型工业，例如电子等高科技产业的基础和动力，里尔地区相对于法国其他地区处于发展劣势，高科技产业和相关服务业的岗位数量一直比较少。随着城市失业等社会问题的凸现，里尔面临着老工业城市日趋衰败的命运。至20世纪末，欧洲一体化进程的深化打破了传统城市由国家行政划分等级的局面，国家疆域边界的弱化产生了“泛欧城市”这一新的城市概念。在这种宏观环境下，欧洲的中等城市竭力寻求发展的契机，以便在欧洲新的城市格局中占有一席之地。里尔优越的地理位置为其发展提供了机遇，它距离比利时边境仅10余千米，位于伦敦—巴黎—布鲁塞尔三角地的几何中心。①

1986年，法国、德国、比利时和荷兰共同签署协议，建设欧洲北部的高速铁路网络。虽然位于南部皮卡尔迪大区（Picardie）的塞克林是“最短路线”，但时任里尔市长皮埃尔·莫鲁瓦（Pierre Mauray，第157任法国总理）提出“不要让高速列车停在沙漠中”，力主在里尔市中心设站，并由法国政府、北加莱海峡大区、里尔市政府共同向SNCF 提供了8亿法郎的补偿金。最终在皮埃尔·莫鲁瓦的敦促下，法国国家铁路公司（SNCF）将高速列车的车站由塞克林（Seclin）改至里尔市中心。车站选址的变化，打破了高速铁路站点仅作为“交通网络上的节点”的陈旧观念，将车站选址与地区发展联系起来。里尔市利用特殊的地理位置，又经过多番争取，终于抓住了这一历史机遇，与伦敦、巴黎、布鲁塞尔3座城市通过高速铁路相连，使这3个城市的经济活力直接辐射到里尔。

新建的高铁车站“里尔—欧洲”位于旧城东北边缘，服务于国际高铁线路。里尔原有的火车站“里尔—弗兰德累斯”服务于通往巴黎的TGV以及其他国内铁路。两座车站距离约500m。在这个交通枢纽，实现了高速铁路、传统铁路、城市道路以及高速公路的转换，地下铁、有轨电车，以及公共汽车的换乘。乘坐TGV列车，从里尔到巴黎只需1h（到Roissy机场53min）；到布鲁塞尔25min；到伦敦2h。而此前则分别需要2h7min、1h30min、4h45min（附录图3-1）。

① 欧洲里尔高速列车（TGV）火车站 [J]. 建筑创作，2005（10）：74-75.

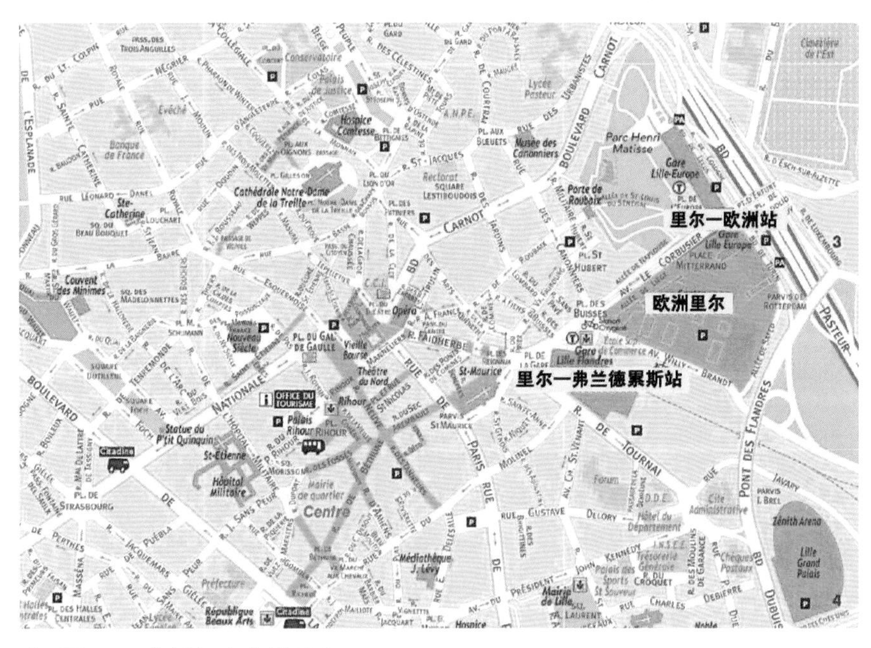

附录图 3-1 “欧洲里尔”位置图

2. 开发实施阶段

1）一期开发：1988—1999年

1988年，皮埃尔·莫鲁瓦聘请荷兰建筑大师雷姆·库哈斯（Rem Koolhass）设计了欧洲里尔（Euralille）大型城市中心综合体开发项目。该项目位于新旧两个车站之间的三角形空地上。70hm^{2}用于先期开发，另有50hm^{2}作为发展备用地。旨在建设一个服务整个加莱海峡大区的大型城市商务中心（包括会议、展览及演出中心），以此带动城市经济的发展。

雷姆·库哈斯设计了一个巨大的多层建筑裙房，其上设置酒店、办公、住宅等高层塔式建筑。这是一个可以容纳万人的大型复合商业设施，包括上百家商店和超级市场，多家餐馆、咖啡馆，以及健身俱乐部、艺术俱乐部和演出大厅。通过交通集散广场、高架桥等与各个车站（火车站、公共汽车站、地铁站、地下停车场）及城市快速路在空间上保持着紧密的联系，极大地方便了人们的出行。并通过一条顺应基地狭长地形特征的南北向的大轴线将大型公共建筑有机地组合起来。“欧洲里尔”一期主要包括9类大型公共项目（附录表3-1）。①

欧洲里尔站地区一期开发项目　　附录表3-1

	项目名称	建设情况	开发主体
1	里尔欧洲火车站	新火车站，交通建筑	SNCF（法国国营铁路公司）
2	火车站商业中心	商业部分建筑面积为92 000m^2，娱乐及其他活动部分的建筑面积为15 150m^2，演出大厅的建筑面积为2810m^2，里尔商业高等学校部分的建筑面积为11 400m^2，其上高层塔楼部分的建筑面积为43 000m^2，停车场有3400个车位	SNC（“欧洲里尔”商业中心公司）

① 黄靖. 欧洲里尔——映射库哈斯都市理论的新城中心区规划 [J]. 世界建筑，2002（3）：77-80.

续表

	项目名称	建设情况	开发主体
3	里尔会演中心	展览部分建筑面积为20 000m^2，会议部分建筑面积为18 000m^2	里尔市政府
4	里尔欧洲大厦	办公建筑，建筑面积25 124m^2	SCI公司
5	里昂银行大楼	办公建筑，建筑面积14 600m^2	里昂银行
6	柯布西耶高架桥	长170m，联系新老火车站的高架机动车道	“欧洲里尔”发展公司
7	城市公园	商业中心北侧、新老火车站之间，10hm^2	SAEM
8	公共空间系列	新火车站西交通集散广场、会演中心周边环境、架于城市快速路之上的人流集散广场	SAEM
9	SeintMaurice 街区、Carnot 街区	边缘地段开发的住宅办公街区	里尔市政府

2）二期开发：2000—2010年

1999年起，继任的项目总指挥让-路易·苏比洛（Jean-Louis Subileau）在“欧洲里尔”二期工程中，试图寻找项目与城市内、外部之间的关系，同时思考如何既保证高水准的建筑，又给新一轮的建筑师以充分的自由创作空间。经过对上一阶段工程的分析和反思，为更好地适应环境和社会经济的综合需求，更适合大众生活的尺度，“欧洲里尔”二期工程放弃了高层塔楼的建设，转向完善公共绿化空间和便捷的交通联系，包括：强化中心建设、放弃新建项目、完善公共空间、建立新旧城之间的联系等。提出“欧洲里尔”2000—2010年的实施目标为“与城市对话”，保证从现代城市规划与既有的城市结构之间的和谐过渡。①主要建设的工程包括：

一是商务中心向南部扩建，增加办公建筑。并在城市快速路与罗腾丹广场（Rottendan）之间设置了多德恩斯公园（Dondaines），公园通向火车站和商业中心处设置了多个出入口，以方便游人出行。

二是商务中心周边建设绿地公园、集散广场等尺度适宜的公共空间。例如，设计了交通集散广场、多处人行过街天桥，以保持商务中心、各火车站及广场之间的联系；设计了高速公路入口区，它是联系里尔与鲁贝、图尔宽直至比利时的主要轴线的起点。

三是北部罗斯玛丽地区（Romarin）设置一条绿化景观带。使街道绿化景观与组团状的建筑群体之间及传统公共空间相互交融。办公与住宅建筑规划使得该社区与原有的城市肌理相协调。

四是西部的圣莫里斯街区（Seint-Maurice）景观环境提升。因遵循地形变化，设计了富于变化的外部空间组合，包括小广场、街道、小巷、屋顶平台。由十几个前卫建筑师设计的建筑包括两种尺度类型：3、4 层建筑，保证了与相邻社区的城市肌理协调过渡；5 、6 层建筑，与“欧洲里尔”中心高层塔楼相互呼应（附录图3-2）。

附录图 3-2　欧洲里尔（Euralille）主要区域

① 任国岩．“欧洲里尔”——一种新型城市中心的规划与实施 [J]．规划师，2005（7）：113-117.

3.2
站城融合的成功经验

1. 枢纽开发与城市建设互相促进，助推产业转型升级

“欧洲里尔”这一大型城市新中心建设项目的实施，是里尔从传统工业城市向现代化综合性区域中心城市转型的重要举措，它对于里尔发展第三产业、增加城市活力，以及对周边地区的吸引力起到极大的促进作用。城市的开发经济财政支持和发展诉求。地方经济已渡过传统工业经济基础性危机，正向发展服务业和高科技经济转型。以上种种最终促成了欧洲里尔的开发。而高铁开发又成为促使里尔确立了巴黎、伦敦、布鲁塞尔三个首都城市之间关键节点城市的地位。伴随着TGV高速铁路网络以及其他国家高铁线的延伸，里尔在三个首都圈之间进行的跨区服务得到迅速扩展。

高铁开发与枢纽建设给里尔带了新的产业机遇，促使里尔的功能定位和城市的加速提升。在高铁开通的背景下，里尔新区规划提出了建设欧洲服务中心的目标。里尔成为联系法国至英国、比利时、荷兰等西欧邻国的重要交通枢纽，城市建设也开始活跃起来。尤其是商业中心，充分利用毗邻火车站的区位优势，吸引了远距离的顾客来此购物。其周边主要布置了文化、会展、娱乐业、商业金融业、城市公园、住宅办公等产业。“欧洲里尔”一期建成之后，截至2001年，“欧洲里尔”共提供了6500个就业岗位，商业中心平均每年吸引了1400万的游客，会演中心则每年接待了100万以上的来访者。在一定程度上缓解了工业城市严重的失业问题，随着二期的建设，就业岗位数量还在进一步增加。如今的里尔新区是仅次于拉德芳斯（La Défense）和里昂巴蒂区（La Part-Dieu）的法国第三大商务区，内部的配套功能中包括商业中心、火车站、会议中心和占地10hm^{2}的城市公园。高铁没有开通之前，里尔原来主导产业为纺织和污染性重工业，被誉为“法国的曼彻斯特”。高铁开通之后，里尔向计算机、食品、快速邮政旅游等产业成功转型。①

2. 实现多种城市功能的融合，呈现圈层化布局特征

在商业中心复合体上设置酒店、办公、住宅等塔式建筑，同时还规划大型会演中心，在整个基地边缘地段开发住宅办公等项目，使城市新中心除了商业功能之外，还兼有行政办公、居住、文化娱乐、会议展览等多种功能，多种城市功能的融合，极大地增加了城市活力，使“欧洲里尔”成为富有人气、充满活力的城市新中心。站前地区商业：办公：居住：文娱的用地比例为2：4：1：3，功能业态高度复合，且整体呈现出圈层化的特征。第一圈层半径约500m，与高铁站场枢纽作用的关联性最高，布局交通集散、商业商贸、商务办公等核心功能，以会演中心、火车站商业中心为主体。第二圈层半径约1.5km，对第一圈功能的补充和延伸，建设有里尔银行大厦、欧洲大厦、城市公园等标志性项目。第三圈层辐射半径约3km，建设Seint-rice街区、卡诺特街区（carnot），提供城市高品质居住社区。

---

① 孟宇. 把握时代机遇的优势整合——浅析法国高速铁路车站地区综合开发的实践经验[C]// 生态文明视角下的城乡规划——2008 中国城市规划年会论文集，2008：4910-4923.

3. 塑造崭新且富有个性的城市新形象

“欧洲里尔”不仅极大地促进了里尔社会经济文化各个方面的复兴，也塑造了一个崭新且富有个性的高铁枢纽城市景观形象，在法国城市规划界和建筑界引发了一场“建筑风暴”。其独树一帜的各类公共建筑造型，具有鲜明的风格与个性，在从老城区走向新城中心的短短几分钟内，人们体会到的是截然不同的社会生活方式，以及反差强烈的建筑风格。从商务区与TGV车站的结合、覆盖了近4hm^{2}地面的车站购物中心到三位一体的会展中心。在这样一个被交通网络分割得支离破碎的复杂现状上，通过建筑的相互覆盖、连接和并置，形成了极具标志性的“巨构”特征。不可否认的是，在“欧洲里尔”项目一期规划建设中也存在着问题，特别是在处理旧城与新区的关系上，反对的意见一直不绝于耳。高层塔楼的出现破坏了旧城的天际线，新中心的尺度与格局与细腻的旧城城市肌理反差较大，但从一期实施的效果看，它仍然是一个极其富有创意的、适应现代化都市生活模式与节奏的优秀城市规划项目。①

在此基础上，“欧洲里尔”的二期开发主要致力于调整项目的规模尺度、改善与周围环境的关系、完善公共空间，以期形成协调的城市景观，创造了有机的缓冲和过渡空间。里尔站的站前区域及周边轴线通过“绿道+步行廊桥+公共空间触媒”的形式进行不断地强化其中绿道设计结合多种植被的季节特点进行互补性组织，步行廊桥更好地发挥了站房与周边建筑的联系，在建筑围合的公共空间中，植入大量文化创意元素，提升空间趣味性，整体构建了连续、活力、共享的慢行系统。城市重要功能载体如里尔欧洲火车站、欧洲里尔中心、城市公园、大宫会议与展览中心串联在一条大轴线上，大量人流在这个巨大的城市综合体中川流不息（附录图3-3）。

附录图 3-3 里尔站轴线串联多元公共空间

4. 整合多方力量，实行联合开发模式

在法国，对于像欧洲里尔这类耗资巨大的项目，为了推动规划的实施，常常由市镇政府作为股东，依托具有一定商业背景的公共机构，组成综合开发机构Société d’Economie Mixte（以下简称SEM）。欧洲里尔建立了SEM作为项目执行机构，地方政府控制开发建设，但只承担部分投资风险。1988年初，欧洲里尔开发公司（Euralille-Metropole）成立。这是一个私人开发公司，包含一个研究

① 孟宇. 把握时代机遇的优势整合——浅析法国高速铁路车站地区综合开发的实践经验 [C]// 生态文明视角下的城乡规划——2008 中国城市规划年会论文集，2008：4910-4923.

机构，对该项目进行可行性研究。欧洲里尔开发公司由多位有影响力的人物组成，并由欧洲里尔的项目负责人贝托负责指挥。由于里尔市长皮埃尔·莫鲁瓦在1981年到1984年曾担任法国总理，凭借他的政治影响力以及开发公司的推动，逐渐有多家银行及地方商业机构向欧洲里尔项目投资。1990年，公私合作组织Société Anonyme d'Economie Mixte（以下简称SAEM）取代了原有的欧洲里尔开发公司。SAEM代表了多个层面：从区域政府来说，有里尔地区的多个城市（里尔、鲁贝、图尔昆、维伦纽夫）、北加莱海峡大区、里尔城市联合体等；从投资组织来说，有法国国家银行、里昂信贷银行、法国东方汇理银行；还包括里尔、鲁贝、图尔昆的具有一定私营成分的工商业联合会，以及多家地区级银行。SAEM负责高铁车站建设及车站地区的综合开发，并进行项目的投资管理、运营、国际协作。SAEM还负责某些相对独立工程的开发，如停车场和会展中心。其他的部分，开发权出售给公共或私人开发商。通过建立专门性机构和决策模式，有效地协调了公共和私人间的利益关系。其项目总投资中，私人投资部分占69%。正因为其私人投资的高比例份额，实现了项目的高效率运作。①

附录 4　日本东京站地区

4.1 建设历程

1. 选址筹划阶段

东京站位于日本东京都千代田区丸之内。在江户时代，丸之内地区位于大名宅邸林立的江户城周边。1868年江户时代宣告结束，随后进入明治时代，江户城成为皇居，毗邻皇居的丸之内地区成为明治新政府放置政府办公设施、陆军设施及训练场的区域。日本首都从“江户”更名为“东京”，并开始了以欧洲（西方）为范本的城市营造。1872年，日本开通了从新桥到横滨的首条铁路。1889年，官设铁道东海道本线全线通车，原本以新桥停车场作为东京侧端点站（今汐留一带）。而另一条通往东北的私营铁道线也于1883年通车，端点站设置于上野。1989年，在“东京市区改正计画”中，为了实现以铁路直连新桥与上野的构想，提出了规划新建直连两地的高架铁道线，建设东京的中央车站，并将站前的陆军练兵场（原武家地）的国有用地转让给私人的计划。1890年，三菱作为唯一的开发商购入此地，并制定了建设近代办公区的开发计划，创建了丸之内设计中心（三菱地所的前身），作为开发主体建造了以3层砖砌西式建筑为主的办公区，进而形成了日本最早的办公街区“丸之内”。

① 孟宇. 把握时代机遇的优势整合——浅析法国高速铁路车站地区综合开发的实践经验[C]//生态文明视角下的城乡规划——2008中国城市规划年会论文集，2008：4910-4923.

1914年12月，东京站兴建工程全部完成，正式投入使用。当时设有电车用月台、汽车（非电化列车）用月台各2座，9线主要轨道，以及客车调车场和蒸气机车库。原本因为站房位置被设定为正对着宫城（皇居）而得名“中央停车场”，在启用前不久改名为“东京车站”（东京驿）（附录图4-1）。

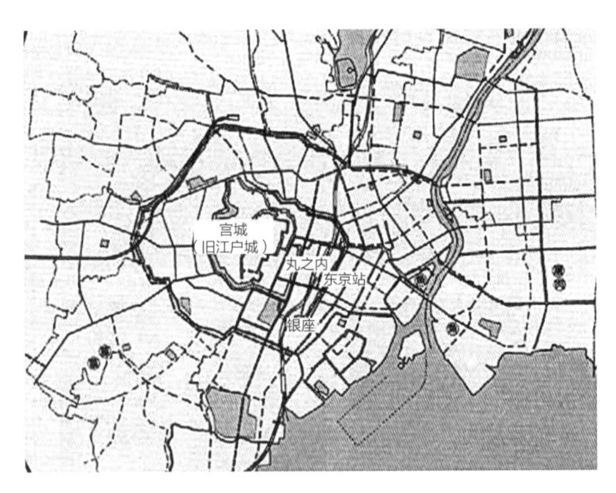

附录图 4-1　1903 年东京市区改正计画

2. 开发实施阶段

1）1914—1959年：一期开发

1914年东京站竣工之后，站前区域的东京海洋大厦、丸大厦、邮船大楼、中央邮局、交通部和银行协会等大型建筑也相继建成。这一时期丸之内片区的主要交通方式是日本国铁（城际铁路）和东京市电铁（市域地面铁路），直至1925年，历时25年的东京地铁环状线山手线竣工。成为丸之内区域住民出行的主要交通工具，后东京市电铁线路运输功能逐渐被地铁所取代（附录图4-2）。

附录图 4-2　1955 年左右的东京站和丸之内

丸之内地区标志性建筑物丸大厦于1923年竣工，总建筑面积62 000m^2，地下一层为餐厅，一至二层为商业设施，三层及以上是办公室。1937年，连接东京站和丸大厦的地下通道建成，随着丸大厦的访客逐渐增多，逐渐成为丸之内地区的人群流动据点，也就是丸之内“地下步行网络”的原型。1952年新丸之内大厦竣工，东京站至有乐町之间区域的街道体系也初具雏形，这种独特的地区性“地下和地面步行网络”从此开始了持续开发。①

2）1960—1990年：二期开发

20世纪60年代，日本经济迈入快速增长期，办公需求量增加，汽车流量也随之急剧增加。为了适应这种情况，丸之内区域正式启动了再开发计划。三菱地所在这次再开发中制定了描绘地区未来形象的“丸之内综合改造计划”。该计划内容包括对始于1890年的3层砖造办公区进行办公空间总量提升，以丸大厦的占地规模为基础进行街道规模的大型化（约10 000m^2）设计，丸之内仲街拓宽21m，建筑高度统一至31m，旨在打造整齐有序的街道形象。开发计划历经10年，于1973年完成。丸之内地区大多数建筑的功能为办公和的餐饮、商业，丸之内地区也由此成为标志性商务办公区和日本经济中心。②

自20世纪60年代起，丸之内区域的主要交通方式开始了从东京市电铁（地面铁路）向地下铁的迭代，与丸之内地区紧密相关的丸之内线（新宿—东京—池袋）于1959年完成，之后20年间，东西线、

① 东條隆郎，孔倩．东京丸之内的再开发与地上地下步行网络的形成 [J]．建筑技艺，2020，26（9）：30-35.
② 李翔宇，王一，马夕雯，徐元卿．基于城市立体化视角的地铁站域商业街区设计策略探析——以日本丸之内街区更新设计为例 [J]．建筑实践，2019（9）：170-177.

日比谷线、千代田线、都营三田线、有乐町线和半藏门线相继建成。此外，日本国家铁路公司于1964年开通了东海道新干线，以配合东京奥运会。东北新干线和上越新干线（1991年）、长野新干线（1997年）陆续进驻东京站，总武线及横须贺线（1980年）、京叶线（1990年）的地下车站也相继完成，东京站的地下化得到了逐步推进。改善交通网络外，丸之内还构建了连接各个车站的步行通道，形成高度便利的交通和地下步行网络，在这一时期，东京站的日运客量约为100万人次（附录图4-3）。[①]

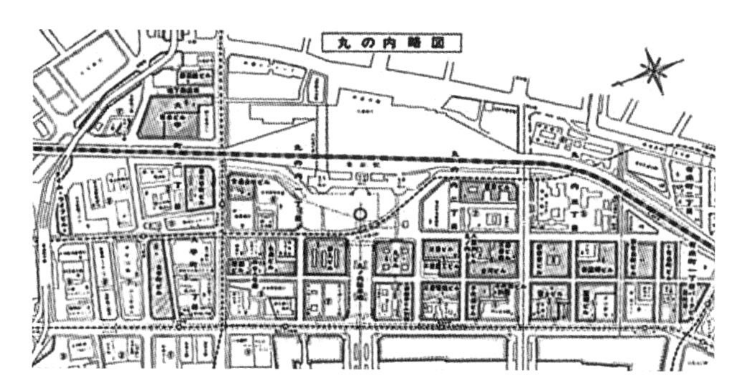

附录图 4-3　1974 年东京站和丸之内

3）2000年至今：三期开发

20世纪80年代后，丸之内渐渐面临办公空间不足，以及企业和社会急速信息化的境况。进入20世纪90年代，丸之内片区内一半以上是建成30年以上的办公楼，建筑物更新不及时，如何更新老化和陈旧的设施继而改善丸之内工作者的办公环境，也就成为该地区的一大挑战。另一方面，从1990到2000年，亚洲主要城市中国上海、香港，新加坡等国际化大都市迅速成长，东京作为“国际城市”的综合评价下降，这也对丸之内产生了巨大影响。

2000年发布的《大手町、丸之内和有乐町开发导则》，针对地区再开发，委员会立足丸之内“日本经济中心”的定位，构建整个丸之内地区的未来形象，如提升城市功能、环境、构建景观网络。三期再开发至今，丸之内地区面积达到120hm^2，聚集了约4500家单位，其中107家为上市公司总部，日本的银行和证券等主要金融机构、商业公司、信息产业（报纸和电信）和制造业等公司也在此设立总部，地区经济总量约为122万亿日元，占日本经济总量的8.85%。就业人数约28万人，该地区车站（地铁和JR）使用者达到117万，丸之内成为推动日本经济的重要地区之一。

4.2 站城融合的成功经验

1. 通过车站和城市持续性的一体化开发，推动城市再生

作为东京城市再生的象征，对东京站和周边地区进行了一体化开发，站城区域的再开发并非一次性完成，而是逐步进行，换句话说，丸之内想要打造的“未来形象”不是一成不变的，而是一个不断发展的概念。在二期再开发过程中，丸之内片区的经济中枢性被放在首位，以商务功能为重点进行开发，也正是由于二期的再开发过于关注商务功能，导致街区的吸引力和活力随着城市的老化和过时而

① 东條隆郎，孔倩. 东京丸之内的再开发与地上地下步行网络的形成 [J]. 建筑技艺，2020，26（9）：30-35.

下降。此外，在这个时期，城市的空间结构是以“汽车社会”为前提的。通过反思上述情况，重塑原有街区、城市的魅力和活力成为第三阶段再开发的目标，即通过“聚集、互动、休憩”等魅力的多元化城市功能和城市空间，如文化设施、餐饮和零售等商业设施，以及酒店和服务式公寓等居住设施，创造一个包括营造交互式环境在内的富有魅力的城市空间。①

东京站西侧的丸之内口以“历史”为主题，把建于20世纪早期在二战期间毁损的红砖车站建筑修复为原本的形式，并进行了一系列的环境改造，通过拆除铁道会馆建筑，将经过丸之内地区到皇居广场的林荫大道视觉延伸到车站另一侧八重洲地区，实现了车站两侧景观的统一。东侧的八重洲口则以象征东京“未来”的“先进性”和“先端性”为目标进行再开发，萨皮亚塔楼、“大东京”南北塔楼等新建高层建筑直接通过大屋顶（Grand Roof）与丸之内和日本桥入口相连。东京站周边地区的办公建筑均采用了日本最先进的设计及建造技术，不仅承担了商业和办公功能，还能为各类大学、机构举办高等级活动提供场所。凸显出东京站在城市中的卓越定位，树立起令人赞誉的国际城市门户形象。②

2. 协调垂直与水平交通组织，实现无缝换乘

站城融合的关键在于交通组织的高效性。东京站将高铁站与城市轨道交通联合设置，站厅内部空间优先为轨交集散提供保障，通过垂直交通保障无缝衔接。东京站地上和地下月台、轨道总数合计为15月台30轨道（含地铁1月台2轨道），地上地下月台通过便捷的垂直交通连接，同层月台则通过设置东西向通路（一层有三条东西向通路：北通路、中央通路、南通路；地下一层自由通路位于一楼北自由通路底下）或穿堂层（地下四层）连接，使不同线路能够快捷换乘，一般高铁与城市轨道的换乘在15min内完成。

除了国铁、地铁，东京站还囊括了公共汽车、小汽车、出租车、旅游巴士等多种交通方式，这些交通方式往往采用水平流线组织，利用专用、快速通道实现快速转换。据测算，丸内线对横须贺线总武线换乘约7min；横须贺线总武线对新干线换乘约8min；东西线大手町车站对新干线换乘约8min；丸内线对京叶线换乘约10min；东西线大手町车站对横须贺线总武线换乘约12min。

3. 构建通达便利、活力特色的地下“步行者网络”

丸之内的第一处地下步行空间于1937年完成，是连接东京站南出口和丸大厦地下一层的通道。丸大厦是一座在地下一层至地上二层设置大型商业设施的办公楼，也是丸之内的标志性建筑。随着地下通道的建成，丸大厦与东京站相连，越来越多的人来此参观，丸大厦也成为东京的著名观光点。在二期开发中，随着JR③东京站的地下车站于1990年竣工，JR、地铁共计13个车站和28条线路已经建成。地下步行通道作为连接JR地下车站和地铁站的地下步行网络，为该地区提供了便利的步行交通基础设施。此外，通过连接地下步行通道和部分邻接建筑物，丸之内片区的便利程度进一步提高，该地

① 中岛直人，傅舒兰．东京中心城区的规划历程及其现状——探索迈向成熟都市的阶梯 [J]．上海城市规划，2013（2）：60-67.

② ZACHARIAS J，张秋扬，刘冰．东京车站城：铁路站点成为城市地区 [J]．城市规划学刊，2015（5）：120-122.

③ JR，即日本铁路公司（Japan Railways）是日本的大型铁路公司集团，其前身为日本国有铁道（简称“国铁”，常用的缩写名称为“JNR”）。

区作为商务中心的功能也得到了强化。然而，虽然地下人行网络作为步行通道的便利性很高，但尚未达到促进人们之间的交流和活动的效果。三期再开发的地下步行网络开发始于新丸之内大厦的建设，并依次扩展至东京站前广场、大手町地区及有乐町地区，通过地下空间系统，徒步可到达13个地铁站、20条公交线路。这套系统除作为步行道路的功能外，还与地面步行网络相结合，置入酒店、会议厅、餐厅和商业设施，激发聚会、互动、购物、休憩等主题性城市活动。如东京站发展有限公司2008年开发的地下项目“第一大街”，利用两条新建隧道连接已有的步行系统与八重洲购物中心，拥有102家商店，其中约1/3为食品店，“东京拉面街”集聚8家全国知名的拉面餐馆，另有两个街区为“东京特色街”，销售与流行电视节目相关的签名产品（附录图4-4）。[①]

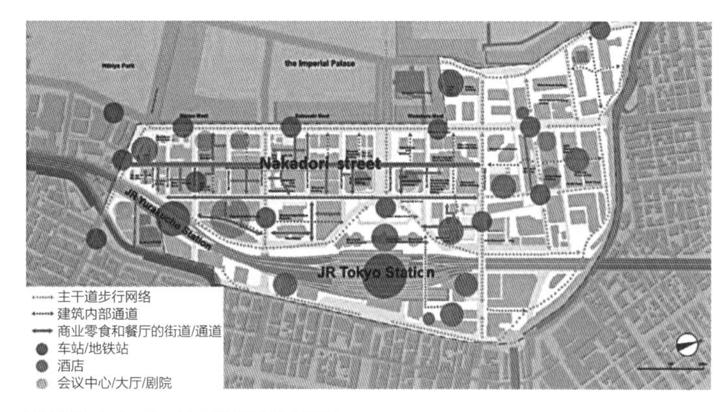

附录图 4-4　丸之内地下空间系统

4. 形成具有仪式感和规律性的站前空间序列

东京站周边开发具有典型的序列特征，以东京站为中心节点，向东经过站前巴洛克风貌区、高端商务区、文化艺术区、公园绿地空间，延伸至皇家宫殿；向西南方向经过银行总部区、特色餐饮区，至滨湖新川公园，具有和谐的城市空间序列感。站前广场周边汇集了以东京饭店为代表的巴洛克建筑群，具有典型的城市古典风貌特征，使人一出站就有一种耳目一新的感觉。主轴线两侧集聚文创功能并延伸至景观公园，营造一步一景空间体验。以东京站为核心，轴线序列两侧汇集了以工业文化俱乐部、和田仓公园等文化创意空间节点，轴线向东延伸至皇家宫殿，向西延伸至滨水公园，营造了步移景异的空间感受。除了主轴延伸至景观公园之外，南北方向形成了多条城市通廊，使主轴两侧具有不同的视廊变化，营造了良好的空间通透感（附录图4-5）。

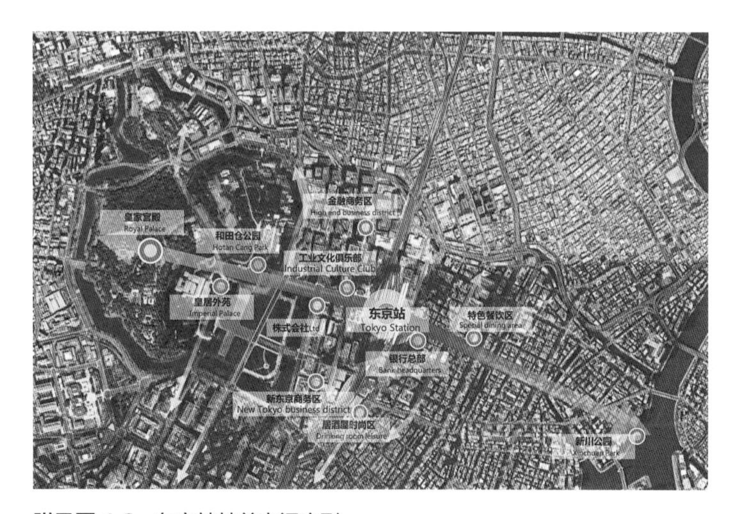

附录图 4-5　东京站站前空间序列

① 李翔宇，王一，马夕雯，徐元卿. 基于城市立体化视角的地铁站域商业街区设计策略探析——以日本丸之内街区更新设计为例 [J]. 建筑实践，2019（9）：170-177.

图表来源

第1章

图1-1　作者自绘.

图1-2　作者根据铁路提速历程绘制.

图1-3　作者自绘.

图1-4～图1-6　作者根据高德地图、95306铁路货运站点改绘.

图1-7　中规院杭州项目组提供.

图1-8、图1-9　作者根据中国统计年鉴整理.

图1-10　作者根据百度和Google地图改绘.

表1-1　作者整理.

表1-2　根据《中长期铁路网规划》《中国统计年鉴》整理.

表1-3　作者根据查询网数据整理.

表1-4、表1-5　作者整理.

表1-6　结合《铁路建设项目预可行性研究、可行性研究和设计文件编制办法》TB 10504—2018整理.

表1-7、表1-8　作者整理.

表1-9～表1-11　根据第一章参考文献[7]～[9]整理.

表1-12～表1-15　作者整理.

第2章

图2-1　作者自绘.

图2-2　引自《上海大都市圈空间协同发展规划》.

图2-3　作者自绘.

图2-4　中规院上海分院《上海虹桥枢纽功能结构规划》.

图2-5～图2-7　作者自绘.

图2-8　引自《北京城市副中心站综合交通枢纽地区规划综合实施方案》公示文件.

图2-9　引自《上海市虹桥主城片区单元规划》.

图2-10　引自《西丽综合交通枢纽地区城市设计（交通深化研究）》中规院方案.

图2-11　引自《重庆晨报》,（2018-10-15）(第4版）.

图2-12　引自《杭州云城重点实施区域城市设计国际方案征集》中规院方案.

图2-13～图2-17　作者自绘.

表2-1～表2-3　均为作者统计整理.

第3章

图3-1　作者根据Google影像数据整理绘制.

图3-2　作者自绘.

图3-3　作者根据调研统计数据自绘.

图3-4　作者整理自绘.

图3-5　上海交通指挥中心网络公开数据.

图3-6、图3-7　作者根据调研统计数据统计整理.

图3-8～图3-14　作者根据百度和Google地图改绘.

图3-15～图3-19　作者根据Google影像整理统计.

图3-20、图3-21　作者自绘.

图3-22　作者自绘.

图3-23　作者整理归纳自绘.

图3-24　作者根据Google地图整理绘制.

图3-25～图3-29　作者根据百度和Google地图改绘.

图3-30　作者整理归纳自绘.

图3-31　作者根据Google地图改绘.

图3-32、图3-33　作者整理归纳自绘.

图3-34　作者根据百度和Google地图改绘.

图3-35　作者调研及根据百度和Google资料改绘.

图3-36～图3-38　作者整理归纳自绘.

图3-39　政府网络公示文件.

图3-40　作者调研及作者根据百度和Google地图改绘.

图3-41　政府网络公示文件.

表3-1　作者统计整理.

表3-2～表3-6　作者调研统计及网络公开数据整理.

表3-7　作者整理自绘.

表3-8、表3-9　作者根据调研统计数据整理.

表3-10、表3-11　作者根据Google影像整理统计.

表3-12～表3-14　均为作者统计整理.

表3-15　作者根据东日本铁道公司客流统计整理.

表3-16　作者调研统计.

表3-17　作者根据调研统计数据整理.

第4章

图4-1　上海铁路枢纽虹桥客站站场方案研究（张超永）.

图4-2　引自《上海市虹桥主城片区单元规划》.

图4-3　Google图片.

图4-4　引自《嘉兴高铁新城站城一体概念设计方案国际征集》中规院方案.

图4-5　高铁站区位对周边地区开发的影响研究，基于京沪线和武广线的实证分析.

图4-6　引自《上海市虹桥主城片区单元规划》.

图4-7　客运枢纽“人群迷路区”的快速识别与优化.

图4-8　引自《嘉兴高铁新城站城一体概念设计方案国际征集》中规院方案.

表4-1　基于京沪高铁沿线高铁新城建设的调研和思考.

第5章

图5-1　作者自绘.

表5-1　作者自绘.

表5-2　作者整理.

第6章

表6-1～表6-12　作者整理.

第7章

图7-1～图7-3　根据12306班次数据整理.

图7-4、图7-5　作者自绘.

图7-6　基于Google地图改绘案.

图7-7、图7-8　作者自绘.

图7-9　（a）图：http://www.trainnets.com/archives/4270；（b）图：作者自绘.

图7-10、图7-11　作者自绘.

图7-12　（a）图：基于Google地图改绘；（b）图：基于百度百科图片改绘https://baike.baidu.com/item/%E4%BD%9B%E5%B1%B1%E8%A5%BF%E7%AB%99/7271100? fr=aladdin.

图7-13　（a）图：https://zh.wikipedia.org/zh-hans/%E5%B2%A1%E5%B1%B1%E7%AB%99_（%E6%97%A5%E6%9C%AC）；（b）图：基于Google地图改绘，作者自摄.

图7-14　基于网络图片改绘.

图7-15　左图、中图：戴璐岭，王晓勇．成灌铁路犀浦站实现铁路与地铁同站台换乘　有这4大变化[N/OL]四川新闻网，（2017-07-23）. http://scnews.newssc.org/system/20170723/000800783.html；右图：作者自摄.

图7-16　图片来源：基于Openstreetmap改绘，https://mp.weixin.qq.com/s/gX9wzxm2lO2ASu4kCHUT-A.

图7-17　作者自摄.

图7-18　（a）图：引自《河北雄安新区雄安站枢纽片区控制性详细规划》；（b）图：引自《苏州南站枢纽地区城市设计研究》.

图7-19　基于Google地图改绘.

图7-20　引自《东京都市白皮书》.

图7-21　根据百度地图改绘.

图7-22　作者自摄.

图7-23　左图：根据Google地图改绘；右图：来自于Google街景.

图7-24　（a）图：https://www.gooood.cn/cycle-and-pedestrian-tunnel-at-amsterdam-central-station-by-benthem-crouwel-architects.htm/；（b）图：作者自摄.

图7-25　上图：基于网络图片改绘；下图：作者自摄.

图7-26　左图：基于网络地图改绘；右图：作者自摄.

图7-27　（a）图：根据Google地图课题组改绘；（b）图：陈国欣，赵洁. 站城融合中的公共空间营造——以香港西九龙高铁站片区为例[J]. 世界建筑，2021（11）：33-37+126.

图7-28　根据Google街景改绘.

图7-29　作者自绘.

图7-30　根据Google地图改绘.

图7-31　作者自绘.

图7-32　根据Google地图改绘.

图7-33　作者自绘.

图7-34　引自《上海市虹桥主城片区单元规划》.

图7-35　（a）图：根据OpenStreetmap地图改绘；（b）图：作者自绘.

图7-36　伦敦交通局官网https://tfl.gov.uk/.

图7-37　百度地图.

图7-38　引自《广州东站地区城市景观及环境设计国际咨询》中规院方案.

图7-39　引自《The Zuidas Vision 2016 document summary》.

图7-40　Google街景.

图7-41　作者自绘.

图7-42　引自《杭州云城重点实施区域城市设计国际方案征集》中规院方案.

图7-43　左图：基于OpenStreetmap地图改绘；右图：基于街景地图改绘.

图7-44　基于OpenStreetmap地图改绘.

图7-45、图7-46　作者自绘.

图7-47　基于网络地图绘制.

图7-48　作者自绘.

图7-49　作者自绘.

表7-1　根据第7章参考文献[1]整理.

表7-2　根据第7章参考文献[2]~[5]整理

表7-3　作者整理.

表7-4　表格数据从网络及地图信息搜索整理形成.

第8章

图8-1　引自《上海市虹桥主城片区单元规划》.

图8-2　（a）图：引自《嘉兴高铁新城站城一体概念设计方案国际征集》中规院方案；（b）图：引自《杭州云城重点实施区域城市设计国际方案征集》中规院方案.

图8-3　国匠城. 城市设计案例库[OL]. 搜狐，（2017-04-19）. https://www.sohu.com/a/135132950_199212.

图8-4　引自《嘉兴高铁新城站城一体概念设计方案国际征集》中规院方案.

图8-5　倪明伟，严嘉慧，唐骏垚，李静祎. 杭州西站标志性"云门"开工　外立面将于亚运前亮相[N/OL]. 北青网，（2021-08-17）. https://t.ynet.cn/baijia/31285507.html.

图8-6　引自《无锡南站（太湖新城枢纽）综合发展区启动区概念规划及城市设计》中规院方案.

图8-7　右图：王中原. 火车站站前广场人性化设计研究[D]. 武汉：武汉理工大学，2017；左图：https://zhulan.

zhihu.com/p/362713466.

图8-8　引自《嘉兴高铁新城站城一体概念设计方案国际征集》中规院方案.

图8-9　王中原. 火车站站前广场人性化设计研究[D]. 武汉：武汉理工大学，2017.

图8-10～图8-12　引自《无锡南站（太湖新城枢纽）综合发展区启动区概念规划及城市设计》中规院方案.

图8-13　引自《杭州云城重点实施区域城市设计国际方案征集》中规院方案.

附录1

附录图1-1　虹桥综合交通枢纽地区规划概念.

附录图1-2　虹桥综合交通枢纽设计国际方案征集.

附录图1-3～附录图1-9　引自《上海市虹桥主城片区单元规划》.

附录2

附录图2-1～附录图2-5　中规院《罗湖口岸/火车站地区综合规划》项目组提供.

附录图2-6　深圳地铁罗湖站及综合交通枢纽的规划与建设.

附录图2-7　中规院《罗湖口岸/火车站地区综合规划》项目组提供.

附录3

附录图3-1　http://www.ibl.fr/plugins/fckeditor/UserFiles/Image/acess_ibl/grand_plan_lille.

附录图3-2　根据Google地图改绘.

附录图3-3　百度图片.

附录4

附录图4-1　近代城市规划的百年及未来.

附录图4-2　丸之内百年历程—三菱地所社史（下卷）[R]. 三菱地所株式会社，1993.

附录图4-3、附录图4-4　东京丸之内的再开发与地上地下步行网络的形成.

附录图4-5　根据Google地图改绘.

参考文献

第1章

[1] 刘文学，蒲爱洁．铁路简史[M]．北京：中国经济出版社，2020.

[2] 郑建，贾坚，魏崴．高铁车站[M]．上海：上海科学技术文献出版社，2019.

[3] 金经元．怀念我的大哥金经昌[J]．城市规划，2000（4）：12-14.

[4] 刘爱平．从手工售票到联网售票旅客购票的变迁[EB/OL]．人民铁道报．2008-12-09．https://view.news.qq.com/a/20110109/000037.htm.

[5]（英）克里斯蒂安・沃尔玛．铁路改变世界[M]．刘媺，译．上海：上海人民出版社，2014.

[6] 国土交通省．日本铁道史[EB/OL]．https://www.mlit.go.jp/common/000218983.pdf.

[7] 中华人民共和国国家统计局．中国统计年鉴[M]．北京：中国统计出版社，1979-2019.

[8] European Commission. EU Transport in figures[R]，2018.

[9] Japan Statistics Bureau. Japan Statistical Yearbook[R/OL]．2019[2020-12-12]．http://www.stat.go.jp/english/data/nenkan/.

[10] 矢岛隆，家田仁．轨道创造的世界都市——东京[M]．陆化普，译．北京：中国建筑工业出版社，2016.

[11] 徐循初，黄建中．城市道路与交通规划（下册）[M]．北京：中国建筑工业出版社，2007.

[12] 杨斌．日本铁路改革及启示[J]．铁道经济研究，2000（2）：43-45.

[13] 新华社．2030年前碳达峰的总体部署——就《2030年前碳达峰行动方案》专访国家发展改革委负责人[EB/OL]．中国政府网，（2021-10-26），[2021-10-27]．http://www.gov.cn/zhengce/2021-10/27/content_5645109.htm.

[14] 周伟．“双碳”目标下 交通运输转型发展挑战与机遇[EB/OL]．中国交通报，（2021-09-24）．http://www.china-cer.com.cn/shuangtan/2021092414847.html.

[15] Yan ZheWang，Sheng Zhou，XunMinOu. Development and Application of a Life Cycle Energy Consumption and CO2 Emissions Analysis Model for High-speed Railway Transport in China[J]. Advances in Climate Change Research. 2021（12）：270-280.

[16] 国家发展改革委关于当前更好发挥交通运输支撑引领经济社会发展作用的意见（发改基础〔2015〕969号）[EB/OL]．中华人民共和国国家发展和改革委员会，（2015-05-07）．https://www.ndrc.gov.cn/xxgk/zcfb/tz/201505/t20150527_963843.html.

[17] 李晓江．李晓江|京津冀协同视角下雄安新区发展的认识[R/OL]．中国城市规划，（2018-01-08）．https://mp.weixin.qq.com/s/WJMX5cDa21MkV2CS7nAlqg.

第2章

[1] 蔡润林．基于服务导向的长三角城际交通发展模式[J]．城市交通，2019，17（1）：19-28+35.

[2] 孙娟，马璇，张振广，等．上海大都市圈空间协同规划编制的理念与特点[R]．上海：上海大都市圈规划研究中心，2021.

[3] 林雄斌．“多网融合”实现高质量一体化——关于未来都市圈交通发展的思考[EB/OL]．中国交通新闻网，（2020-11-11），[2021-11-11]．https://www.zgjtb.com/2020-11/10/content_251977.html.

[4] 孙仁杰，卢源．基于京津旅客出行特征的城际铁路通勤出行研究[J]．智能城市，2017，3（6）：62-67.

[5] 王兴平，朱秋诗，等．高铁驱动的区域同城化与城市空间重组[M]．南京：东南大学出版社，2017.

[6] 孙斌栋，涂婷，石巍，等. 特大城市多中心空间结构的交通绩效检验——上海案例研究[J]. 城市规划学刊，2013（2）：63-69.

[7]（美）卡尔索普. 未来美国大都市：生态・社区・美国梦[M]. 郭亮，译. 北京：中国建筑工业出版社，2009.

第3章

[1] 熊健，孙娟，葛春晖，罗瀛. 区域一体化发展背景下枢纽地区规划的实践探索——以上海虹桥枢纽地区为例[J]. 城市规划学刊，2020（4）：73-80.

[2] 桂汪洋. 大型铁路客站站域空间整体性发展途径研究[D]. 南京：东南大学，2018.

[3] 汤晋. 高速铁路影响下的长三角时空收缩与空间结构演变[D]. 南京：东南大学，2016.

[4] 李松涛，曹阳. 基于高铁站区功能影响下的城市空间发展探析[J]. 华中建筑，2018，36（2）：51-55.

[5] 聂晶. 高铁站区发展影响因素与开发类型研究[D]. 合肥：安徽建筑大学，2016.

第4章

[1] 张超永. 上海铁路枢纽虹桥客站站场方案研究[J]. 铁道标准设计，2006（S1）：118-121.

[2] 史旭敏. 基于京沪高铁沿线高铁新城建设的调研和思考[C]//新常态：传承与变革——2015中国城市规划年会论文集（05城市交通规划），2015：201-209.

[3] 赵倩，陈国伟. 高铁站区位对周边地区开发的影响研究——基于京沪线和武广线的实证分析[J]. 城市规划，2015，39（7）：50-55.

[4] 中国城市规划设计研究院，上海市地质调查研究院. 上海市虹桥主城片区单元规划[R]，2018.

[5] 崔颂懿，孔德文，王茉. 客运枢纽"人群迷路区"的快速识别与优化——以北京南站为例[J]. 交通运输研究，2019，5（3）：34-41.

[6] 中国城市规划设计研究院. 嘉兴高铁新城站城一体概念设计方案国际征集，2021.

第5章

无

第6章

[1] 卫彦渊，徐哲. 基于TOD模式的高铁站区城市设计——以杭温高铁富阳西站枢纽地区城市设计为例[J]. 规划师，2021，37（S1）：88-92.

[2] 李国政. 枢纽经济：内涵特征、运行机制及推进路径[J]. 西南金融，2021（6）：26-35.

[3] 刘泉，黄丁芳，钱征寒，张莞莅. 枢纽地区的创新街区模式探索——以大阪站前综合体知识之都为例[J/OL]. 国际城市规划：1-14[2021-12-23]. https://doi.org/10.19830/j.upi.2020.403.

[4] 谭琛，周曙光. 深圳市大运轨道枢纽片区城市更新困境与策略[J]. 规划师，2020，36（7）：87-92.

[5] 何宁风. 日本高铁站周边地区发展模式特征分析及启示[C]//面向高质量发展的空间治理——2021中国城市规划年会论文集（13规划实施与管理），2021：765-770.

[6] 许劼. 高速铁路可达性对区域、城市和车站层面土地使用的影响——基于研究综述的评价框架[J]. 上海城市规划，2021（3）：135-141.

[7] 张依冉. 特大城市高铁站点地区开发建设机制研究[D]. 南京：南京大学，2020.

第7章

[1] 何小洲，过秀成，张小辉. 高铁枢纽集疏运模式及发展策略[J]. 城市交通，2014，12（1）：41-47.

[2] 赖旭，郭彬杰. 基于客流特征分析的高铁枢纽接驳交通改善研究[J]. 交通与运输，2021，34（S1）：220-224.

[3] 张小辉，过秀成，杜小川，何明. 城际铁路客运枢纽旅客出行特征及接驳交通体系分析[J]. 现代城市研究，2015（6）：2-7.

[4] 谢仲磊. 高铁枢纽与城市路网的衔接分析[J]. 交通与运输，2018，34（4）：12-14.

[5] 上海交通指挥中心.【专报】上海门户，枢纽传说——虹桥枢纽十年运行数据解析（下篇）[EB/OL]. 2019-11-01. https://mp.weixin.qq.com/s/C7dxNZbmXpoUwfJJoucUGA.

[6] 郑健，沈中伟，蔡申夫. 中国当代铁路客站设计理论探索[M]. 北京：人民交通出版社，2009.

[7] 上海市交通委员会. 2019年上海市交通运行监测年报[EB/OL]. 上海市交通委员会，（2020-5-14）. http://jtw.sh.gov.cn/xydt/20200514/e815c562c36a491ba741d576a9bcac1f.html.

第8章

[1] 陈一辉，陈剑飞. 高铁站换乘中心与站房主体空间形式一体化设计研究[J]. 建筑与文化，2016，（10）：143-144.

[2] 走出直道，吉野繁，西冈理郎，等. 涩谷站 · 涩谷未来之光 · 涩谷SCRAMBLE SQUARE 日本东京[J]. 世界建筑导报，2019，33（3）：29-33.

[3] 韩林飞，王博. “站城一体化”趋势下的车站与城市改造——以英国国王十字车站、帕丁顿车站为例[J]. 华中建筑，2021，39（4）：33-36.

[4] 王中原. 火车站站前广场人性化设计研究[D]. 武汉：武汉理工大学，2017.

[5] 杨元传，张玉坤，郑婕，比森特 · 瓜利亚尔特. 中国街区改革的关键——空间尺度和层次体系[J]. 城市规划，2021，45（6）：9-18.

附录1

[1]《上海虹桥综合交通枢纽区域功能拓展研究》.

[2]《上海虹桥综合交通枢纽概念性详细规划及重要地区城市设计》.

[3]《上海虹桥主城片区单元规划》.

[4]《上海虹桥枢纽地区核心区城市设计》.

附录2

[1]《罗湖口岸/火车站地区综合规划》.

[2] 李平，兰曙光，李筱毅. 深圳地铁罗湖站及综合交通枢纽的规划与建设[J]. 都市快轨交通，2005（1）：46-51.

[3]《深圳火车站与罗湖口岸片区城市设计》.

[4] 邓冲. 深圳罗湖火车站区步行系统优化研究[D]. 哈尔滨工业大学，2008.

附录3

[1] 欧洲里尔高速列车（TGV）火车站[J]. 建筑创作，2005（10）：74-75.

[2] 黄靖. 欧洲里尔——映射库哈斯都市理论的新城中心区规划[J]. 世界建筑，2002（3）：77-80.

[3] 任国岩. “欧洲里尔”——一种新型城市中心的规划与实施[J]. 规划师，2005（7）：113-117.

[4] 孟宇. 把握时代机遇的优势整合——浅析法国高速铁路车站地区综合开发的实践经验[C]//生态文明视角下的城乡规划——2008中国城市规划年会论文集，2008：4910-4923.

附录4

[1] 东條隆郎，孔倩．东京丸之内的再开发与地上地下步行网络的形成[J]．建筑技艺，2020，26（9）：30-35.

[2] 李翔宇，王一，马夕雯，徐元卿．基于城市立体化视角的地铁站域商业街区设计策略探析——以日本丸之内街区更新设计为例[J]．建筑实践，2019（9）：170-177.

[3] 中岛直人，傅舒兰．东京中心城区的规划历程及其现状——探索迈向成熟都市的阶梯[J]．上海城市规划，2013（2）：60-67.

[4] ZACHARIAS J，张秋扬，刘冰．东京车站城：铁路站点成为城市地区[J]．城市规划学刊，2015（5）：120-122.